做一个
聪明、淡定、快乐
的女人

上册

宿春礼 编著

哈爾濱工業大學出版社
HARBIN INSTITUTE OF TECHNOLOGY PRESS

图书在版编目（CIP）数据

做一个聪明、淡定、快乐的女人：全2册 / 宿春礼编著 . -- 哈尔滨：哈尔滨工业大学出版社 ,2017. 10

ISBN 978-7-5603-6240-3

Ⅰ . ①做… Ⅱ . ①宿… Ⅲ . ①女性 - 修养 - 通俗读物 Ⅳ . ① B825-49

中国版本图书馆 CIP 数据核字（2016）第 245661 号

策划编辑 常 雨
责任编辑 王晓丹
出版发行 哈尔滨工业大学出版社
社 址 哈尔滨市南岗区复华四道街 10 号 邮编 150006
传 真 0451-86414749
网 址 http:/ / hitpress. hit. edu. cn
印 刷 厂 三河市同力彩印有限公司
开 本 880mm × 1230mm 1/32 印张 12 字数 300 千字
版 次 2017 年 10 月第 1 版 2017 年 10 月第 1 次 印刷
书 号 ISBN 978-7-5603-6240-3
定 价 59.00 元（全 2 册）

前言

20世纪最有影响力的女性之一、法国存在主义作家西蒙娜·波伏娃曾说过一句让女人自豪的话:“我们不是生为女人,而是要做女人。”我们不但要做一个女人,还要做一个聪明、淡定、快乐的女人。因为这样的女人才能成为成功和幸福的垂青者。

聪明是女人的护身符,它是比美丽更有价值的东西。女人的美丽会因岁月的流逝而褪色,而女人的聪明却会因岁月的淘洗而使其放出耀眼的光华。索菲亚·罗兰说:“美丽使你引起别人的注意,而睿智使你得到别人的赏识。”女人要想生活得更幸福,仅有漂亮的外表是不够的,还需要有聪明的头脑。一个看似无所谓的决定,会如蝴蝶效应般影响你的一生。所以,现实生活中的女人应该像一个精明的商人一样,用最小的人生资本换取最大限度的幸福生活。

聪明女人清楚地知道自己需要什么、不需要什么;她们不相信宿命,把命运掌握在自己手里,不会用缥缈的虚荣来麻醉自己;她们自信却不自大,谦和却不自卑,性格独立却不霸道;她们知道在困境中首先要做的是把握自己,懂得怎样应付复杂的人际关系;她们不会动不动就在男人面前流泪和撒娇,懂得在情场保有自己的秘密;她们对感情不会痴心,而是用心……她们总是精神焕发、昂首挺胸、神采奕奕、满怀希望地活着。

淡定是女人的幸福禅,也是女人成熟的标志。光阴荏苒,有些女人只是徒长了年岁,却憔悴了心灵。于她们而言,时光是多么面目可憎,剥夺了美丽容颜,使生活变得寡淡无味。柴米油盐的乏味、家长里短的琐碎、工作的不尽如人意,沉重的负担压得她们喘不过气来,抱怨、烦恼成了她们生活的主旋律。但她们有所不知,还有一些女人同样历经岁月,却褪去青涩浮躁,变得淡定从容。淡定女人的美由内而外地渗透,让人不禁心生亲近之感。

淡极始知花更艳，愁多焉得玉无痕。花朵会因淡雅而显得更娇艳，而女人也会因淡定、从容的内心显得更加美丽。淡定的女人或许不会成为众人瞩目的焦点，但却从来不会被人遗忘；淡定的女人或许不会轰轰烈烈，但却可以享受细水长流的悠远绵长；淡定的女人或许不会妩媚妖娆，但却可以智慧儒雅；淡定的女人或许不会得到人们心目中认定的幸福，但却可以远离悲剧。

快乐是女人最“昂贵”的彩妆，也是最“华丽”的衣裳。如果你天生丽质，那么快乐会点缀你的美丽，使你的魅力得到升华；如果你相貌平平，快乐可以让你修炼出超凡脱俗的气质，从而使你变得楚楚动人。一个女人只要快乐，即使她的外貌非常平凡，也会呈现出流光溢彩的美丽。因为快乐可以变成一种人格魅力，深深地吸引周围的人、感染周围的人，让周围的人也快乐起来。

一位女作家曾经总结说：“女人为什么不快乐？究其缘由，一种是因为女人对生活的要求太多，另一种是因为生活对女人的要求太多。”其实，每个女人都可以让自己过得很充实、很快乐，只要我们热爱生活！只要我们卸掉心中的枷锁，敞开心扉，就可以发现快乐、设计快乐、创造快乐。只要用一颗纯真的心去体会，快乐就会像空气一样，时刻环绕在我们身边，伸手即得。

做一个聪明、淡定、快乐的女人也许是许多女人的梦想，但要实现这一梦想，却需要女人不断加强修养，从而提升自己。本书从气质、谈吐、性格、心态、职场、交际、爱情、婚姻等方面入手，运用通俗而精练的语言，与众多的女性朋友进行交流，并详细介绍了成为聪明、淡定、快乐的女人的方法与技巧，教会女性展示自己独一无二的魅力，与幸福快乐的生活翩翩起舞，开启属于自己的别样人生。

衷心希望天下所有的女人都能成为聪明、淡定、快乐的女人，若能如此，那么这个世界将到处充满幸福。

目录

上册

第一章 女人为梦而活，但不能活在梦中

第二章 不做女强人，要做强女人

第三章 可以不美丽，但要有魅力

第四章 会做事不如会处世

第五章 职场知进退，女人更成功

第六章 学会爱，超越爱

下册

第七章 嫁得好，还要守得住

第八章 耐得住寂寞，守得住繁华

第九章 纳悦烦恼，永葆纯净心灵

第十章 聪明女人不抱怨

第十一章　积极豁达，快乐自然如影随形

第一章

女人为梦而活，但不能活在梦中

成功不能以牺牲幸福为代价

很多女性认为在工作和生活之间只能选择其一，如果努力工作，就不能顾及生活。当有的女性为了家庭忽略了工作，甚至放弃工作时，她们的理由是堂而皇之的，不能够两者兼顾，想要照顾好家庭，必然只能将工作放轻、放弃。但是，我们却发现很多成功的女性，她们拥有了双重的幸福，来自工作的幸福和来自家庭的幸福，因为她们懂得，成功不能以牺牲幸福为代价。

俗话说“鱼和熊掌不能兼得”，这句话也没有错，但是，需要指明的是，生活与工作并不是冲突的，我们不应放弃其中的任何一个。对美好生活的向往是每一个人的期望，然而，如果只拥有美好幸福的生活而失去工作带来的幸福，生活就会缺少一种色彩，那么，我们为什么不能合理地分配时间，合理地协调它们，得到双重的幸福呢？

《时尚芭莎》的主编苏芒在她的博客中写道：“我喜欢工作也喜欢家。在工作时，我的头脑充满灵感和梦想，身体里像充满能量的加速器一样，随时蓄势待发；在家里，我的心是充满幸福的，宁静满足，无欲无求，有孩子、爱人，还有一只可爱的小猫……记得有同事向我辞职时常常会这样说：‘对不起，我希望有工作也有生活。’多少人拥有幸福的家庭和快乐的工作呢？就算你暂时没有驾驭两者的能力，你不愿意试试吗？”

当我们看到这样一段文字时，我们是否应该问问自己，为什么别人能把工作和生活安排得如此妥当，既在工作中获得满足，又可以在生活中获得幸福，而自己却没有做到呢？我们看到诸多成功女性，她们既拥有如日中天的事业，同时也拥有幸福的生活。或许现在很多人都不能妥善地处理二者的关系，但是有那么多成功的例子，为什么不能试一试，让自己拥有双重的幸福呢？每一个人都可以的，只要愿意尝试。

其实，女性之所以处理不好二者之间的关系，有很大一部分原因是没有一个良好的心态，而且不会安排自己的时间。如果能利用有效的时间把工作处理好，高效率地工作，就不会占用很多生活的时间。现实生活中，我们经常会看到这样一些人，工作时喜欢拖延，做一些与工作无关的私事儿，比如把与朋友沟通的时间安排到工作时间里去，每天都要打电话给朋友。实际上，多数的电话都是无关紧要的，而且这样做的结果会造成工作没有做好，同时也不得不去加班完成工作。这时候，她们就认为工作和生活是矛盾的，两者之间只能选择其一。

有很多人曾问杰克·韦尔奇这样一个问题：“为什么你会有那么多时间去打高尔夫球，还能继续干好 CEO 的工作呢？”他是这样做出解释的：“正确地把握好生活与工作的平衡关系。”例如要如何去管理生活，如何支配时间，应该把多少精力和时间放在工作上。如今，很多上班族都出现了这样的问题：产生眼疾、慢性疲劳、失眠、过度劳累等。怎么解决这些问题呢？要把工作停下来，是不太可能的。首先，没有了经济收入，失去了生活的来源，生存没法得到保障，这样的生活还能美好吗？其次，即便有了生活上的保障，我们也不能离开工作。那么，怎样平衡它们之间的关系呢？首先我们应该保证自己的工作效率，并尽量利用好有效的工作时间。其次，我们必须保持良好的心态。调整好自己的心态，让心情轻松，坦然地接受压力，这样能大幅度降低疲劳的程度。

总而言之，在人的一生中，工作和生活都是必须兼顾的，少了哪一项都会觉得有缺憾。如果只有工作没有生活，每天除了工作没有别的生活趣事，那么，工作将会索然无味。反过来也是一样的。想要活得更加精彩，就一定要平衡好工作和生活的关系，让自己拥有双重的幸福，来自工作的幸福和来自生活的幸福！

适当地爱物质，但要明白精神永远最重要

物质是一种看得见摸得着的慰藉，带着关怀的温度，贴近女人的心。光鲜亮丽的外表不仅是美的享受，也满足了女人小小的虚荣心。在物质高速发展的今天，物质对于女人有着极强的诱惑力。作为女人，没有理由在有限的生命时光里刻薄地对待自己，宠爱自己是第一等大事。想要舒适的房子、漂亮的睡衣、高档的化妆品，这些都不过分，只是，对于追求物质，切忌不可以过度，正如一位母亲写给女儿的一句话："适当地爱物质，但精神永远更重要，华丽的衣服和全身的名牌都不如你的内心美丽，要学会让美从心里散发出来。"并且女人必须要明白，爱物质无罪，但是你所拥有的物质必须是通过你自己的努力获取的。

张芳毕业后顺利地找到了工作，成为一名普通的白领。和大多数女人一样，张芳也有小小的虚荣心，也爱美丽的衣服、首饰和名贵的化妆品。可是张芳也深深地知道，自己不是什么金领阶层，没有办法满足自己全部的虚荣心，如果想在炫目的物质世界里好好享受，就要凭借自己的真本事赚大钱。于是她开始更努力地工作，挣到的钱除了给自己添加新衣服、新首饰犒劳自己，也用在自己的学习投资上，她深知只有让自己提升层次才能赚到更多的钱。于是张芳凭借自己聪明的头脑和不懈的努力，在工作上越干越出色，很快得到了晋升，收入也比以前翻了一倍。现在的张芳可以更好地满足自己的物质需求，内外兼修的她利用十一长假出国旅游，好好地享受了一番。当然，旅途归来之后，张芳就又开始为了自己的梦想奋斗了。

从张芳的经历来看，她对物质的追求恰恰是促使她前进的动力。可见，有时候适度地追求物质也不是什么不好的事情。

物质几乎是每个年轻女人都无法抵挡的诱惑，青春易逝，给自己买合心的衣服、精致的首饰，让自己看上去更高贵，这些都无可厚非。毕竟每个女人都无法选择自己的长相，但是我们可以在物质上对自己好一点，再好一点，但女人对物质的追求要有节制。物质不能代表一切，比起那些名牌时装，更加富有的应该是自己的内心。

为梦而活，但不要活在梦中

女人是感性动物，头脑中经常浮想联翩：梦想自己拥有一份体面的工作，梦想自己得到白马王子的追求，梦想自己就是高贵的公主。

生活中，我们常常能听到有的女人对别人说："我有漂亮的长相，又有那么好的家庭背景，头脑也聪明，将来我一定会做成大事。等到我赚大钱的那一天，肯定请大家吃满汉全席，到时候大家有什么困难，尽管来找我！”言语之间，踌躇满志，仿佛自己已经功成名就、财富百万。当别人问她凭什么就能做大事的时候，她会振振有词地说：“知识就是力量，智慧就是财富，我是美貌与智慧并重的超级美少女，我怕谁？”

白日梦谁都会做，关键是要有所行动。白日梦不能当饭吃，你要获得想要的东西，就得有实实在在的成绩，否则，光有想法就能成功，那世界上岂不人人都是亿万富翁了？

正如英国前首相本杰明·狄斯雷利指出的，虽然行动不一定能带来令人满意的结果，但不采取行动就绝无满意的结果可言——你需要的不只是梦想，你还要付出切切实实的努力。有了想法就去做，这样你才可能成功。

有一位名叫莱温的美国女人，她的父亲是芝加哥有名的牙科医生，母亲在一家声誉很高的大学担任教授。她的家庭对她有很大的帮助和支持，她完全有机会实现自己的理想。她从念中学的时候起，就一直梦想当电视节目主持人。她觉得自己具有这方面的天赋，因为每当她和别人相处时，即使是生人也都愿意亲近她并和她长谈。

但是，她为这个理想什么也没有做！她在等待奇迹出现，希望一下子就当上电视节目主持人。

莱温不切实际地期待着，结果什么奇迹也没有出现。

另一个名叫海伦的女人却实现了莱温的理想，成了著名的电视节目主持人。海伦之所以会成功，就是因为她知道“天下没有免费的午餐”，一切成功都要靠自己的努力去争取。她不像莱温那样有可靠的经济来源，所以没有傻傻地等待机会出现。她白天去打工，晚上在大学的舞台艺术系上夜校。毕业之后，她开始求职，跑遍了芝加哥每一个广播电台和电视台。但是，每个经理对她的答复都差不多：“不是已经有几年经验的人，我们一般不会雇用的。”

海伦没有退缩，也没有等待机会，而是继续走出去寻找机会。她一连几个月仔细阅读广播电视方面的杂志，最后终于看到一则招聘广告：北达科他州有一家很小的电视台招聘一名预报天气的女人。

海伦在那里工作了两年，之后又在洛杉矶的电视台找到了一个工作。又过了五年，她终于成为她梦想已久的电视节目主持人。

为什么会这样呢？

因为莱温一直停留在幻想上，坐等机会；而海伦则采取行动，最后，终于实现了理想。

成功不在难易，而在于“谁真正去做了”。这个世界不缺乏机遇，缺少的是抓住机遇的手。如果你有想法就要赶紧去做，别担心失败或困难重重，人都是在不断地跌倒与爬起中学会走路的。在不停地实践与追求中，你就能超越自我，成为一块耀眼的真金。

梦想是心灵的翅膀，只有付诸行动才能让自己腾飞。所有拥有美丽梦想的女人们，快快行动起来，不要让梦想只在你脑海中浮动，用行动证明你的梦想的可能性！

别让蓝颜知己越位成情人

人大多希望自己能有异性朋友，而且女人一般都会有几个异性的朋友。但是在女人走进婚姻生活后，她与其他异性朋友的友情就会莫名中断了。这种情形非常普遍，谈论此原因，大多数人认为她们最初和异性交往就是为了寻找和挑选意中人，当目的达到后，多余的异性关系也就自然消失了。女人的顾虑就是再交往下去可能会影响到自己的爱情生活，这在生活中非常常见。尤其是一些害怕男友或丈夫吃醋的女人更有这样的担心。

事实上，男人和女人之间，不一定非得做了情人或夫妻才能成为“最好的朋友”。与很多男人做朋友，对女人来说未必是一件坏事。在现实生活中，女人对与自己很要好的男性朋友，一般很少有顾虑。女人甚至可以抛开性别的禁忌，无拘无束地谈论自己最隐秘的思想和情感，并且也不用担心这种情感是否会影响到自己的爱情或婚姻。而男性朋友们则大多会不带任何评判和责备地倾听女人对他们的诉说，同样，女人也会以同样的方式对待自己的男性朋友。

网上也常常讨论蓝颜知己的话题。许多人认为：女人在拥有丈夫的同时，应该拥有一个蓝颜知己。

作为一个现代的女性，要扮演的角色越来越多，在精神上很需要一些强有力的支持。不论是男人还是女人，其内心深处都或多或少地珍藏着一些不为人知的秘密。而结了婚的女人更是如此，有些话对丈夫是不能说的。因此，如果有一个知心朋友，一个可以无所顾忌、畅所欲言的蓝颜知己互相交流，哪怕是他一言不发，只要让女人自由自在、酣畅淋漓地尽情倾诉，那么对女人来说也是莫大的安慰了。

就如少女都希望遇到一个白马王子一样，也许在每个女人内心都幻想遇上一个蓝颜知己，他有着成熟的思想、兄长的气度，在累了、倦了的时候靠在他的肩上，而不必担心他有什么不良企图。当女人情绪低落时，打个电话约上他喝几杯，喝到一醉方休；在心情好的时候约上他看一场电影，而他也绝不会误解为这是爱的信号。

但是，女人要找到这样一个蓝颜知己的可能性比较小。因为男人和女人之间似乎很难维持真正的友谊，即使达到知己的地步，在旁人看来也是暧昧的。当一个男人对一个没有血缘亲情的女人表示深深关切的时候，他可能很难说清心里的感觉，也许在他的内心深处始终珍藏着她的位置，而这可能是纯洁的友谊无法解释的。于是，就会牵扯出丝丝游离于爱情和友情之间的情怀，让当事者好像站在钢丝绳上，一不小心就会跌入另类情感的深渊中。

但也不能说蓝颜知己并不存在，好的异性朋友也大有人在。拥有蓝颜知己的女人应该算是幸运的女人。

当然，男女交往过程中，女性朋友要把握好尺度，别让蓝颜知己越位为情人。

偶像剧里的爱情，不信为好

偶像剧里的爱情，大都有着甜蜜的爱恋、完美的结局，很多爱做梦的女人总让自己沉溺其中，想象自己正像电视剧里的女主角一样拥有豪宅、名车和体贴浪漫的好男人。然而现实中的她们却正处于水深火热之中：房租已经拖欠了很久，工资卡已经透支，不敢随便逛街，怕自己买不起想要的衣服。

虽然青春偶像剧满足了女人当公主的愿望，成全了她们对完美爱情的想象。但她们却丝毫没有觉察到，剧中完美男人的形象，正像病毒一样迅速扩散，侵入了女人的心灵。女人每天都沉浸在由他主宰着的梦境里，为他哭，为他笑，为他疯狂。她们觉得人生根本不需要奋斗和拼搏，只要自由想象；她们坚信有一位传说中的白马王子，正在前面的路上殷殷等待，只是生活从来都不是我们想象的那么简单。

女人往往有更丰富的想象力，但如果天天沉浸在自己的幻想中，还怎么面对真实生活的考验？所以女人到了二十几岁后，要想面对现实而残酷的生活，就必须慢慢远离那些虚幻的偶像剧，清醒面对现实。

偶像剧到底有什么魅力，让女人如此沉迷？一方面是因为偶像剧里都是些英俊潇洒和赏心悦目的当红明星；另一方面偶像剧大多是些郎才女貌的童话故事，结局大多是皆大欢喜，有情人终成眷属，这一直是她们梦寐以求的完美结局。

从心理学上分析，过分地沉迷于虚幻的世界会增加女性的幻想，让女性朋友更多地对虚幻的事物感兴趣，而对现实的生活失去信心和兴趣。久而久之，脱离了生活，脱离了实际，一切都只是精神上的幻觉。情节严重的就会改变和扭曲一个人的人生观和价值观，会一步一步让自己走向深渊不能自拔。

青春偶像剧的主题有很多是灰姑娘遇到王子，然后过上了公主般的幸福生活，这些故事不仅会造成年轻女人爱情观念的偏差，还会使人变得不现实而失去理智，尤其是那些天生爱做梦的女人，因为这些电视剧仿佛在传达一种信息：总有一天她一定会碰上一个年轻英俊而家财万贯的“公子哥”，并且这位“公子哥”还会很痴情，对她百般呵护，浪漫体贴地照顾她一辈子。曾在某地区就有这样一则报道：

一位女中学生，因为喜欢看偶像剧，所以常常溜出校园在网吧通宵达旦；其间有一个和她同班的男孩向其示爱，她认为这个男孩子就是“偶像剧”里“王子”的化身，感觉自己一直梦寐以求的幸福正在向她招手。她没有想到她的“幸福”会因为她肚子里未出生的宝宝而化为乌有，学校开除她，父母指责她，男友抛弃她。最终她痛苦地选择了自杀。

在有些偶像剧演绎的故事里，女主角年纪轻轻就奉子成婚，过着幸福美满的生活。这让那些懵懂的少女产生了错误的幻想。因为现实生活并非她们想象的那样，爱情比我们的想象要曲折得多，婚姻更是需要双方共同努力才守得住的承诺。这样的偶像剧看了只会污染我们的思想，蒙蔽我们的双眼，让我们越来越放纵自己的幻想，丧失越来越多的理性。聪明的女性应该远离类似的偶像剧，别让自己天天沉迷在不切合实际的幻想中。

浪漫是件美丽的华服，但你不能整天都穿着它

追求浪漫是女人的天性，女人会因为在情人节收到一束玫瑰而整个月都沉浸在幸福之中无法自拔；女人会点上蜡烛倒上红酒，在满是花瓣的大理石浴池里美美地洗一个泡泡浴；女人会在卧室里打开收音机，听着午夜电台播音员诉说的爱情故事。

恐怕没有女人不爱浪漫，可是绝大部分男人都不能满足她们的要求。在生活的压力下，男人已经逐渐变得愚钝起来，曾经不顾一切仅为博得红颜一笑，现在却不会那么做了。

一个女人抱怨她的丈夫不懂得浪漫："你可以为我烧可口美味的饭菜，憨憨地看着我把它吃完，却不能为我放一段音乐。很多时候，你让我感到我嫁给了一位物美价廉而且一专多能的家庭公务员，而不是恋人。

"你从不主动给我买礼物，还理直气壮，说什么钱就在抽屉里呢，你爱买什么就买什么呗！这还不算，从恋爱到现在，10年了，你竟没有主动记住过一次我的生日。有一年，好不容易在我的千提醒万暗示下终于记住了，结果，提回来的蛋糕上却写着'结婚纪念'。至于情人节买烧鹅、逛商店边走边打瞌睡之类的可恶举动，则更是数不胜数。在这个水泥建筑都开始追求人性化，电脑界面都越来越亲切的时代，还有像你这样粗糙得像石头的人，真是一个奇迹。为了启发你的浪漫因子，我曾经比幼儿园的阿姨还耐心细致地做过启蒙工作。譬如，皓月当空之时，凭窗远眺，恍若有乘风归去之感。此时问你有何感想？你居然答：明天天气不错，正好洗衣服。更为可恨的是，某一次你过生日，我早早买好蛋糕、蜡烛，布置烛光晚餐，谁知你一回家，便四处找保险丝，说四邻都有电，唯独我们没有，肯定是保险烧了，搞得我兴趣全无，

一晚上过得心烦意乱。此外，你不看工作以外的任何一本书，视音乐为天敌，待言情剧如寇仇。你有你的理由，你说爱是一种实实在在的东西，像饥饿者手中的馍，容不得太多的花哨东西。但我觉得我们的生活远不止是这么回事……”

其实女人也未尝没有责任，男人们整天在外打拼，心力交瘁，女人却为了那虚无缥缈的浪漫而怪罪男人。为追求浪漫，女人谈起恋爱往往会忽略现实，陶醉在自己幻想的浪漫情境中。只有等到梦醒时，女人才发现生活还是需要柴米油盐的。

聪明的女人懂得浪漫的真谛，懂得在平凡简单的生活中去追寻浪漫的蛛丝马迹。哪怕只是一个温柔的眼神，一次简单的牵手，一声再普通不过的赞美，都会让她们感到满足。其实浪漫没有大小之分，相同的是那一种感觉。只要感觉对了，又何必去苦苦寻求难以企及的惊喜呢？

浪漫是女人的天敌，只有当女人忘却了浪漫，真正的浪漫才会降临在她们的头上，并让她们过上幸福快乐的生活。

其实，爱情中即使没有浪漫也能拥有幸福，浪漫不是生活的必需品。

被平静的幸福包围时，一些平凡的爱意，总被渴望激情浪漫的心灵忽略。爱从来就没有固定的模式，可以是任何一种平淡无奇的形式。花朵、浪漫，不过是浮在生活表面的浅浅点缀，它们的下面才是我们的生活。

浪漫有时候就像是一件华美的衣服，虽然穿上去好看，但是这件衣服太过华丽，只适合在舞会里穿。唯有脱下它，换上便装，才能发现实实在在的生活中的乐趣。

坦然接受独一无二的自己

我们每个人都是上帝眷顾的宝贝，每个人都是从天而降的天使。

一位很有名望的牧师做了一场精彩的演讲，他强调：每个人都是上帝眷顾的宝贝，每个人都是从天而降的天使。活在这个世界上，每个人都要用好上帝给予的独特恩赐，去发挥自己最大的能力。

听众当中有个女人觉得这句话简直就是笑话，站起身来，指着令自己不满意的扁塌鼻子，说道："如果我也是从天而降的天使，那么请问，有长这样鼻子的天使吗？"

一个长着短腿的女人也随声附和，认为天使绝不可能长这样的短腿。

牧师微笑着回答："上帝的创造是完美的，而你们也确实是从天而降的天使，只不过……"他指着第一个女人说，"你降到地上时，让鼻子先着地罢了。"接着他又指向另一个女人，"而你的腿先着了地，却在从天降落的过程中忘了打开降落伞。"

人的一生总有一些不尽人意之处，每个人都会有这样那样的缺憾，或容貌，或家庭，或职业等。如果女人不能接受自己不能改变的现实，就会被缺憾所缠绕，终日烦恼不堪。但是，女人如果能够坦然接受，勇敢地去面对，生活就会是另外的样子。

凯斯·黛莉从小时候起就有一个不为人知的梦想：她想成为像芭芭拉·史翠珊那样有名的歌手。黛莉从未向人透露过这个梦想。她只是在没有人的时候放开嗓子歌唱。原因其实很简单：她长着一张难看的阔嘴和一口奇怪的龅牙。

黛莉一直对自己的龅牙耿耿于怀。到高中毕业聚会时，因为每个人都得表演节目，她便选择了唱歌。她穿着母亲的白色小礼服，紧张地站在舞台中央。音乐响起，她开始唱歌。

她一直很在意自己的牙齿，为了使它不影响自己的魅力，她一直想办法把上唇向下撇，以此来掩饰她暴出的门牙。像这样唱歌当然十分别扭，她唱得心不在焉，声音变得扭扭捏捏，甚至连好几段歌词都给忘到了脑后。

同学们看到她奇怪的样子，忍不住哄堂大笑。这是黛莉第一次公开演唱，却得到这种结果，她沮丧万分。

这时，音乐老师史密斯夫人来到她身旁，很诚恳地说："黛莉，其实你的嗓子很棒，完全可以唱得更好。但你唱歌时，好像在试图掩饰什么。你不太喜欢自己那口牙齿吧？"

黛莉被说中了心事，羞得满脸通红。

史密斯夫人又直率地说："这又有什么关系呢？龅牙并不是什么罪过，你为什么要拼命地掩饰呢？张开你的嘴巴吧！只要你自己不引以为耻，观众也一定会喜欢你的。说不定，这口牙齿还能给你带来好运气呢！"黛莉接受了老师的建议。她开始大胆地在各种公共场合演唱。她不再去想自己的龅牙，只是张开嘴，尽情地放声歌唱。几年后，黛莉成了顶尖的歌星，有很多人还想刻意模仿她呢！

在我们的人生里有无数的困难、障碍，但只要你能愉快地坦然接受自己，你就能够勇敢地、愉快地面对任何局面了。

平凡的女人存在于世间的每个角落，许多女人身上或多或少地存在着一些缺陷。大多数时候，女人害怕因为自己的缺陷而遭到他人的讽刺和嘲笑，所以费尽心思，想将它们掩盖起来。没想到，这样遮遮掩掩，反而容易引起注意。

其实，只要女人能正视自己，坦然接受自己的一切，敢于大大方方地把真实的自己展现在别人面前，别人就会被你的达观、热情感染，快乐地接受你！所以说，接受自己是走向成功、自信的关键性一步。

把自卑扔出天空外

自卑感产生的原因只有一种：我们没有用适合自己的尺度来判断自己，而用某些人的标准来衡量自己。

很多女人的生活多少要受到自卑感的干扰。自卑感之所以会影响我们的生活，并不是由于我们在技术上或知识上的不如意，而是由于我们有不如人的感觉。

比如说，你知道你打乒乓球比不上张怡宁，唱歌比不上毛阿敏，但你大可不必因为比不上她们而产生自卑感，使你的人生黯淡无光，也不该只因为某些事情无法做得像她们那样而觉得自己是块废料。就算你是一个打乒乓球不行的人，或唱歌不行的人，这并不是说你是个“不行的人”。张怡宁和毛阿敏没办法替人动外科手术，她们是“手术不行的人”，但这并不意味她们是“不行的人”。行不行，这全部决定于用什么标准来衡量自己，拿什么人的标准来衡量自己。

事实上，世界上没有两片完全相同的树叶，也没有两个完全相同的人，你没有必要拿别人的优秀来夸大自己的不足。记住：你不卑下，也不优越，你只是你。

你身为一个个体的人，不必与别人比较高下，因为地球上没有人和你一样。你是一个人，你是独一无二的，你不“像”任何一个人，也无法变得“像”某一个人，没有人“要”你去像某一个人，也没有人“要”某一个人来像你。

大家都知道，著名作家三毛的自杀为读者留下痛苦，也留下问号。是《滚滚红尘》的失败使她自杀？不，《滚滚红尘》的失败只是她自杀的导火线，其实在她的心中，早就因自卑萌发了自杀的念头。

少年时代的三毛因沉湎于“闲书”而不能自拔，初二第一次月考，她4门课不及格，数学更是常得零分。初中二年级第二学期，因为怕留级，她决心暂不看闲书，跟每位老师都合作，凡课都听，凡书就背，甚至数学习题也一道道死背下来，她的数学考试竟一连得了6个满分，引起了数学老师的怀疑，就拿初二上学期的习题考她，她当然不会做。数学老师即用墨汁将她的两个眼睛画成两个零鸭蛋，并令她罚站和绕操场一周来羞辱她，严重地损伤了她的自尊心，回家后她饭也不吃，躺在床上蒙着被子大哭。第二天她痛苦地去上学，第三天她因害怕被嘲笑不敢进校门。

从那天起，三毛开始逃学，她不愿让父母知道，还是背着书包，每天按时离家，但是她去的不是学校，而是六犁公墓，静静地读自己喜欢的书，让这个世界上最使她感到安全的死人与自己做伴。从此，她把自己和外面的热闹世界分开，患了医学上所说的“自闭症”。

父母理解她，当他们了解真相后，即为她办了退学手续，自此，她“锁进都是书的墙壁……没年没月没儿童节”，甚至不与姐弟说话，不与全家人共餐，因为他们成绩优异，而自己无能，她曾因此自卑地割腕自杀，为父母所救。

作为作家，她当然很想超越自己，以再造一个撒哈拉时期的轰动，但是未能如愿。后来的教书生涯，讲演、座谈的记录则更平淡。她不甘寂寞抱病创作剧本《滚滚红尘》。只可惜当年，台湾电影金马奖评选提名，《滚滚红尘》获包括最佳编剧在内的12项提名，可以说大获全胜。可是，当她盛装赴会，准备接受得奖荣誉时，8项获奖中有“最佳影片奖”，却偏偏没有“最佳编剧奖”，她当场落泪。

青少年时代的遭遇，使三毛产生了很深的自卑感，在以往的日子里，她对自我价值的肯定常常求证于他人。创作《滚滚红尘》，是希望它能体现对自己的超越，但是，结果不仅没得奖，还受到报刊“草包编剧”“外行编剧”的猛烈批评，她还能超越自我吗？身心俱疲的她深深怀疑了，自杀之念也因此萌生。

埋藏心底多年的自卑，就这样把作家三毛送到了另一个世界。

可见，一个女人就算事业上再成功，如果她自己不自信，也是一生都不会幸福的。但是，女人一旦开始自信，一旦把自卑扔出天空外，生活的天空就会变得五彩缤纷。

请记住，不要无端地拿他人的标准来衡量自己，因为你不是“他人”。只要你了解这个简单、明显的道理，接受它，相信它，你的自卑感就会消失得无影无踪。

卡耐基的夫人曾说：“我们不能够改变一个人的为人——即使我们能够，我们也不会这样做。我们所能做的只是帮助一个人，更有效地运用他所具有的天赋才能和任何优点……我们不能把人们所不具备的资质给他们，但可使他们认识自身的资质，并鼓励他们去开发自己的资质。”

卡耐基夫人启示人们：肯定自我，视自己为一个有价值的人，并因为真正有了自信而达到自己所向往的目标——这才是成功之本。

真心真意地爱自己

只有首先学会爱自己，你才会真正懂得爱这个世界。

爱自己是自信人生的起点。要想做个自信女人，你就一定要学会爱自己，精心经营自己的美丽，储藏自己的精力，关爱自己的健康，呵护自己的心灵，使自己无论何时何地、遇到何事何物都能淡定从容。

爱自己，是源于对生命本身的崇尚和珍重，它可以让我们的生命更为丰满、更为健全，让我们的灵魂更为自由、更为豁达，让我们成为自己精神家园的主人！

只是，明白这个道理需要一个过程。

随着年龄的渐长，你就会明了女人生命中最重要的一条法则：在自信、自强之前，先要自爱。

爱自己，有太多的理由，也有太多的方式，可惜没有一个课本列出详细的内容来教女人如何爱自己。然而，女人应该学好这样一课：在爱别人之前，要先学会爱自己，学会怎样珍惜自己，怎样让自己活得精彩，不成为别人生活的附庸。

“我很不快乐。”一位年轻女孩的声音。“为什么呢？”“我总觉得自己不如别人，做事总做得不够好。”“你能说说是哪些事吗？”“比如这星期有门课程的论文，我写了，但担心自己写得不好。老师要求课堂上进行答辩，我非常紧张，觉得自己答得一团糟，但是，班上的同学却觉得我回答得还挺不错，虽然这样，但我仍觉得很沮丧。”

生活中，跟这个女孩一样，因对自己不满而陷入痛苦的人太常见了。每每这时，我们就应该好好反思这样一个问题：我们懂得爱自己吗？

26岁的年轻护士汪美琪失恋后变成一个泄了气的皮球。她说：“我是一只折断翅膀的丑小鸭，整个世界都把我抛弃了。”可是，她忘了，这个失恋的汪美琪是天下独一无二的汪美琪。如果她学会喜欢自己，爱自己，她就不这么傻了。

每个女人都该明白这样一个道理：若没有我，我的自我将变成一纸空文；若没有我，我的生命将戛然而止；若没有我，我的世界将变成一片废墟。尽管在整个宇宙我不过是沧海一粟，但对于我自己，我是我的全部。为此我首先珍重自己，才能得到别人的珍重；我必须善待自己，真心真意地关爱自己，才对得起造物主的恩赐。

美丽的汪美琪终于学会了自省，晚上躺在床上对自己说：“我这是怎么了？为什么要这样虐待自己？从前处事干练的我哪里去了，为什么自己就不能走出这段伤情呢？仔细想想，我没有什么不对。是他不对，是他玩弄了我的感情。应该难过的是他而不是我。那我究竟是为了什么呢？”经过几夜的反省，汪美琪终于找到了问题的症结：自尊，狭隘的自尊。原来，从小被众星捧月的她从未受过别人的冷落，她的痛苦归根结底不是为了失去的那个男人，而是为了自己狭隘的自尊。于是她对自己说：“现在我明白了，那样的自尊不能要，它不过是虚荣的幻影，坚实的自尊来自于真正的自爱。我爱自己，还有什么可以自惭形秽的呢？”就这样，否定了自己的虚荣，汪美琪不再痛苦了，她很快走出了失恋的伤情，坦然地接受了成熟的庆典。

我们仔细想想，一个不懂得爱自己的人，会真正懂得去爱他人、爱这个世界吗？

回顾一下我们所受到的教育：从儿时起，家庭、学校的教育要求我们学会爱祖国、爱党、爱人民、爱父母、爱同学、爱朋友……我们逐渐知道，作为一个社会的人，应该学会爱这个世界，甚至包括面对敌人时，也应该努力用宽厚的爱去感化那冷漠仇恨的心。但我们却唯独遗漏了那个最重要的角色——我们自己。

假如，在人生的早期没有人教我们这一课，那么，我们现在就要及时为自己补上这一课：学会爱我们自己。

英国作家毛姆说，自尊、自爱是一种美德，是促使一个人不断向上发展的一种原动力。痛苦与磨难是生命必经的历程，只有靠你自己；最孤独的时候不会有谁来陪伴你，最伤心的时候也没有人来呵护你，只有靠你自己；经历着一些必经的经历，只有靠自己；跨越一些生命中必然要遇到的难题和障碍，也只有靠你自己。

然而，许多女人都在迷惘、困惑的路上迷失了自己，不知道该往哪个方向走，不知道怎样为自己找到一条充满阳光的大道，那种无助的眼神、悲凉的心情让我们感慨不已。其实每个人活着都不完全是为了自己，我们还有亲人、朋友，所以在感到迷茫，在对生活失去信心、对未来失去勇气之时，我们还要想想身边的亲人与朋友，这些关切的目光告诉我们：要坚强地学会爱自己。

因此，你没有理由不好好爱自己，应该学会在失败时给自己打气。为了父母、朋友和兄弟姐妹，你也要学会好好爱自己，因为爱自己就等于爱那些疼你、关心你的亲人和朋友。

所以，在我们走出去影响世界之前，让我们首先爱上这个虽不尽完美但依然优秀的自己。

只有首先学会爱自己，你才会真正懂得爱这个世界。

学会爱自己，不是让我们自我姑息、自我放纵，而是让我们学会勤于律己和矫正自己。我们拥有的关怀和爱抚随时都有失去的可能，我们必须学会为自己修枝剪叶、浇水施肥，使自己不会沉沦为一棵枯荣随风的草。

学会爱自己，是让我们在寂寞难耐、孤独无助、困苦无援的时候，在必须独自穿行凄风苦雨的长巷的时候，在没有人与我们共同承担人生磨难的时候，学会给自己一个坚定的笑容，给自己送一朵娇艳的鲜花，给自己一颗柔韧的心灵。

学会爱自己，就是要让自己时刻保持对自我的充分信任，用时不我待的激情去挑战生活，挑战未来。

美与丑主要取决于内在

再美貌的女子也无法牵住逝去的岁月，无法红颜永驻。而内心的美，却将随着岁月的增加、心灵的日益净化，而越加显示它的光华，受到人们的敬重。

再不爱修饰的女人都喜欢照镜子，当镜子映出自己那如花似玉的容颜时，喜悦之情不禁油然而生。是的，哪个女人不希望自己具有花容月貌？毕竟人都是爱美的。

那么，假如你没有花容月貌，不是“绝代佳人”，是不是不美呢？应该说，每一个女人都有动人之处，都是美的，问题在于你有没有发现自己潜在的美。

有一个美国医生，他以善做面部整形手术驰名遐迩。他创造了许多奇迹，把许多丑陋的人变成漂亮的人。他发现，某些接受手术的女人，虽然她们整形手术做得很成功，但仍找他抱怨，说她们在手术后还是不漂亮，说手术没什么成效，她们自感面貌依旧。

于是，医生悟到这样一条道理：一个女人的美与丑，并不在于一个人的本来面貌如何，而在于她的内心。

如果一个人自以为是美的，她真的就会变美；如果她心里总是嘀咕自己相貌丑陋，她可能真的会变丑。

一个人如自惭形秽，那她就不会变成一个美人；同样，如果她不觉得自己聪明，那她就成不了聪明人；她不觉得自己心地善良，即使只是在心底隐隐地有这种感觉，那她也就成不了善良的人。

有这么一个例子说明了同样的道理。心理学家从一群大学生中挑出一个最愚笨、最不招人喜欢的姑娘，并要求她的同学们改变以往对她的看法。在一个风和日丽的日子里，大家都争先恐后地照顾这位姑娘，向她献殷勤，送她回家，大家以假作真地认定她是位漂亮聪慧的姑娘。结果怎样呢？不到一年，这位姑娘出落得妩媚婀娜、姿容动人，连她的举止也同以前判若两人。她高兴地对人们说，她获得了新生。确实，她并没有变成另一个人，然而在她的身上却展现出每一个人都蕴藏的美，这种美只有当我们相信自己，周围的所有人也才会相信。

为了获取美，一个女人必须自信，必须坚信自己内心的美丽。有时你看到一个长相一般的女人，却觉得她是美的。她把你吸引住了，你看到她就感到愉悦，这是什么原因？就是因为她散发出的自信。世界上没有一种力量能比对美的自信更能使女人显得美丽。

车尔尼雪夫斯基曾经讲过一个故事：

有一次，他去拜访一位多年不见的朋友，这位朋友已经结婚了。他有幸结识了朋友的妻子，这位年轻、美丽的主妇对他亲切而殷勤，没有一点矫揉造作和卖弄风情，待他像丈夫的老友一般自然、大方、得体。车尔尼雪夫斯基对他的老友说：“你的太太很可爱，我并不是恭维你，她真是个美人。”

可是他们第二次见面的时候，是在一个豪华的舞会上。这个自小在穷乡僻壤长大的太太完全被舞会迷住了，她的眼睛流露出对这种社交形式的追求和向往，但她却学着那些贵妇人的模样，故意装腔作势地说：“舞会使我厌倦了，我厌弃这上流而空虚的社交。”这种言行不一的举止，使车尔尼雪夫斯基顿然忘了她的美貌，只记得她那一副矫揉造作的样子，觉得她滑稽可笑。

又过了一个月，他再去拜访这位老友时，朋友的工厂（他的唯一的资产）遭了火灾，朋友陷入了前所未有的困境中。而这时他的妻子说：“别伤心呀，亲爱的。卖掉我们的家产，卖掉我的银器和衣物，那就够还债了。我出外可以步行，必要的时候，我可以自己弄饭。你还年轻，只要你不沮丧，将来一切都会好转的。”当她的丈夫表示过意不去时，她说：“只要你像以前一样爱我，我便像以前一样幸福了。”目睹这一幕的车尔尼雪夫斯基感动极了，觉得她是名副其实的最高尚的妇女。

同一个人，在三个不同场合，给人三种不同的印象，起决定作用的，并不是她的外貌（因为在这样短暂的时间内，她的外貌是不会有多大变化的），而主要是她的内心。她一度变得虚伪，而这虚伪的心灵使人感到丑恶，再美的面貌也失去了美感。可是当家庭遭到变故时，她丢掉虚荣，又显出纯真的本色，她在人们的心目中，不仅是可爱，而且是崇高了。

可见，决定一个人美丽与否，主要不是外貌，而是心灵。一个人的外貌是无法选择的，而内在的美，却是可以由自己来塑造的。再美貌的女子，也无法牵住逝去的岁月，无法红颜永驻。而内心的美，却将随着岁月的增加，心灵的日益净化，而越加显示它的光华，受到人们的敬重。

保持自己的本色

充满自信地在他人面前展现一个本色的自我吧！不必为讨好他人而刻意改变自己，尽力成就真实的自我，用你的坦诚赢得他人的坦诚，以自信的步伐行进在人生的路上——这才是人生的真谛。

下面的故事或许会给你一些启示：

从小就十分敏感和腼腆的李女士，身体一直很胖，而且脸部看起来比实际上还要胖。她的母亲十分古板，在母亲看来，穿漂亮的衣服是一件很张扬并且愚蠢的事。为此，李女士从来都不参加别人的聚会，也很不快乐。上学的时候，她很少和其他孩子一起到室外活动，甚至不愿意上体育课。她很害羞，觉得自己与其他人不一样，完全不讨人喜欢。

长大之后，她嫁给一个比自己年长的男人，可是她并没有多大的改变。丈夫及家人都很友善，充满了自信。这正是她所希望成为的那类人。她尽最大的努力使自己能和他们融为一体，可是却无法做到。他们为了使她变得开朗而做的每一件事情，都使她更加不自然。她变得异常紧张，开始回避所有的朋友，甚至紧张到怕听到门铃响。她总认为自己是一个失败者，却又害怕丈夫发现这一点。所以每一次在公开场合，她都假装十分开心，结果反而做得很不得体。李女士常常为自己的过失而后悔不已，有时候甚至没有了活下去的勇气——她想到自杀。

是什么东西改变了这个痛苦女人的生活呢？原来不过是一句随口而出的话。

有一天，婆婆谈到自己是怎样教育孩子时，说道："无论如何，我总是要求他们保持自己的本色。""保持自己的本色"，就是这句话启发了李女士。刹那间，李女士突然发现自己之所以如此苦恼，就是因为一直试图让自己生活在别人的目光和影响下。

她说："一夜之间似乎我的人生整个儿地改变了。我开始思考如何保持自己的本色，试着总结自己的个性；我发掘自己的优点，并开始研究色彩和服饰方面的问题，按照适合自己特点的方式穿衣服；我主动地去交朋友，还参加了一个社团组织——一个很小的社团。第一次参加活动把我吓坏了。但每一次发言，都使我增加了一份勇气。尽管它花费了我很长的时间，但却给了我许多快乐，而这些快乐都是以前我想都不敢想的。后来，当我在教育自己的孩子时，我经常将自己从这些痛苦中学到的经验告诉他们，让他们牢记，无论如何都要保持本色。"

李女士最终活出了自己的本色，也获得了属于自己的快乐。

美国素凡石油公司人事部主任保罗曾经与6万多个求职者面谈过，并且出版过一本名为《求职的六种方法》的书。他说："求职者最容易犯的错误就是不能保持本色，不以自己的本来面目示人。他们不能完全坦诚地对人，而是给出一些自以为你想要的回答。"可是，这种做法毫无裨益，没有人愿意聘请一个伪君子，就像没有人愿意收假钞票一样。

著名女心理学家玛丽曾谈到那些从未发现自己的人。在她看来，普通人仅仅发挥了自己10%的潜能。她写道："与我们可以达到的程度相比，我们只能算是活了一半，对我们身心两方面的能力来说，我们只使用了很小一部分。也就是说，人只活在自己体内有限空间的一小部分里，人具有各种各样的能力，却不懂得如何去加以利用。”

你我都有这样的潜力，因此不该再浪费任何一秒钟。你是这个世界上一个全新的个体，以前从未有过，从开天辟地一直到今天，没有一个人和你完全一样，以后也绝不可能出现。遗传学揭示了这样一个秘密，你之所以成为你，是你父亲的24个染色体和你母亲的24个染色体在一起相互作用的结果，48个染色体加在一起决定你的遗传基因。“每一个染色体里，”据研究遗传学的教授说，“可能有几十个到几百个遗传因子——在某些情况下，一个遗传因子都能改变一个人的一生。”毫无疑问，我们就是这样“既可怕又奇妙地”被创造出来的。

假设你的母亲和父亲注定相遇并且结婚，但是生下孩子正好是你的机会也仅有三十亿分之一。这是推测吗？不是，这是科学事实。

你应该为自己是这个世界上全新的个体而庆幸，应该充分利用自然赋予你的一切。从某种意义上说，所有的艺术都带有一些自传体性质。你只能唱自己的歌，只能画自己的画，只能做一个由自己的经验、环境和家庭所造成的你。无论好坏，都得创造一个属于自己的小花园；无论好坏，都得在属于你生命的交响乐中演奏自己的小乐器。

千万不要模仿他人，让我们找回自己，保持本色。

千万不要苛刻地追求完美

哲人说：“完美本是毒。”事事追求完美是非常痛苦的，它是毒害我们心灵的药饵。

这个世界本来就不是完美的，过去不是，现在不是，将来也不是，它本来就是以缺陷的形式呈现给我们的。人如果事事追求完美，那无疑是自讨苦吃。而对人生，我们应该静下心来，认真地去挑选你认为是相对完美的树叶。

缺憾有其独特的意义，我们不能杜绝缺憾，但我们可以升华和超越缺憾，并且在缺憾的人生中追求完美。缺憾可以当作我们追求的动力，如果我们能这样看，就不会为种种所谓的人生缺憾而耿耿于怀了。

有了缺憾就会产生追求的目标，有了目标，就如同候鸟有了目的地，即使在飞翔中累得上气不接下气也能够坚持下去。如果事事追求完美，都要拼命做好，这会使我们自己陷入困境。不要让尽善尽美主义妨碍我们，使我们仅仅成为一个旁观者，我们应该试着将“尽力做好”改成“努力去做”。

谢尔·西尔弗斯坦在《丢失的那块儿》里讲过这样一个故事：

春天来了，一个曾经完美的圆又踏上了寻找的征程。

它忘不了那年的那一天，它被疾驰而过的汽车压去了一个角，一个顽皮的孩子捡去了它身体的一部分。从此，它再也不是同伴们羡慕的“圆圆”。

终于有一天，它再也不能忍受同伴们的嘲笑，自己偷偷溜出来，寻找残缺的一部分。圆相信，自己有能力也有信心让自己重新完美起来。

几年了，圆都是行走在寻找的路上。慢慢地，它开始喜欢在路上寻找的感觉。因为自己的残缺，它的转速有些慢，但这也让它同时有时间欣赏路上的风景，和煦的阳光温暖地照着，风轻轻地吹着。它和美丽的鲜花打招呼，和天上飞过的蝴蝶交朋友，听蜜蜂歌唱，甚至为自己能轻巧地避开爬过的蚂蚁而感到自豪。有时候，它甚至忘记了自己寻找的目的。因为，路上的风景似乎给它带来了许多的快乐。

功夫不负有心人，它终于在一条林间的小路上找到了自己的另一块，圆欣喜若狂，它终于又可以回到伙伴的中间了。它迫不及待地求过路的朋友帮它复了“圆”。

终于可以结束寻找的日子了，然而它并没有因此而快乐。因为，恢复后的圆行走速度实在太快了。它来不及欣赏，来不及和朋友们打声招呼，就匆匆远去了。有几次，它分明看见了，那可爱的小蚂蚁还是死在了自己的身下。

在来不及停住的那一刻，它听见了它千辛万苦找到的碎片剥离的声音。它没有停下来抚摩自己的伤口，甚至没有回头看一眼曾拼在它身上让它完美的碎片。它继续着自己的脚步，这一次，它不是去寻找，而是让自己真实地享受生活。

其实，生活中的人又何尝不是如此。有些女人为了追求完美，不停地苛责自己。在这个过程中，她们忘记了一种达观的人生，忘记了春天的美丽。有多少人在垂暮之年幡然醒悟：一辈子只在追求完美，却从未认真地体会生活、感悟生活！

一篇很有意思的文章描述了“最完美的女人”需要具备的特点：意大利女人的头发、埃及女人的眼睛、希腊女人的鼻子、美国女人的牙齿、泰国女人的颈项、澳大利亚女人的胸脯、瑞士女人的手、塞尔维亚女人的大腿、中国女人的脚、奥地利女人的声音、日本女人的笑容、英国女人的皮肤、法国女人的曲线、西班牙女人的步态……即使这样仍不够，还需要有“德国女人的管家本领、美国女人的时髦、法国女人的厨艺、韩国女人的温柔……”

事实上，将所有这些“优点”放在一起，说不定还会很可怕。“金无足赤，人无完人”，女人又何尝不是如此，所谓的完美不过是一些虚幻的想象而已。世上有很多优点，但绝不可能同时集中在一个人身上，更何况还有许多优点是互不相容的，甚至还是相互矛盾的。

人生确有许多不完美之处，每个人都会有各式各样的缺憾。其实，没有缺憾我们便无法去衡量完美。仔细想想，缺憾其实不也是一种美吗？

人生就是充满缺陷的旅程。从哲学的意义上讲，人类永远不满足自己的思维、自己的生存环境、自己的生活水准。这就决定了人类会不断创造、追求。没有缺陷就意味着圆满，绝对的圆满便意味着没有希望，没有追求，便意味着停滞。人生圆满，人生便停止了追求的脚步。

生活也不可能完美无缺，也正因为有了残缺，我们才有梦、有希望。当我们为梦想和希望而付出努力时，我们就已经拥有了一个完整的自我。生活不是一场必须拿满分的考试，生活更像一个足球赛季，最好的队也可能会输掉其中的几场比赛，而最差的队也有自己闪亮的时刻。我们的所有努力就是为了赢得更多的比赛。当我们能继续在比赛中前进并珍惜每场比赛时，我们就赢得了自己的完整。

大多数人都知道断臂的维纳斯塑像，她的断臂当然不是雕塑家的初衷，而是从地下挖掘出来时无意中给碰掉的，可是人们却惊讶地发现她是如此之美。也许这种美恰恰就在于她的残缺——失去双臂，这就是残缺美。失去也是得到，有缺憾的地方正好给人们留下了广阔的想象空间。没有最好，只有更好，有志者总是在这样的信念下追求着。要做到这一点，就要打开两扇心灵的窗户，只开一扇窗户，就会视野狭隘，使自己变得孤陋寡闻，只能看到比自己逊色的人；多打开一扇窗，眼前就会变得豁然开朗，不仅会欣赏到自然美景，而且还会接触到智慧和才能比自己更优秀的人。

即使是中国古代的四大美女，也有各自的不足之处。道理虽然浅显，可当我们真正面对自己的缺陷、生活中不尽如人意之处时，却又总感到懊恼、烦躁。

其实，完美的标准是相对而言的，因人的审美观不同而不同，今天以肥为美，明天就可能以瘦为美。古人以脚小为美，如果今天有“三寸金莲”走在大街上，路人肯定不会以此为美。

追求完美没有错，可怕的是追而不得后的自卑与堕落。即使缺陷再大的人也有其闪光点，正如再完美的人也有缺陷一样。能够充分发挥自己的长处，照样可以赢得精彩人生。

最后，如果你是“完美主义”者，建议你变成“完成主义”者吧！不必在乎成果如何，也不要管别人的批评，只要开始行动就可以了。

第二章

不做女强人，要做强女人

你可以比男人做得更好

女人虽然不像男人那样有强健的体魄和刚硬的性格，在社会中也往往处于被保护者的地位，但这并不代表女人就是弱者。女人虽然柔弱，但有着男人无法比拟的韧性，以柔克刚是女人最强的武器。

女性的魅力与职业能力，并非水火不容。事实上，许多职业女性“一半是水，一半是火”，既不乏温柔、细腻和亲和力，又精明、果断和干练。她们以女性特有的气质、风采，在职场如鱼得水，赢得了事业的成功。

女人的强，不像男人那样直接表现出来，它往往会在不知不觉中渗透。女人如水，水虽柔，却能“水滴石穿”。同时，女人并非只是扮演弱者的角色，有时候她的刚强是男人比不上的，就像变成坚冰的水一般。所以，不要把女人当成天生的弱者。

对于年轻的女孩来说，人生之路才刚刚开始。

不同的选择就会有不同的结果。成为弱者，可想而知，只能一路败下去，而做强者，则会发掘出女人生命中的坚强，使女人成为生活的胜者。

女人是那可以穿越山峰、奔流到海的水。“弱者”这个词并不适合女人。对于年轻的女孩来说，开创事业虽然艰难，却并非不可能。女性自身的很多优势是男性无法匹敌的。

首先，女性心细如针，且做事有条理和耐心。这种特有的个性，就是女性就业的优势。

其次，女性有一双灵巧的手。做手工活，便是女性的强项。如今，有的女性已开始注重开发自己的双手，在家中办起了手工小作坊。

最后，女性的心很柔。这种柔情使女性能在精神抚慰方面发挥特有才干，获得意想不到的良好效果。我们可以陪老人读报、谈心，对瘫痪在床的病人、失意的人进行心灵疏导等。如果年轻女孩能充分意识到这一点，再利用心理学方面的知识，积极投入工作，相信必有一番大作为。

女性的敏锐感觉、亲和力，还有女性的温柔，会让年轻女孩在事业起步时少很多阻力。

对于年轻女孩来说，我们不需要像男人一样成为一个强者，有着无可匹敌的魄力和强硬的手腕，这样其实是在浪费我们的优势，效果也不会太好。我们只需用女人的方法在这个世界上占有一席之地即可，但前提是自主，千万不要依附男人，要开创一份属于自己的事业，自己去创造未来。

自强却不争强

很多女孩都想成为人群里最受欢迎的人，所以她们一直在努力成为一个女强人。其实，这样的想法是错误的。想要真正成为一个受欢迎的女人，不一定要做女强人，但是一定要做强女人。

女强人有铁人一般的工作作风，有令男人胆寒的行事手腕，有巾帼不让须眉的胆识和谋略；强女人则有明确的生活态度，有坚韧不拔的精神，有遇到困难不服输的品质。一个受欢迎的女人，不一定非要有傲然的成就，但是一定要有坚忍不拔的精神，有面对生活勇敢向前的态度。女强人希望全世界以她为荣，强女人自强却不争强，她会取得一番成绩，但是她的行为并不是为了荣耀，而是为了证明自己。

她从小就“与众不同”，因为小儿麻痹症，不要说像其他孩子那样欢快地跳跃奔跑，就连正常走路都做不到。寸步难行的她非常悲观和忧郁，当医生教她做一点运动，说这可能对她恢复健康有益时，她就像没有听到一般。随着年龄的增长，她的忧郁和自卑感越来越重，甚至，她拒绝所有人的靠近。但也有个例外，邻居家那个只有一只胳膊的老人成为她的好伙伴。老人是在一场战争中失去一只胳膊的，老人非常乐观，她很喜欢听老人讲故事。

这天，老人用轮椅推着她去附近的一所幼儿园，操场上孩子们动听的歌声吸引了他们。当一首歌唱完，老人说道：“我们为他们鼓掌吧！”她吃惊地看着老人，问道：“我的胳膊动不了，你只有一只胳膊，怎么鼓掌啊？”老人对她笑了笑，解开衬衣扣子，露出胸膛，用手掌拍起了胸膛……

那是一个初春，风中还有几分寒意，她却突然感觉自己的身体里涌动起一股暖流。老人对她笑了笑，说：“只要努力，一个巴掌一样可以拍响。你一样能站起来的！”

那天晚上，她让父亲写了一张纸条，贴到墙上，上面是这样的一行字：“一个巴掌也能拍响！”从那之后，她开始配合医生做运动，无论多么艰难和痛苦，她都咬牙坚持着。父母不在身边时，她就扔开支架，试着走路。蜕变是痛苦的，她坚持着，她相信自己能够像其他孩子一样行走、奔跑。她要行走，她要奔跑……

11 岁时，她终于扔掉支架。她又向另一个更高的目标努力，她开始打篮球和参加田径运动。

1960 年罗马奥运会女子 100 米跑决赛中，当她以 11 秒 18 的成绩第一个撞线后，掌声雷动，人们都站起来为她喝彩，齐声欢呼着这个美国黑人的名字：威尔玛·鲁道夫。

那一届奥运会上，威尔玛·鲁道夫成为当时世界上跑得最快的女人，她一共摘取了 3 枚金牌，也是第一个获得奥运会百米冠军的黑人女子。从“一个巴掌也能拍响”的老人那里，威尔玛·鲁道夫得到了顽强生活的启示。作为一个认真生活的强女人，威尔玛·鲁道夫是每一个聪明女孩的学习楷模。她用自己的经历提醒每一个女孩：只有坚强的人，才能克服生活中的一切困难；只有认真生活的人，才能不被生活中的磨难吓倒。

只要我们有一颗坚强的心，要做一个强女人，并不是什么困难的事。

“安稳”不是女孩最好的归宿

平凡的女人，之所以一生无大的成就，因为她一直在追求一种安定平稳的生活，一旦得到，便想固守不求进取了。这样，她一生只会机械地工作，挣来维持温饱的薪金，然后静待死神的光临。

眷恋安稳的女人在开始做一件事情之前，总是会做过多的准备工作。她们认为每一项计划和行动都需要完美的准备。她们只在自己熟悉的领域搭建一个舒适的温室，将“在家靠父母，出门靠朋友”这句话彻底执行。她们不敢向陌生的领域踏出一步，对生活中不时出现的那些困难，更是不敢主动发起“进攻”，只是一躲再躲。她们认为，保持自己熟悉的现状就好，对于那些新鲜事物，还是躲远点，否则，就有可能被撞得头破血流。安稳是一个陷阱，让她们丧失了斗志和激情，她们不敢打破现有的生活方式，不敢寻求新的改变，结果在懒散之中松弛了自己的皮肤和精神。

西方有句名言：“一个人的思想决定一个人的命运。”做任何事都寻求安全感，不敢挑战冒险，是对自己潜能的否定，只能使自己的潜能不断地缩小。与此同时，安全感会使你的天赋被削弱，就像疾病让人体的机能萎缩、退化一般。

如果女人能够突破“安稳”这一关，尤其在二十几岁的最佳年龄开始奋斗，就可能会有很大的改观。

香奈儿这个名字是一个传奇，她从来就不是一个安于本分的人。她的名字后来成为西方女性解放与自然魅力的代名词。香奈儿年轻时是巴黎一家咖啡厅的卖唱女，她经历过一次失败的情感——18岁时当了花花公子博伊的情妇。但她没有就此沉沦下去，而是借助博伊的资金开了三家时装店，使她的服装进入巴黎的上流社会。

对于浮夸与矫情的上流社会，香奈儿的礼服是玛戈皇后装的翻版。香奈儿和她的服装充满了怪异，但也充满了致命的吸引力。有一次，她的长发不小心被烧去几绺，她索性拿起剪刀把长发剪成了超短发。在她走进巴黎舞剧院之后的第二天，巴黎贵妇们纷纷找到理发师给她们剪“香奈儿发型”。无论是香奈儿的香水还是香奈儿的服装，真正的魅力在它们的创造者身上。

30岁以后的香奈儿还清了欠博伊的钱，她独立了。从1930年一直到去世，她都独自住在巴黎利兹饭店的顶楼上，她是世界上最著名的服装设计师之一。

每天晚上睡觉的时候，她唯一需要确定的是，那把心爱的剪刀是否放在床头柜上。她说：“上帝知道我渴望爱情，如果非要我选择，我选择时装。”

香奈儿给女人们的忠告是："也许我会令你感到惊讶，但归根结底，我认为一个女人若想要快乐，最好不要遵从陈腐的道德。做出这种选择的女人具有英雄的勇气，虽然付出孤独的代价，但孤独能帮助女人们找到自我。我爱过的两个男人从来不了解我。他们很有钱，却不曾了解女人也想做些事。忙碌起来能使你的分量加重。我很快乐，但几乎没人知道这一点。"

在她最后的日子里，她说："由种种事情来看，我的一生完全正确，我没有丈夫、孩子，但我有一堆财富。"不安于室给了香奈儿成功的灵感和动机，让香奈儿走出了"安稳"的牢笼，创造了一个经典的品牌。

每一个女人，不管你的外表是美还是丑，也不管你的心智是聪明还是愚笨，都要凭着自己的努力去过自己想要的生活，而不要被"安稳"的陷阱温柔地杀死。多一些冒险精神，做一个独立的个体，经济独立、事业有成，这样的女人永远自信快乐。

"狠女孩"才能主宰自我

有人说，女人应对自己"狠"一点，因为"狠女孩"才有福。因为"狠女孩"知道在得失中做出选择，她们敢爱敢恨、敢作敢为。即使要承担许多的痛苦，为了朝着自己的目标前进，她们毫不犹豫，狠下心来去做，直至达到自己的目标。

她从名校毕业后被分配到一个让人们眼红的政府机关，干着一份惬意的工作。

好景不长，她开始陷入苦闷，原来她的工作虽轻松，但与所学专业毫无关系。她想辞职出去闯一闯，外面的世界很精彩，但风险太大。她将自己的困惑告诉了她最敬重的一位长者。长者一笑，给她讲了一个故事：

一个农民在山里打柴时，拾到一只样子怪怪的鸟。那只怪鸟和刚满月的小鸡一样大小，还不会飞，农民就把这只怪鸟带回家给小女儿玩耍。

调皮的小女儿玩够了，便将怪鸟放在小鸡群里充当小鸡，让母鸡养育。

怪鸟长大后，人们发现它竟是一只鹰，他们担心鹰再长大一些会吃鸡。那只鹰却和鸡相处得很和睦，只是当鹰出于本能飞上天空再向地面俯冲时，鸡群会产生恐慌和骚乱。渐渐地，人们越来越不满，如果哪家丢了鸡，便会首先怀疑那只鹰——要知道鹰终归是鹰，生来是要吃鸡的。大家一致强烈要求：要么杀了那只鹰，要么将它放生，让它永远也别回来。因为和鹰有了感情，这一家人决定将鹰放生。

谁知，他们把鹰带到很远的地方放生，过不了几天那只鹰又飞回来了。他们驱赶它不让它进家门，他们甚至将它打得遍体鳞伤，都无法成功。

后来村里的一位老人说："把鹰交给我吧，我会让它永远不再回来。"老人将鹰带到附近一个最陡峭的悬崖绝壁旁，然后将鹰狠狠向悬崖下的深涧扔去。那只鹰开始如石头般向下坠去，然而快要到涧底时，它终于展开双翅托住了身体，开始缓缓滑翔，最后轻轻拍了拍翅膀，飞向蔚蓝的天空。它越飞越自由舒展，越飞越高，越飞越远，渐渐变成了一个小黑点，飞出了人们的视野，再也没有回来。

听了长者的故事，年轻的女孩似有所悟。几天后，她辞去了公职，在社会上打拼，终有所成。

面对安逸的工作环境，年轻的女孩坚定地选择了自己的道路，这就是"狠女孩"的作为。

在面临选择的时候，如果已经拥有了不错的条件，很多女孩都是不愿意舍弃的。"狠女孩"是不一样的，她们有自己的主见，并且不会被眼前的利益所迷惑。即使所选择的道路上充满了荆棘，她们也会毅然决然地走下去。

由此可见，“狠女孩”才能主宰自己的命运，聪明的女孩应该勇敢地做一个“狠女孩”。

没有意见，不代表没有主见

女孩跟同学一起出去，同学问她：“你想吃什么？”

“什么都可以。”

“咱们吃了饭去逛街吧！”同学提议。

“好的，我没意见。”女孩回答。

“你有什么买的吗？”

“目前还没有，到时候再看吧！”

女孩的回答让同学有些扫兴。在同学的眼里，她是一个没有主见的人，做什么事情都没有自己的主意。其实，女孩只不过是没有发表自己的意见，并不是没有自己的主见。因为在女孩心里，像买衣服吃饭这一类的事情，并没有必要较真。对于人生中的大事，女孩就不会犹豫了。许多女孩都与故事中的女孩一样，一旦做了决定，即使身边的人再怎么反对，都不会动摇她们的信念；不管自己的选择将面临怎样的困难，她们都不会放弃。许多年前，一个妙龄少女来到东京酒店当服务员。这是她的第一份工作，因此她很激动，暗下决心：一定要好好干。但她没想到，上司竟安排她洗厕所。

这时，她面临着人生的一大抉择：是继续干下去，还是另谋职业？如果自己做第一份工作就打退堂鼓，那么以后遇到更大的问题怎么办？她不甘心就这样败下阵来，因为她曾下过决心：人生第一步一定要走好，马虎不得！

这时，同单位一位前辈及时出现在她面前，他帮她摆脱了困惑、苦恼，帮她迈好这人生第一步，更重要的是帮她认清了人生路应该如何走。他并没有用空洞的理论去说教，而是亲自做给她看。

首先，他一遍遍地刷洗着马桶，直到洗得光洁如新；然后，他从马桶里盛了一杯水，一饮而尽，毫不勉强。实际行动胜过万语千言，他不用一言一语就告诉了少女一个极为朴素、极为简单的真理：光洁如新，要点在于“新”，新则不脏，因为不会有人认为新马桶脏，也因为马桶中的水是不脏的，是可以喝的；反过来讲，只有马桶中的水达到可以喝的洁净程度，才算是把马桶刷洗得“光洁如新”了。

看到这一切，她痛下决心：“就算一生洗厕所，也要做一名洗厕所最出色的人！”

从此，她成为一个全新的、振奋的人，她的工作质量也达到了那位前辈的高水平，当然她也多次喝过马桶水——为了检验自己的自信心，为了证实自己的工作质量，也为了强化自己的敬业心。

她就是日本前邮政大臣——野田圣子。野田圣子在政坛上拥有很大的影响力，可是她从来都不曾忘记自己在做第一份工作时所面临的选择。她说：“当时很多人都想让我放弃，但是我坚持了自己的意见，现在我感谢我的主见，让我在以后成了一个对社会有用的人。”

大多数成功的女人都是有主见的人，她们不会因为周围的人说什么就动摇自己的信念，更不会因为别人说“不”就停止自己前行的脚步。

在生活中，聪明的女孩经常不发表意见，好像什么事情都没有主意，其实她的内心并不是没有主见，而是没有遇到让她在意的事情。对于人生的重大事情，聪明的女孩会比任何人都有主见。

别让“贤淑”埋没你的精彩

在现实中生活中，相当一部分的女性尤其是婚后醉心于“柴米油盐”的女性，恐怕很少有人对自己在婚前婚后的巨大反差进行过思考:“我为什么不见了往日的清纯?为什么不再拥有当年赏花吟月的情怀?”这样的女性在结婚后是循着“男主外，女主内”的传统思维路线生活的。她们一旦结了婚，就会自觉地把绝大部分精力用于家庭，而放弃原先的梦想和进取精神。以前的女性凭着“贤淑”还能维持一个安稳牢靠的家，现代女性再固守“贤淑”，情形恐怕就没那么乐观了。

一个女人如果自愿放弃对事业的追求、自我的提升而满足于屋里屋外的生活，甘愿做男人背后的那个“伟大女人”的话，终有一天岁月的风尘会淹没她昔日的灵光，烦琐的家务会将她的高贵磨平，日复一日的操劳会让她的青春黯然失色，这时，女人的生活是否还能继续下去?

有这样一位女性，上大学时是声名远播的美女，能力出众。她的丈夫当年“过五关，斩六将”，好不容易才把她追到手，两人从此出双入对。后来两人结婚了，婚后她承担了家里所有的家务活，全心全意支持丈夫的事业。有一次她发现自己意外怀孕后，为了不影响丈夫的事业，她一个人去医院做了流产手术。结果由于身体过度虚弱，她昏倒在医院走廊上。

十几年过去了，丈夫的事业越来越好，35 岁那年，他当上了国内某知名公司的高层管理人。她想这下好了，自己的心血没有白费，该为自己的兴趣爱好腾点时间了。正当她心满意足的时候，丈夫却要求离婚，说自己早就不爱她了。

很长一段时间，她整天以泪洗面，甚至连死的心都有。她这么辛苦地操持这个家，从来都不是为了“夫荣妻贵”的美景，她只想让他知道自己有多么爱他，让他因为得到了这个好女人而高兴。她付出了一切，他怎能这样薄情寡义?

这就是现代社会一些女性的血泪经历。看看如今居高不下的离婚率，其中有不少女人是起早贪黑、任劳任怨的好女人。她们不仅要“主内”，还要“兼外”，既要上班又要照顾家庭，还把自己辛苦所得的薪水全部用来补贴家用。她们承受着内外的双倍压力，日复一日地劳作，却换不来男人真心的感动，她们的一切付出，在男人眼里是“理所当然”。女人要“贤淑”，这是古训，是女人应该做的，女人的爱、美德、奉献、忘我在“贤淑”面前被一笔抹杀了。男人把“贤淑”当成女人的天职，他认为是自己在支撑着整个家庭，女人没有他活不了，是他的“主外”成就了女人“主内”的“闲职”。

这就是女人“贤淑”所换来的后果。贤淑一度被赞誉为美德，可懂得欣赏这种美德的男人有多少？懂得珍惜这种美德的男人又有多少？

贤淑是自古以来中国男子对女子的“殷殷期盼”，今天看来，其实就是给女人套了一个“愚民”的枷锁！女人在“贤淑”里挣扎着，男人在“贤淑”外享受着，这难道就是女人“贤淑”之后想要得到的？

我们不是说“贤淑”不好，而是说在这个社会中，女人要学会为自己着想，与其辛辛苦苦换来肝肠寸断的结局，不如放开手脚创造自己的精彩。

想要什么，就要自己去争取

许多女人习惯于压抑自己的个性，她们将内心的需要藏得很深，明明很想要，或者很在意，却总是装作一副无所谓的样子，致使自己错过了很多的机会。可以说，这样的性格不是一朝一夕形成的，但是习惯于以这种方式生存的女人，常常会错过自己的幸福。所以，聪明的女人，想要什么就大胆地喊出来，并且努力实现自己的目标。只有这样，我们才能达成自己的心愿，过上自己想要的生活。

罗马纳·巴纽埃洛斯是一位年轻的墨西哥姑娘，16岁就结婚了。在两年当中她生了两个儿子，之后丈夫离家出走，罗马纳只好独自支撑家庭。但是，她决心谋求一种令她自己及两个儿子感到体面和自豪的生活。

她带着一块普通披巾包起全部财产，跨过里奥兰德河，在得克萨斯州的埃尔帕索安顿下来。她在一家洗衣店工作，一天仅赚1美元，但她从没忘记自己的梦想，她要摆脱贫困，过上受人尊敬的生活。于是，口袋里只有7美元的她，带着两个儿子乘公共汽车来到洛杉矶寻求更好的发展。

她开始做洗碗的工作，后来找到什么活就做什么，拼命攒钱。直到存了400美元后，便和她的姨母共同买下一家拥有一台烙饼机及一台烙小玉米饼机的店。

她与姨母共同制作的玉米饼非常成功，后来还开了几家分店。直到最后，姨母感觉到工作太辛苦了，便把股份卖给了她。

不久，她经营的小玉米饼店成为美国最大的墨西哥食品批发商，拥有员工300多人。在她和两个儿子经济上有了保障之后，这位勇敢的年轻妇女便将精力转移到提高美籍墨西哥同胞的地位上。

“我们需要自己的银行。”她想。后来她便和许多朋友在东洛杉矶创建了“泛美国民银行”。这家银行主要是为美籍墨西哥人所居住的社区服务。后来，银行资产已增长到2 200多万美元，这位年轻妇女的成功确实得之不易。

起初，抱有消极思想的专家们告诉她：“不要做这种事。”他们说：“美籍墨西哥人不能创办自己的银行，你们没有资格创办一家银行，同时永远不会成功。”

“我行，而且一定要成功。”她平静地回答。结果她梦想成真了。

她与伙伴们在一个小拖车里创办起他们的银行。可是，到社区销售股票时却遇到另外一个麻烦，因为人们对他们毫无信心，她向人们兜售股票时遭到拒绝。

他们问道："你怎么可能办得起银行呢？我们已经努力了十几年，总是失败，你知道吗？墨西哥人不是银行家呀！"

但是，她始终不愿放弃自己的梦想，始终努力不懈。如今，这家银行取得伟大成功的故事在东洛杉矶已经传为佳话。后来她的签名出现在无数的美国货币上，她由此成为美国第三十四任财政部长。

通过上面这个故事，我们可以看出，在女人成就梦想的路上，总是会遇到很多的困难，也经常会有人提出异议。可是，只要我们勇敢地喊出自己的目标，并且拿出勇气应对一切困难和挫折，那么我们就能摆脱一切困难，实现自己的目标。

当然，社会的发展还没能让我们摆脱"淑女"的枷锁，女人像男人一样在社会上打拼，也常常会让身边人感到不解。但是，周围的一切不过是社会给予女人的"精神监牢"，只有勇敢地打破它，女人才能获得自由和快乐。

外表要温顺，内心要强大

美国前总统老布什的妻子芭芭拉是一位很坚强的女性，面对家庭诸事，她总能沉着应对。她患有甲状腺炎，布什也有心脏病，女儿多罗蒂离婚、儿子尼尔职位被解除，特别是1953年女儿罗宾死于白血病，但这一切都没有压倒布什夫人，她总是竭尽全力保护他们。有一次，布什出席一个宴会时突然晕倒，在场人员不知所措，芭芭拉却当机立断，打电话叫急救车，亲自送丈夫去医院。

坚强，是每一个成功人士必备的品质之一。《易经》曰："天行健，君子以自强不息。"也许有时候，我们无奈于生命的长度，但是坚强能够让我们选择生命的宽度与厚度。在这个世界上，我们会遇到赏罚不公，会遇到就业压力，会遇到竞争，会遇到病魔，会遇到……但是，女人可以运用自己手中坚强的画笔，在逆境中描绘一片属于自己的蓝天，为自己绘出红花绿草，清风习习。

2004年3月8日晚上，中央电视台《半边天》节目对几位女性做了访谈。

第一位是一个阿姨辈的女人——王自萍，54岁。但是她的状态，也可以说是心态，丝毫不亚于年轻人，甚至强过年轻人。她的乐观、自信、热情，瞬时感染了现场及电视机前的观众，也让人们羡慕不已。她是退休后，以不惑之年闯北京的，在这之前，她坚决地结束了一段不幸的婚姻。到了北京，种种努力自不必说，她终于做上了一家会计事务所的经理，通过了3项非常困难的资格认证考试。工作之余，她有着同样精彩的业余生活，她的幸福是每个人都可以感受到的，我们从她风趣的话语中知道了幸福的来源——坚强。

还有一个残疾姑娘，她身上所拥有的自信同样让她光彩照人。她来自石家庄，尽管残疾，但偏偏是个不服输的人。为了做一名职业歌手，她坐着轮椅跑到了北京，要实现自己的梦想。

设想一个四肢健全的人假若要到北京生活，都有那么多的艰难，何况一个残疾人。她有1000个不会成功的理由，但就有1001个成功的理由给予了她成功。她现在是一名签约歌手。这1001个理由便是永不放弃，坚强。主持人问："上帝为什么要给你一个这样的命运？"她说命运只是要她活得更艰难一点。她在地铁站中的歌声嘹亮而高亢，远远地听去，就像是对命运的宣战。坚强是她的武器，任何困难都不能逃过她的冲击。

还有一位是云南昆明一家饭店的老板，她手下有200余名员工，有2 000多平方米的大楼。主持人关于她身家的渲染并没有引来多少人的羡慕，大家的心情很快被她的叙述所吸引。她有一个不幸的童年，险些被母亲以400元的价钱卖掉，从此她与母亲断绝了关系。这之后便是如何努力、如何奋斗，才有今天的成就。在她身上，所洋溢的依然是坚强二字。

人生不可能一帆风顺，所以自从你有自我意识的那一刻起，你就要有一个明确的认识，那就是人的一辈子必定有风有浪，绝对不可能日日是好日、年年是好年。当你遇到挫折时，不要觉得惊讶和沮丧，反而应该视为当然，然后冷静地看待它、解决它。

很多女人遭逢生命的变故时，总会不停埋怨老天："为什么是我？""为什么我就这么倒霉？"……即使哭哑了嗓子，事情也不会无缘无故地好转，所以要坚强地面对。碰到令人伤心的事情发生时，你第一个念头要告诉自己："它来了！这是必经的过程，只有自己能帮助自己，所以我要勇敢面对，现在就想办法处理！"不断用心灵的力量来为自己打气，然后要比平时更精神百倍，才能让自己走过生命的黑暗期，迎向灿烂的明天。遇到困难时，越是坚强的女人，越有一股让人尊敬与心疼的魅力。唯有自己表现得更坚强，别人才能帮助你。

坚强也是一把双刃剑，多则盈，少则亏。少了坚强做伴的女人，或是唯唯诺诺，没有自我；或是哀哀怨怨，陷在一件可小可大的事里，挣扎在一段越理越乱的感情里不能自拔。只有坚强的女人，为了坚强而追求着坚强，从不停下脚步，坚强于她只是一种习惯。

总而言之，女人要活得自我，活得幸福，坚强是第一要素。不管你的外表多么柔顺，多么小鸟依人，有一颗坚强的心，女人才能活得更加精彩。因为它就是一把开山的斧，一叶远航的帆。面对挫折或者失败，女人更需要的是从失败中站起来，微笑着面对风霜的袭击，用宽阔的胸怀去拥抱挫折。女人用怀抱守护心灵的沃土，懦弱才不会乘虚而入，灵魂才会在美好的港湾停泊、歇息。

将失败像蜘蛛网一样轻轻抹去

在这个世界上，没有任何东西可以替代坚韧：教育不能替代，父辈的遗产和有力者的垂青也不能替代，而命运则更不能替代。

坚韧可以使柔弱的女子养活她的全家；坚韧可以使穷苦的孩子努力奋斗，最终找到生活的出路；坚韧可以使一些残疾人靠着自己的辛劳养活他们年老体弱的父母。除此之外，山洞的开凿、桥梁的建筑、铁道的铺设，没有一样不是靠着坚韧而成功的。人类飞天的梦想也要归功于一代代开拓者的坚韧。

作为命运的主宰者——人，我们应该学会坚韧，因为它常会带来意想不到的收获。人在现实中生活，犹如驾一叶扁舟在大海中航行，巨浪和旋涡就潜伏在你的周围，随时会袭击你，因此，你要当个好舵手，还得具有克服艰难的毅力和勇气，设法绕过旋涡，乘风破浪前进。

二战时期，在纳粹集中营里，一个犹太女人写过这样一首诗：

这些天我一定要节省，虽然我没有钱可节省；

我一定要节省健康和力量，足够支持我很长时间；

我一定要节省我的神经、我的思想、我的心灵和精神的火；

我一定要节省流下的泪水，我需要它们安慰我；

我一定要节省忍耐，在这些风暴肆虐的日子，

在我的生命里，我多么需要温暖的情感和一颗善良的心。

这些东西我都缺少，

这些我一定要节省。

这一切，上帝的礼物，我希望保存。

我将多么悲伤，

倘若我很快就失去了它们。

在恶劣的环境下，女人一直用稚嫩的文字给自己弱小的灵魂取暖，用坚韧面对逆境。很多人在绝望中死去，而这个女人终于等到了二战结束，看到了新生的曙光。

人生是一个漫长的过程，实现人生的目标需要数十年的奋斗。长时期地向着既定目标奋进、拼搏，必须具有坚韧的意志。许多卓有成就的革命家、科学家、文艺家之所以取得成功，除了他们的才能之外，无一例外都具有坚韧的意志。正是这种坚韧，使他们克服种种艰难险阻，百折不挠地向前搏击。

已过世的克雷吉夫人说过："美国人成功的秘诀，就是不怕失败。他们在事业上竭尽全力，毫不顾及失败，即使失败也会卷土重来，并立下比以前更坚韧的决心，努力奋斗直至成功。"有些人遭到了一次失败，便把它看成拿破仑的滑铁卢，从此失去了勇气，一蹶不振。可是，在刚强坚毅者的眼里，却没有所谓的滑铁卢。那些一心要得胜、立志要成功的人即使失败，也不会视一时失败为最后的结局，还会继续奋斗，在失败后重新站起，比以前更有决心地向前努力，不达目的绝不罢休。

世界上有无数强者，即使丧失了他们所拥有的一切东西，也不能把他们叫作失败者，因为他们有不可屈服的意志，有一种坚韧不拔的精神，有一种积极向上的乐观心态，而这些足以使他们从失败中崛起，走向更伟大的成功。我们在向那些坚韧不拔、百折不挠的生活强者学习时，也能将失败像蜘蛛网那样轻轻抹去。只要我们心里有阳光，只要我们面对失败也依然微笑，我们就能说："命运在我手中，失败算得了什么！"

学会说"不"，没主见的女人往往没自尊

在与人交往的过程中，我们经常会遇到很多自己不愿意做的事。这时，只要我们轻易地说出一个"不"字，也许就能轻松、坦然了，但有些人就感觉这个"不"一字千金，憋

足了劲也说不出口，结果苦了自己，也苦了别人。所以，该说“不”时，我们要毫不犹豫、斩钉截铁地说“不”。

身边常有这样的女人，一味地照顾别人的感受，凡事都习惯于说“是”，经常给别人面子，认为那是一种对别人的尊重。然而，她们没有意识到，自己这样做却没有得到别人的尊重。聪明的女人应该学会如何果断而有礼貌地拒绝。

米勒刚参加工作不久，姑妈来到这个城市看她。米勒陪着姑妈把这个小城转了转，就到了吃饭的时间。

米勒身上只有50元钱，这已是她所能拿出来招待姑妈的全部资金，她很想找个小餐馆随便吃一点，可姑妈却偏偏相中了一家很体面的餐厅。米勒没办法，只得硬着头皮随她走了进去。

两人坐下来后，姑妈开始点菜，当她征询米勒意见时，米勒只是含混地说：“随便，随便。”此时，她的心里七上八下，衣袋中仅有的50元钱显然是不够的，怎么办？

可是姑妈一点儿也没注意到米勒的不安，她不停地夸赞着可口的饭菜，米勒却什么味道都没吃出来。

最后的时刻终于来了，彬彬有礼的侍者拿来了账单，径直向米勒走来，米勒张开嘴，却什么也没说出来。

姑妈温和地笑了，她拿过账单，把钱给了侍者，然后盯着米勒说：“米勒，我知道你的感觉，我一直在等你说‘不’，可你为什么不说呢？要知道，有些时候一定要勇敢坚决地把这个字说出来，这是最好的选择。我来这里，就是想让你知道这个道理。”

有人认为受人请托，倘若拒绝，面子上过不去，若不拒绝又实在无能为力。如此一来，只好勉强答应，结果发生后悔的情形就相当常见了。

事实上，那些顾于面子不敢说“不”的人其实是自己意志不坚的表现。他们通常认为断然拒绝对方的请求未免显得太过无情，可若是在答应后方觉不妥，且又力不从心难以履行诺言时，再改变心意拒绝对方，显然已经太迟。因为，等无法做到允诺的事情，再提出拒绝，给人的印象更糟。甚至需要付出相当的代价去弥补缺失或兑现承诺。如果这件事只限于个人的烦恼，还称得上不幸中的大幸，就像米勒那样，姑妈只是想考验她、教育她。若是换成朋友真想让米勒请客，那就会发生不愉快的情形，甚至产生怨恨、敌视，演变成双方人际关系上的对立与冲突，岂不更得不偿失？

当你不得不拒绝别人时，也要讲究礼貌，这对于你的形象是大有益处的。人都是有自尊心的，一个人有求于别人时，往往都带着惴惴不安的心理。如果一开口就说“不行”，势必会伤害对方的自尊心，引起对方强烈的反感，而如果话语中让他感觉到“不”的意思，从而委婉地拒绝对方，就能够收到良好的效果。所以掌握好说“不”的分寸和技巧就显得很有必要。

敢于说“不”的人是果断的人，做事情不会拖泥带水、犹豫不决；敢于说“不”的人是有主见、有魄力的人。当然随意说“不”的人也可能是轻率而怕负责任的人。我们需要的是在慎重考虑以后，权衡利弊以后的断然否决。敢于说“不”是需要勇气的，很多不敢说“不”的人往往缺乏勇气，顾虑太多。

敢于说“不”是一种人格魅力，能给自己树立一个硬朗的形象。因为敢于说“不”是对自己负责，也是对别人负责。

有“野心”的女人常会成功

在多数人的印象中，“野心勃勃”不像是个褒义词，尤其是当它被用来形容女人的时候。但人们赋予它的感情色彩抹杀不了它存在的意义，只有“野心”可以让一个女人拥有足够的力量脱颖而出。

然而生活中，许多极富潜力的女人就是因为害怕被人说成是“野心家”而畏缩不前，不敢奋斗，不敢冒尖。但是，为什么世界上做同样事情的人有很多，但有人失败有人成功？那些失败的人唯一缺少的，可能就是“野心”。因为，有了野心你才会不断地开拓和寻找，即使身处逆境，也仍不丧失奋斗的热情，这样的人才能不断开创人生，获取成功！戴尔·卡耐基也告诫我们：既然生命不息，那就应该不断进取，超越自我。

巴拉昂是一位年轻的媒体大亨，以推销装饰肖像画起家，在不到10年的时间里，迅速跻身法国50大富翁之列，1998年因前列腺癌在法国博比尼医院去世。临终前，巴拉昂留下遗嘱，把他4.6亿法郎的股份捐献给博比尼医院，用于前列腺癌的研究，另有100万法郎作为奖金，奖给那些揭开贫穷之谜的人。

巴拉昂去世后，法国《科西嘉人报》刊登了他的遗嘱。遗嘱说：“我曾是一个穷人，去世时却是以一个富人的身份走进天堂的。在跨入天堂的门槛之前，我不想把我成为富人的秘诀带走，现在秘诀就锁在法兰西中央银行我的一个私人保险箱内，保险箱的3把钥匙在我的律师和两位代理人手中。谁能通过回答‘穷人最缺少的是什么’而猜中我的秘诀，他将得到我的祝贺。当然，那时我已无法从墓穴中伸出双手为他的睿智鼓掌，但是他可以从那只保险箱里荣幸地拿走100万法郎，那就是我给予他的掌声。”

遗嘱刊出后，《科西嘉人报》收到大量信件，有的骂巴拉昂疯了，有的说《科西嘉人报》是为了增加发行量在炒作，但多数人还是寄来了自己的答案。

大部分人认为，穷人最缺少的是金钱。穷人还能缺少什么？当然是钱了，有了钱，就不再是穷人了。有一部分人认为，穷人最缺少的是机会。一些人之所以穷，就是因为没遇到好时机，股票疯涨前没有买进，股票疯涨后没有抛出，总之，穷人都穷在背时上。另一部分人认为，穷人最缺少的是技能。现在能迅速致富的都是有一技之长的人，一些人之所以成为穷人，就是因为学无所长。还有的人认为，穷人最缺少的是帮助和关爱。每个党派在上台前，都曾给失业者大量的许诺，然而上台后真正关爱他们的又有几个？总之，答案五花八门。

在巴拉昂逝世周年纪念日，他的律师和代理人按巴拉昂生前的交代，在公证部门的监督下打开了那只保险箱。在 48 561 封来信中，有一位叫蒂勒的小姑娘猜对了巴拉昂的秘诀。蒂勒和巴拉昂都认为穷人最缺少的是野心。

在颁奖之日，《科西嘉人报》带着所有人的好奇，问年仅 9 岁的蒂勒，为什么想到是野心，而不是其他。蒂勒说：“每次，我姐姐把她的男朋友带回家时，总是警告我：不要有野心！不要有野心！我想，也许野心可以让人得到自己想得到的东西。”

野心，在英语中表达为 ambition，与雄心同义。在外国人眼中，野心与雄心无异，都是表达人的一种进取的欲望。在汉语中，雄心是褒义词，形容以天下为己任的进取精神；而野心则是贬义词，用于谴责为了个人利益而不择手段的人。其实，这个社会上，大奸或大善之人都只是人群中的极少数，绝大多数人既与“大奸”沾不上边，也与“大善”绝缘，大家都是尘世间平平常常的小人物，雄心、野心说到底都一样。

“野心”是雄鹰翱翔的翅膀，是松柏挺立的根基，是一个人顶天立地的精神支柱。有了一颗进取向上的“野心”，就有了人生起飞的基点和动力。

事实上，任何事情要想做得出色都是需要很强大的内心欲望的，没有“野心”的女人内心动力不足，她们往往只会沦为人群中的平庸角色。所以，年轻女人有一点“野心”又何妨？女人和男人一样可以拥有“野心”的权利，还可以实施“野心”的计划，过上“野心”的生活。虽然会被别人说成是没有女人味，但有一点不可否认，那便是人们不免会生出一丝敬意，佩服女人的豪气，欣赏女人的风采，赞叹女人的魄力。有“野心”的女人都是极聪明的女人，有“野心”的女人也常常是成功的女人。

那么，你还怕什么？大大方方地做个有“野心”的女人吧！释放自己内心的欲望，大胆去追求，相信你会是人群中光彩夺目的女人！

不做女强人，但要做个强女人

男人和女人对于某些形容自己的词汇，在解读上有很大的差别。形容一个男人是“强人”，对他来说，应该是一种恭维，表示他有能力、有气魄、有责任。称赞一个女人是“强人”，你以为是恭维，她多半会像被针扎了一般，以不太自然的表情推拒这个标签。她会以为，你是在暗讽她不够温柔体贴、缺乏女性特质。能够坦坦然然接受的女人，还真是凤毛麟角。

有人采访了几十位女性，在一个公开场合，如果有人向别人介绍你，说你是个“女强人”，你的第一反应是：

A. 赶快说：“我才不是女强人呢！”

B. 表面上不反驳，但心里有点不舒服。

C. 说：“哪里、哪里，我还差得远呢！”

D. 欣然接受。

据调查，大部分女人的选择都是 A 和 C，欣然接受的并不多。选择 A 和 B 的女人，都有害怕成功的倾向；选 A 者性急；选 B 者内敛；选 C 的人，肯定自己的成就，却还在和传统挣扎；选 D 的女中豪杰，并不多见。

在大学的一堂课上，女老师提出女人是强者的论点。男生们听后都嗤之以鼻，甚至还有不怀好意的男生出了一个问题刁难女老师：假如有三个男生和一个女生在一个荒无人烟的岛屿，而且是人类还没有发现的一个海中岛屿上生活，这种情况下谁能够成为强者?

女老师微微一笑，而后侃侃而谈道:“开始时男生就像恶狠狠的狼，女生是任其宰割的羊羔，但这种情况持续不了多久。不久女生变成了雄霸天下的老虎，男生不过是任其宰割的羊羔。道理很简单，男生为了争夺唯一而彼此决斗，获胜方变成了一只温顺的羊羔。”

男生们集体嘘声。

“不要认为我在胡说，有胆量的可以去做个实验，疯狂地爱上同学的女朋友，就会得到验证！”

“万岁！”女生们高呼。

这时又有一个男生站起来问道:“可是在岛上的若是三个女生和一个男生呢?”

“那样的话，女生自始至终是猛虎。她们不会为争夺羊羔彼此展开决斗，而是努力去吞噬更多的羊肉，分到更多的羊汤。”

“何以见得?”

“等哪位爱上有妇之夫，这条真理便会得到验证。所以说，女人始终要比男人聪明，是强者！”

这个小故事让人会心一笑，女老师的机智博得了人们的好感。但从这个故事中，我们也得到了这样一个结论：女人不是弱者。

一位60多岁充满坎坷的女人，在她刚嫁入夫家时，丈夫已失聪，还患有很多其他疾病，后来他们生了一个女儿，不幸的是，女儿得了侏儒症，且只有7岁小孩的智商。于是，生活重担全压在了她一个人身上。

女人像一台受难的机器，始终不停地运转着。她是为了丈夫而运转着，为了女儿运转着。面对如此大的苦难，没有尽头的苦难，她始终咬紧牙关。

对于这样的女人，我们怎能称她为弱者？即使是男人，遇到这样的家庭，又有几个能这样坚持一辈子？但女人却可以，而且还有很多这样的女人，为了贫穷的家庭不停地奋斗着，她们并不比男人弱。

女人，其实是在用柔弱的外表扮演着坚强的角色。不到万不得已，没有女人愿意做个女强人，但每个女人都可以成为强女人，只要你有一颗足够强大的心。

第三章

可以不美丽，但要有魅力

容颜会衰退，但智慧不会老去

女人的美貌会随着岁月的流逝而消逝，但智慧是永存的。聪明机智的头脑和学而不倦的热情，才是女人真正的无价之宝。

女人的美有两种，一种是外在的形貌美，一种是内在的心灵美。

外在美的女人是自身美的凝聚和显现，它既能给自身以极大的心理满足和心理享受，又能给他人以视觉上的美感，使人赏心悦目。追求外在的形貌美，是女人的本能天性，不应加以禁锢和压抑，而应该从美学上加以积极引导。

内在的心灵美可以给人留下难以磨灭的印象，能引起人内心深处的感动，打下深刻的烙印。内在美操纵、驾驭着外在美，是女人美丽的源泉。正因为有了内在美的存在，女人才能真正成为美丽的女人，才能让人产生由衷的美感。所以说，女人的内在美比外在美更具有无可比拟的深度与广度。

才女林徽因晚年虽然饱受病痛折磨，形容憔悴，但她由于饱读诗书而造就的那种清灵超逸的气质却打动了无数的人。直到今天，我们依然将对她的回忆定格在她那张灵秀的笑脸上，并由此充溢着对唯美的憧憬。

张爱玲并非绝世美人，但她那弥漫着旧上海风情的文章以及她本人非同寻常的爱情故事，却使当代人对她的回忆像一坛搁了多年的酒，越品越香醇。李碧华评价她说："文坛寂寞得恐怖，只出一位这样的女子。"

而现在，由于无处不在的媒体和广告铺天盖地的宣传，很多女孩远离书房，过分注重外表的修饰和打扮，浮躁肤浅的心态扭曲了她们对美的诠释。即便是一夜成名，也会像昙花一现，用不了多久便花容渐逝，留给人们的只是一个模糊的影子，逐渐消逝在别人的回忆中。

由此可见，注重内在的知识、智慧的修养对女人来说是至关重要的。美丽需要长年累月的培植。相由心生，女人的容颜和气质最终是靠内心滋养的。俗话说："30 岁前的相貌是天生的，30 岁后的相貌靠后天培养。"你所经历的一切，将一点点地写在脸上。聪明女孩，应该尽量多吸取智慧，红颜易逝，但你的智慧可以长存。

不要以为年轻貌美就是你的资本

美国一家大型网站的金融版上总有一些有趣的帖子。有一天，一个年轻貌美的美国姑娘就在上面发了一个询问帖子，主题是"我怎样才能嫁一个有钱人"，内容如下：

> 我今年 25 岁，很漂亮，谈吐优雅，有品位，想嫁给一个年薪 50 万美元的人。你们也许会觉得我贪心不足，可是，对于你们这个年收入 100 万美元才算中等的富豪阶层来说，我这个条件并不过分。

这个版上有年薪超过50万的吗？你们有单身的吗？我想请教一个问题：怎样才能嫁给有钱人。我曾经跟人约会过，可是最有钱的也只有年薪25万美元。要想住进纽约市中心的豪华区，这个数字远远不够，所以我诚心来咨询几个问题，希望有好心人能够如实地回答我。

1. 有钱的单身汉一般都会在哪里打发空闲时间？

2. 我把目标定在哪一个年龄层比较好？

3. 为什么富豪的妻子都长得相貌平平？我看过一些富豪太太，她们长得并不好看，更没有什么吸引人的地方，可是她们凭什么能够嫁入豪门？

4. 富豪们是怎么决定谁能做自己的女朋友，谁能做自己的妻子的？

备注：我是带着结婚的目的来发帖的，希望大家不要以为我只是在开玩笑。

——波尔斯小姐

这个帖子引起了很多人的关注，甚至有一些富豪也开始背地里讨论。一个华尔街的金融家明确地给予了回复：

亲爱的波尔斯小姐：

你的帖子引起了我的极大兴趣，相信很多女性也跟你一样，存在这样的疑问。现在，就让我以一个投资家的身份来回答你的问题吧！我的年薪超过50万美元，所以请你相信我不是在浪费你的时间。

从一个生意人的角度来看，跟你结婚是一个很糟糕的决策，理由如下：你所说的婚姻是在“财”和“貌”的交易前提下发生的。甲方提供给乙方漂亮的外表，乙方提供给甲方富裕安定的生活，看似很公平，谁也没有损失，可是，这里有一个致命的问题，你的美貌会消逝，而我的钱财却不会无缘无故地缺少。而且，事实上，你可能会因为年纪的关系一年比一年不漂亮，可是我却有可能通过努力一年比一年有钱。因此从经济学的角度来讲，你是贬值产品，而我是增值产品，两者的交换并不是等价的。再过5年甚至10年，当你的美貌消失，那么你的价值很令人担心。

在华尔街，产品一旦价值下跌就要立即抛售，而不宜长期持有，也就是说你要的婚姻是不可能成立的。如果人们有这个需求，可以去租赁，但是不会购买。年薪超过50万的人可不是傻瓜，他们只会选择跟你交往，而不会跟你结婚。

希望我的回答能够让你满意，顺便说一句，如果你对“租赁”有兴趣，可以跟我联系。

——罗波·坎贝尔（J.P. 摩根银行多种产业投资顾问）

这两个帖子的内容堪称经典。这个男人冷静地回答了姑娘的问题，也很全面地分析了男人的心理。很多女人想嫁给有钱人，在这一方面，年轻的女孩表现得尤其强烈。她们对爱情抱有虚幻的想象，希望通过婚姻过上理想的生活，让自己的后半生无忧无虑，所以嫁给一个“钻石王老五”，是很多年轻女孩的梦想。

有一些觉得自己有几分姿色的年轻女孩，把“年轻”和“美貌”作为资本，觉得自己的条件并不差，可是，男人并不觉得那是你的本钱。因为他们很清楚，女孩的年轻是留不住的，美貌不可能永远跟随一个女人。所以，“年轻”和“美貌”都不是你的长期资本。

聪明女孩要想过上好日子，唯有靠自己的努力，让自己成为一个有实力的人。因为只有一个聪明的女人，才有可能在事业上闯出一片天；只有有实力的女人，才有能力让自己过上理想的生活。

丑女也无敌

我已经老了，有一天，在一处公共场所的大厅里，有一个男人向我走来。他主动介绍自己，并对我说：“我认识你，永远记得你。那时候，你还很年轻，人人都说你美，现在，我是特地来告诉你，对我来说，我觉得现在的你比年轻的时候更美。那时你是年轻女人，与你那时的面貌相比，我更爱你现在饱经沧桑的面容。”

无论是在文学作品还是在生活中，绝大多数的人都会在意一个女人的外表，鲜有人会像扬·安德烈亚和杜拉斯一样，在不可能的爱情中相互依靠。现实中，如果一个女人长得不好看，又不爱打扮，也不时尚，更没有显赫的背景和成功的事业，一般来说，就不太招人喜欢了。

那么，假如我们不是美女，怎么办呢？

前些年，全世界刮起了一阵“丑女”风，美国电视剧《丑女贝蒂》已在全球130个国家和地区播出和翻拍。由此可见，美女能够成为万众瞩目的焦点，“丑女”也同样无敌。

其实，外表的美总是静态的，会随着时间的冲刷，一点点消逝。真正令人心仪的永恒美丽，往往是一种由内而外的内涵，这种美才让人念念不忘。

有人说，世界上没有丑女人，只有懒女人。女人的美丽，不仅来自端正的五官，更多地来自生活中的每一个细节。丰富的内涵、恰当的装扮，再加上自信、健康的心态，这才是真正的女性之美。

在生活中，我们常常看到这样一种女人，她们长相平凡，也没有过人的才华，但是她们温文尔雅，她们健康乐观，所以很多人都喜欢她们，赞美她们。这便是来自内在的吸引力。即使你在“丑女”的行列，如果能够从心灵深处散发出掩盖外表的华丽气质，那么你就是“美女”。

容貌可以复制，才气不能粘贴

在现代社会里，比美貌更动人的是美德与才气。美丽可以大量复制，才华不能克隆。

著名节目主持人杨澜曾说过，从没有人说她长得漂亮，她自认为长得很一般，但她从未因为没有“花容月貌”而难过，反而觉得长相一般的女孩容易在其他方面努力。因为知道自己不管如何打扮都不可能光芒四射，那只好多看几本书，多做些别的事了。杨澜说：“我想‘漂亮’一般光是指外貌，而女性美的表现在于一种母性，不管她是不是做了妈妈。另外，我觉得女人的美丽更主要的是在思想方面。我曾经问过许多大导演：‘你们整天生活在美女堆里，是不是老要动感情？’他们就说：‘没有，许多女人只有漂亮的脸蛋，根本没法触动我们。’所以，一个女人的思想很重要，如果跟不上时代，总以为涂脂抹粉就可以留住男人的心，我觉得那是一种妄想。只有在思想上不断挑战他，才会给男人一种新鲜感和刺激感，这非常重要。”优秀的女人还应当是矜持的女人。杨澜从来没有接触影视剧的打算，尽管有很多导演都找过她。她的矜持让她无法接受这个行当。“我没法接受是因为很难有一部戏不让女主角与别人拥抱或接吻。”严肃而深刻的思想使得她与那些人无法亲密接触。

优秀的女人还应当是追求完美人生的女人。杨澜认为，事业很重要，但完整的人生更重要。“所以我会选择在适当的时候结婚、生孩子。人生对我是全方位的，不是只有事业这一方面。”

杨澜一直不想被人当成美女，但她的照片上了一家杂志的封面，她被称为“21世纪最美的亚洲女性”。对于这件事情，杨澜这样分析：“我觉得漂亮这个事绝对是一个很相对的、很个人化的观点，这好像是命运在开玩笑一样，就是这么一种很普通的感觉。人的长相是父母给的，还是要自己喜欢自己。但是有一个说法，我觉得挺喜欢的，它说，女人30岁以前的相貌是父母给的，30岁以后的相貌是自己给的。我觉得这句话要这么理解，就是说你所积累的个性、气质、你所受的教育可能会在你的青春高峰过了以后，越来越显现出来。也有一个说法，你如果要去看一个女人美不美，应该看她在50岁的时候是什么样子。那个时候，呈现的是她一辈子修行的结果。那我希望我到 50 岁的时候是一个漂亮的老太太。”当今社会美女如云，女人不管是天生丽质还是经过“再加工”，似乎拥有一张漂亮的脸蛋已经不是什么难事，但是人们在对各种各样的美女司空见惯之后，突然之间会觉得有些缺憾，而更倾向于和那些令自己心情愉快的人在一起。

外表可以美一时，却不能美一生。美貌可以博得别人的好感，却经不住时间的考验。一个没有内涵的人最终是得不到别人的认可的，一个拥有智慧的女人才会永远美丽。

漂亮女人耀天下，聪明女人打天下

大多数女人都渴望自己漂亮，因为漂亮的女人才能成为人群里的焦点。可是，人们常常会忘记，漂亮不过是一时的，没有哪一朵花可以永远地盛开。

相比之下，女人的聪明和智慧，要比漂亮更长久。聪明的女人，即使不能因为美貌闪耀在人群当中，也能凭借自己的智慧，为自己打出一片天。

一天，苦于买不到衣服的胖女人南茜走出第六家服装店时，真的有些绝望了，难道偌大的一个美国就真的买不到一件适合自己穿的时装吗?

从生下第二个孩子开始，不到三年的时间，南茜的体重增加了 80 磅，哪儿都买不到像她这样身材的女人可以穿的漂亮时装。时髦的新款没有大号码，有大号码的款式既难看又过时。那些时装设计师和商人只注意到身材苗条的女人，而忽略了为数众多的肥胖女人。无奈的南茜只好自己动手做起各式各样的时装来。对于曾经是服装设计专业高才生的她来说，这并不是一件很困难的事情。

有一天，南茜在买菜回家的路上，遇到了两个和她差不多胖的女人。她们惊讶地问她的衣服是在哪儿买的。当得知是南茜自己做的时，两个胖女人摇着头失望地走了。南茜回到家中，脑海中突时然涌现出一个念头：开一家服装店，专门出售自己为胖女人设计、制作的时装。

第二天，南茜就风风火火地干起来了。新店开张后，生意出人意料的火爆。原来，有那么多胖女人渴望着能买到专为她们设计的服装。没有多久，南茜的时装公司就拥有了16家分店及无数个分销处。她每年定期去欧洲进布料，在全国各地飞来飞去巡视业务，豪宅、名车也随之而来。

最让南茜高兴的是，她每天都可以穿一件自己设计的漂亮时装去逛街。

南茜创办的时装公司的名字就叫：被遗忘的女人。

后来，美国内华达州举行“最佳中小企业经营者”选拔赛，南茜赢得了冠军。南茜夺冠的秘诀其实很简单，只不过把服装尺码改了一个名称而已。一般的服装店都是把服装分为大中小以及加大码四种，南茜的不同做法就是用人名代替尺码。

玛丽是小号，林思是中号，伊丽莎白是大号，格瑞斯特是加大号。她们都是女强人。这样一来，顾客上门，店员就不会说“这件加大号正合你身”，取而代之的是“你穿格瑞斯特正合身呢”。

南茜说：“我注意到，所有上店里来买大号或加大号服装的女性，都会流露出不愉快的表情。而改个名称，情况就完全不一样了，况且这些人都是名声很响的大人物。”

在挑选店员时，南茜也别具匠心，站在大号和特大号服装前的店员个个都是胖子，无形中使顾客消除了不好意思的感觉，因而顾客盈门，财源滚滚。因为聪明和智慧，南茜发现了前所未有的商机，在服装界闯出了一片天。

可见，女人的最大资产，不是漂亮的外貌，而是聪明的头脑。

成功的女性，从来都不单纯地注重自己的外貌，而是更注重充实自己的头脑。因为她们始终懂得：漂亮的女人可以耀天下，但是聪明的女人能够打天下。

生活要精致，女人要气质

卓尔不群的气质能够让人焕发出迷人的魅力，聪明女孩要细心地呵护和培养自己的气质，让它散发出愉快的芬芳。但绝不是穿金戴银，啜几口上好咖啡或开一辆大奔，出入五星级酒店就能变得“气质”十足的。

有一位优雅的女士在她的回忆录中这样写道：“我小的时候在困窘的环境中成长，但是，母亲从来都把我们的生活安排得井井有条，日子被母亲过得每天都那么有滋有味。她给我们做的白衬衫、白边鞋、粗布衣服是最整洁的。而且，家里的桌子上永远铺着一块十分洁净的格子图案的桌布，上面的老式琉璃雕花瓶总是擦得晶莹剔透，里面插着的花都是后山上刚开的，几乎天天换，从没有过丝毫枯萎的迹象。她让我们在艰辛中明白什么是整洁与有序，让我们知道粗劣的土地上一样可以长出美丽的花。她经常说的话是：生活可以简陋，但不可以粗糙。”

是的，生活可以简陋，但不可以粗糙。一个注重培养自己气质的女人，一定会修炼一颗精致的心。在日常生活中，点点滴滴都值得我们细细去品味，去咀嚼，去用心经营。

这种生活中点点滴滴的精致，融入一个人的血液、生命、言行中，就形成高雅的品位，就显出非凡的教养。这种精致的生活来自我们的心灵和习惯，而不在于环境的优劣。

那么，聪明女孩如何体现自己的气质魅力呢？

1. 装扮得体、举止大方

不可能每个女人都拥有美貌。如果你的长相并不出众，那你就要懂得怎么改变自己，弥补自己的先天不足，通过服装、发型、化妆品等使自己装扮得体，显示出你特有的魅力。言谈举止要落落大方，既有女性的温柔，又有高雅的气质。

2. 富有同情心

有气质的女人都富有同情心，对弱者或是受到委屈的人们总会表示出由衷的同情，理解他们，给他们以适当的安慰和帮助。

3. 心地善良、宽容待人

善良是女人的天性。假如你有一颗善良的心，并且待人宽厚，从不苛求他人，即使你长得不漂亮，在这个物欲横流的世界里，你的精神气质依然会让人心动。

4. 健康、开朗、乐观

身体是生活的本钱，只有健康才能让自己活力四射，趋于完美。优雅的女人开朗乐观，遇到挫折时敢于认真面对，用女性独具的韧性，在克服困难的过程中寻求属于自己的幸福。

5. 有理想和自信

气质女人对未来有着崇高的理想，她们追求事业上的成功，用充满自信的目光看待每一件事、每一个人。

6. 兴趣广泛

有气质的女人有着广泛的兴趣爱好，并能持之以恒。

聪明女孩，想要在事业上获得成功，想要博得众人对你的好感，想要离自己的幸福更近一些，就要培养自己的气质，做一个气质美女。

做“媚”力女人又何妨

如今，许多女性太不懂得珍惜自身固有的灵气，过分地艳羡洋风洋雨，邯郸学步，将黑头发染成泥黄色，把丹凤眼画得猫似的深奥碧蓝，垫高鼻梁，整一张阔嘴，希望美容院帮助造一张“洋脸”，行为开放、狂野，崇尚性感，追求暴露——却不知若隐若现的含蓄美比暴露更具诱惑力，自然美比装饰美更具风情，有民族底蕴烘托的媚态美才是永恒的美！

下面是一位女性研究专家关于“媚”力的解说。

1. 媚态：令男人臣服的神情

且不管美人的器官是真是假，但有一点人们可以一眼见到，那便是美人脸上的表情及眼中的神情，那是绝对不能做假的。

表情的媚态主要由眼睛来表达。眼睛是心灵的窗户，因真诚而洁净，因善良而柔和，因修养而典雅，因知识而深沉。内心美好可以使眼睛明亮如两颗闪烁的星星。正如老舍在《四世同堂》里所写的："她的眼会使她征服一切。"

在灵活的眼睛里，可以看到生命的节奏，它给人一种灵动的美感。从美的外部表现看，灵活的眼睛具有美的节奏感，它包括眼睛的转动范围和转动频率。

如果美人不论是在何时、何地做何事，总是同样的表情，即使没有丝毫的缺陷，看上去也像人们所说的，是一张"没有表情的脸孔"。这样的表情实在太单调了，没有给人半点想象的余地，因而会使看者厌倦。"美人三天就会厌倦，丑妇三天也会习惯"，这句话不是没有道理的。

动人的表情贴在漂亮的五官上固然好，但能出现在普通人的面颊上，带给我们的将是一份意外的欣喜。

聪明女孩，要好好打理你的表情。

2. 媚气：令男人着迷的味道

女人的体味是最令男人着迷的。每个女人的体味都不同，这跟她的指纹一样。有些男人会对某个女人的体味终生痴迷，那是因为他们之间生理的性细胞互相吸引。其次是女人所用的香水，虽说女人用香水是一种享受，但香水最本质的功能是与女人自身的体味形成互补，产生更大的魅力。迷人的女人香再加上女人可爱的形态和气质，会使女人显得更加完美。

气质女人的味道，是自己的另一张名片，让你认识朋友，也认识自己。

3. 媚姿：令男人心动的姿态

女人的形体动作是表现情韵的最佳道具。情调高雅的女人，不论摆出何种姿态，都会让男人心旌动摇，而最惹得男人心动、爱怜的姿态就是媚姿。许多人把"媚姿"理解为女人勾引男人的裸姿、露姿，其实这种理解是很片面的。应该说，凡是女人能够唤起男人的爱怜，使男人心动的姿态、行为，都可叫作媚姿。因此，媚姿的含义是非常丰富的。

男人苦闷的时候，娇媚的女人是最好的解愁药。倒不是非要你解决问题，而是你给了他足够的情绪支持。当然，还有眼神的关注，甚至身体的略微前倾也是你“在乎他”的肢体语言。

娇媚的女人在说话时会时时注意声音的力度、音节和速度，音调抑扬婉转，语句简洁明白。她像一个调音师，精心把握每一个音节，奏出整体优美的音乐。

温柔的语言、亲切的态度、婉转的音调、平和的旋律，这些加起来，会使一个女人变得异常有女人味，让其魅力倍增。

做一只热情的小野猫

“我终究没能飙得过那辆宝马，只能眼看着它在夕阳中绝尘而去，不是我的引擎不好，而是我的车链子掉了。”很多人把这句话当成笑话，却没有人注意到说这句话的人表现出的对生活的热情：你不用管我的车是多大马力的，只要我愿意，我就可以蹬着三轮跟宝马赛跑。

生活就是这样的，有了热情才会有希望，生命中充满热情，生活便每天都充满阳光。

发挥热情，能带给你真正的自信。当你专注于自己的兴趣而非外表时，你就有了自信。你不再以自我为中心，你不再担心自己的工作表现，只是充分地展现自己的热情。相信你一定看过小提琴家在演奏时满头乱发飞扬的场面，他只顾演奏，丝毫不关心外表如何。恰恰是这份热情为他塑造了一个全新的形象，让他气质非凡，让他魅力无穷，让观众为之倾倒。

《都市文化报》上刊载了一篇《谁是弯弯》的文章。在中国台湾的年轻人当中，有这样一种说法："不知道弯弯，就别说你上过博客。"

竟然有这样大的名气，弯弯是何许人？

答案是，她是一个标准的"80后"女生，爱笑、爱唱歌，更重要的是，她会画很好玩的博客漫画。

弯弯很喜欢说自己的这样一次经历：她还在网络游戏公司工作的时候，一次从同事格子间路过，发现他的MSN头像就是自己画的表情符号"懒"，那个得意啊！她故意放慢了脚步，迈出经典漫画动作"悄悄路过"的步子……

不过，弯弯小时候的得意事并不多。事实上，她只是个平凡的小女生——从有记忆就开始学习画画：幼儿园逃课看漫画；小学自制绘本，在数学笔记本上涂鸦成连环漫画，一本卖3元，结果一本都没卖出去，被她爸爸当垃圾丢了……

高中时，她考上了复兴美工，过着平平淡淡的绘画生活，画正统漫画，还和很多怀有梦想的女孩子一样，画了不少要投稿的漫画，却从没寄出去过。

然后就是投身网络游戏公司，边学计算机边画自己喜欢的图……

弯弯一直坚持认为，绘图要来源于生活。有事没事，她经常研究如何抓住表情的精髓。比如有一次坐公交车，司机刹车比较突然，一个女孩子从公车后排直接滚到了司机身边，于是，弯弯忽然有了灵感。用漫画记录平常的琐事，通过漫画实现生活中的梦想，是弯弯想做的事情。

2007年7月26日，弯弯的博客访问量破亿，还创下了日浏览量23万的惊人纪录。

弯弯的超人气使她可以接到通告，例如作为《康熙来了》的嘉宾，接受蔡康永和小S的访问。同时，她还引起了风投公司的注意，将有机会产生"上亿元"身价。和弯弯一样，每一个普通人都可以用梦想绘制生活，热爱生活，生活会还给我们更多。

快乐生活的一个基本要点就是拿出你的热情来，不需要依靠别人施舍给你阳光，你就可以成为自己的太阳。热情洋溢的女孩言行举止间会显露出一种吸引人的气质，会得到别人的喜欢，就像有人说的那样："你对我热情，我就喜欢你。"

热情是一种青春的活力，就是待人诚恳，以情感人，同时又不失稳重，做到落落大方、谈吐自然、举止适度。年轻热情的女孩，谈笑风生，以自己的言语感染别人，使周围的人感到愉悦，受到激励。当别人遇到困难时，能热情相助，使人感到可亲、可敬。

当一个女孩充满热情时，她散发的是一种青春朝气、生机勃勃的气质魅力。

一个失去热情，对一切人和事物都采取漠视和冷淡态度的女人，看不到生活的希望和人生的真谛，看不到希望和曙光，不能寻觅到挚友和知音，也激发不起生活的热情和兴趣，终日伴随她的只是内心深处的孤寂、凄凉和空虚。这无疑是一种可悲的自我摧残和自我埋葬。

所以，我们不要做老气横秋、毫无激情的女人，一定要让热情灿烂我们的一生。

第四章

会做事不如会处世

30 岁前靠自己，30 岁后靠交际

人际交往至关重要，有句话说得好：“30 岁前靠自己，30 岁后靠交际。”尤其对于女人来说，要想在竞争激烈的社会中，单枪匹马地奋斗，太辛苦也不现实。聪明的女人要懂得依托广泛的人际交往，更省事省力地实现自己的梦想。

也许你觉得自己现在还年轻，但这正是你积蓄朋友的大好时机，当你为自己建立起了一个强有力的社交网络，你就会越来越感觉到它的重要价值。这些你精心维护的关系能够帮助你成就很多事情，可以说，越早开始营建你的社交网络，你就能越早走向成功。

当很多年轻的女人刚刚走出大学准备进入职场的时候，朱艳艳已经是兰生大酒店的公关部经理了。她可谓是中国改革开放以后第一批在本土成长起来的公关人才，但当时的她并不明白自己的真正职责。她每天都是在忙碌中度过的，比如说要把中国文化介绍给外国客人，圣诞节的时候举办餐会，举办各种新闻发布会，工作的跨度很大，从举办各类宴会到媒体联络，从企业关系维护到政府关系维护。但是几年风风雨雨的历练使朱艳艳对当初自己的角色、对今后的目标不再懵懂。她变得成熟了，变得自信了，变得善于交际了，她拥有了一张庞大的关系网。

朱艳艳拥有一大帮记者、编辑朋友，办宴会、展会，她的朋友既有主持人、明星，也有食物安排人员，还有政府部门上上下下的工作人员，朱艳艳也都混了个脸熟。人生中的第一份工作，为朱艳艳打开了一扇通向成功的门，也为她积累了第一桶"金"——人际的无形资产。

不过她真正体会到人际资源的价值，还是由于一件小事。"当时有一个朋友在策划一个记者招待会，发布新闻，但是他自己和媒体不熟悉，就找我帮忙联系相关的记者。"朱艳艳说，这是她第一次强烈地感受到市场对于公关服务的需求，有需求就有市场，这令她萌发了创业的念头。

公司逐渐步入正轨之后，被朱艳艳称为"转折点"的客户是美国的家用电器巨头"惠而浦"。外国公司对公关是非常重视的，而且也有请公关公司服务的习惯。当时惠而浦进入中国市场没几年，几乎是一年换一家公关公司，但一直没有找到一家满意的公司。1997年底，眼看着上一家公关公司的合约即将到期，朱艳艳的一位在惠而浦工作的朋友向老板引见了她。

对这次早已期待的见面，朱艳艳做了充分的准备。短短的十几分钟内，她妙语连珠的讲述恰到好处地解释了公司能为惠而浦提供的服务。老板当即拍板："OK，就用你们吧！"

之后就一发不可收拾了。联合利华旗下的诸多品牌，比如力士、多芬、奥妙，还有其他很多世界500强公司，像三菱电机、通用磨坊等，都成为朱艳艳的客户。而且最令她骄傲的是，这些客户的"忠诚度"极高，至少到现在还没有放弃和她的合作。而随着经验的丰富，他们的业务也从原来简单的媒体联系，发展到策划活动、政府关系和公共事务、社区关系、危机公关、培养全球新闻发言人，等等。

中国百富榜上30位左右的企业家最看重的十大财富品质中，“机遇”排在第二位；而在MBA学员眼中，“机遇”则是十大财富品质的首选。中国内地兴起的MBA热潮就是一个佐证，读书不仅为了“充电”，更为了搭建高品质的人际关系，并从中寻找商机，寻找成功的机遇。即使是哈佛商学院的毕业生，在总结读书的收获时，也把“建立朋友网络”放在第一位。哈佛商学院建院90多年来，有超过6万名校友，这些校友多半已是各行业的精英，织成了一张稳固的社交网络。在华尔街，在几大风险投资基金中，对哈佛MBA来说，找到校友，就是找到了信任，找到了成就自己事业辉煌的机遇。

要真诚，不要太真实

这个世界需要真诚的面孔，却不需要太真实的人。我们常说交友要“以诚相见，开诚布公”，但并不是说你必须把自己的过去、未来、所思所感、所经历的事情一股脑地告诉别人。事实上，与人打交道时可聊的话题举不胜举，你没必要非得拿自己“开涮”，你过去、未来的事情，你不说没人会知道，别人不会认为你有故意隐瞒的嫌疑；你说了，反而容易埋下祸患，对你的工作生活造成不利的影响。

许薇是某公司的业务员，她因工作认真、勤于思考、业绩良好被公司确定为业务部副经理候选人。只因她无意间透露了一个属于自己的秘密而被竞争对手击败，遭到排挤，终于没有受到重用。

许薇和同事雷红娟关系甚好，常在一起逛街聊天。一个周末，她与雷红娟越聊越投机。兴味盎然的许薇向雷红娟说了一件她对任何人也没有说过的事。

“我高中毕业后到广东的一家公司上班，虽然工作努力，但因为学历不高，一直没有获得升职的机会，所以离开了原来的公司到了这里。在填写材料的时候，将自己的学历证明做了虚假的处理，变成了大学本科学历。由于人事部门审核不严，这次弄虚作假也就一直没有暴露。”

许薇工作3年后，公司根据她平时优良的表现和业绩，把她和雷红娟确定为业务部副经理候选人。总经理找她谈话时，她表示一定加倍努力，不辜负领导的厚望。

谁知道，没过两天，公司人事部突然宣布雷红娟为业务部副经理，许薇调出业务部另行安排工作岗位。

事后，许薇才从人事部了解到是雷红娟从中捣的鬼。原来，在候选人名单确定后，雷红娟便来到总经理办公室，向总经理谈了许薇学历造假的事。不难想象，一个弄虚作假的人，老板怎么会重用呢？尽管你现在表现得不错，可历史上那个污点是怎么也擦洗不干净的。

知道真相后，许薇又气又恨又无奈，只得接受调遣，去了别的不怎么重要的部门上班。

每个人都渴望有一个知心的朋友，但人性是复杂的，知人知面难知心。当你真心实意地对待别人时，很可能会遭到对方的欺骗或背叛，所以与人交往时还应该保留一份戒心。

你有得意的事，就该与得意的人谈；你有失意的事，应该和失意的人谈。但是有些事如自己不光彩的过去，就不该轻易出口，如果实在不吐不快，说话时一定要掌握好时机和火候，不然的话，一定会碰一鼻子灰。有句老话叫作“祸从口出”，与人交往一定要把好口风，什么话能说、什么话不能说，什么话可信、什么话不可信，都要在脑子里多绕几个弯。害人之心不可有，防人之心不可无。一旦中了小人的圈套为其利用，后悔就来不及了！

每个人都有自己的秘密，心里都有一些不愿为人知的事情。尤其是同事之间，哪怕感情真的很不错，也不要随便把你的事情、你的秘密告诉对方，特别是隐私，要知道你说出的任何一句话都可能被别人用来伤害你。这是一个不容忽视的问题。你的秘密可能是私事，也可能与公司的事有关，如果你无意之中告诉了同事，很快，这些秘密就不再是秘密了。既然秘密是自己的，无论如何也不能对别人讲。你不讲，保住属于自己的隐私，没有什么坏处；如果你讲给别人听，情况就不一样了，说不定什么时候别人会以此为把柄攻击你，使你有口难言。

借助高质量朋友提升自己

有人说，要判断一个人是怎样的人，只需看他身边的朋友。所谓“近朱者赤，近墨者黑”，真正能做到出淤泥而不染的那是人中圣贤。朋友之间的价值观念、性格气质都会相互影响，聪明的女人要适当地提高自己的交友水准，要懂得借助高质量的朋友提升自己的素质修养。想一想，你和童年的小伙伴在一起，学到的是不是也只是怎么玩“跳房子”的游戏？你和中学的好伙伴学到的是不是也只是一些学习上的小技巧？你和大学的好友学到的是不是只是最近哪个商场又在打折了？这样想来，如果你认识和来往的都是这些朋友，你会知道现在哪个行业最有发展前景吗？你会知道怎样投资才最能赚钱吗？你会知道女人应该找一个什么样的另一半才是最大的幸福吗？

相同的精神追求，才能让你们找到共同语言。只有拥有同样的人生信仰，你们才能彼此发现、彼此懂得、彼此珍惜。所以，是时候提高你的交友水准了。只有在更高一层的精神领域里，你才能遇到可以引领你生活的星探。

有两个毕业一年的曾经同寝室的女人在对话。她们中一个光艳照人、谈吐不凡，另一个却愁眉苦脸、未老先衰。第一个女人感慨道:“我认识的人都好强，他们不仅工作能力强，而且热爱学习，对生活热情很高。我从他们身上学到了好多东西。我感觉现在生活很充实，需要我去实现的梦想也很多。”第二个女人却苦笑着说:“我认识的人都不如我，工作上也没什么劲头，大家都这么混着。我现在感觉生活就这样了，也没有什么追求。”

是什么导致两个曾经同寝室的姐妹人生观这样不同呢？那就是她们的朋友不同，朋友的质量不同。一个女人的朋友都比自己成功，她在自己朋友的身上学到很多东西，也拥有了积极的心态，所以她就会向着成功的方向努力。而另外一个女人，处在和自己一个水平甚至还不如自己的朋友圈里，时间一长，她认为大家的生活状态都是这样的，所以也就不思进取了。

提高自己的交友水准，可以让你找到自身的不足，促使你学习朋友身上的优点，拓展自己的知识面。如今，不再是女子“大门不出，二门不迈”的时代。作为女人，你不仅要走出去认识他人，与他人交往，还特别要与成功人士交往。一个人只活在自己的世界里，不会有大的建树，只有与强者做朋友，时间长了，你才会具有成功者的思维方式，你才会用成功者的思维方式去思考。思想决定行动，当你和优秀人士的想法相近时，你自然会朝着成功的方向迈进。

机会总会留给那些让人印象深刻的人

和素不相识的人见面，总会让人有些局促和紧张。因为我们不了解对方，见面时，又需要配合对方的反应调整自己的行为举止，而且在这个过程中，还不能够推心置腹、吐露真言。这样的交往会让人感到疲惫和无趣。

面对陌生的人尚且如此，更何况是自己所喜欢并想追求的人呢？所以，在初次见面的时候，一定要做好准备。

文竹是个漂亮的女人，当年去北京，誓将“北漂”进行到底。那时她还是个很穷的女生，挤了一夜的火车。她到北京的时候，男友有事，无法接她，就委托好友刘川替代自己去接她。文竹很聪明，也懂得得体地打扮自己，身上的穿戴虽然不是样样名牌，但都搭配得时尚而得体。

刘川看到文竹的第一眼，便下结论：这个女人真漂亮，这种漂亮和一般女人不一样。他兴奋地认为，文竹肯定是个未来的新星。和文竹接触的时候，一种说不清道不明的情愫慢慢在刘川心里滋生着。后来，在刘川的追求下，文竹和男友分了手，和刘川相恋了。

他们经历了一场非同一般的恋爱，虽然后来两人因为性格及其他原因，经历了种种波折，最终分手，但文竹也如刘川的第一印象那样，成了一个耀眼的明星，演出了不少成功的角色，成为北漂一族中少有的成功者之一。

这是海岩的小说《深牢大狱》里的情节。初次见面给人的印象，是如此重要，甚至可能决定你一生的感情。不管与谁见面，提前做好准备，会让自己更加从容，在感情上也会有备无患。

或许，初次见面，你的服饰、装扮，你的一颦一笑就已经让他认定了——你就是那个应该出现在他生命中的女人。那么，女人初次与男性见面，需要注意哪些细节呢?

1. 礼仪

异性之间，初次见面的时候，点头加微笑的问候是比较适合的。女人不要主动去和对方握手，一是显得不矜持，二是显得过于正式；当然，当对方伸出手来时，你也不要拒绝，大大方方地接受。

2. 穿着

选择适合自己形象，穿上也得体的衣服。整洁是最重要的，风格上最好选择休闲装。不要过度隆重，也不要在服饰的细节上给人留下邋遢而可笑的坏印象。

3. 装扮

过度化妆不一定好，比如过长的假睫毛、长而尖的红指甲、浓而重的艳丽眼影通常都只会给女人增加负面分。但是，如果你不是天生丽质的女人，素面朝天也是一种失败的装扮。你可以选择薄薄的粉底、淡淡的口红、浅粉的指甲油等，这些可以令女人显得更加柔美。

4. 言谈

不要喋喋不休，这会显得嘴太碎。交谈不是发表演说，不能搞成只顾表达自己意愿的单方面倾诉。在交谈中，适当地说话，也要懂得倾听对方的表达，这也是一种了解对方的方法；同时，也不要沉默寡言，交流从来就是两个人的事情，如果你一味地等着对方说话、听他说，会令对方无所适从，当他找不到话语来说的时候，会形成一种尴尬气氛。

5. 心理

心理方面也是个比较重要的问题，可以适当注意以下几点：

首先，不要掩饰自己。有些女人喜欢把自己真实的性格隐藏起来，不想让对方看透自己，可是，这样做的结果是你束缚了自己，无法畅所欲言、自由表现。把自己性格的真实一面展示给对方，真实有时也是一种特殊的吸引力，比矫揉造作给人的印象好得多。

其次，即使是好朋友之间也会有矛盾的地方，初次见面的两个人更是如此，所以，为对方准备周到的礼节是必须的，但也不要奢求自己能百分之百地被人接受和喜欢。别人对你的评价是别人的事情，你只要尽量表达自己的诚意就可以了，不要过分在乎自己。

总之，越是表现一个真实的自我，越容易让人感觉到你的率真，越容易吸引人。

借助贵人的力量往上走

“借助贵人的力量往上走”，这是雅芳CEO钟彬娴——全球最成功的华裔女性的成功经验。《时代》杂志曾评选出了全球最有影响力的25位商界领袖，钟彬娴是唯一入选的华人女性，她的成功之路被许多人认为是一个奇迹，而奇迹中蕴涵的奥秘看起来真的很简单。1979年，一无背景、二无后台的钟彬娴以优异的成绩从普林斯顿大学毕业。当时她决定在零售业锻炼一段时间，然后再进入法学院学习法律。在她看来，零售业的经验将对她的法律学习有很大的帮助。零售业的经历可以培养她的悟性，锻炼她的脸皮与耐性。于是她加入了鲁明岱百货公司，成为一名管理培训人员。

钟彬娴的家族都是专业人士，唯独她一个人入了零售行业。当她面对零售工作，与客户打交道时，体会到了工作的艰辛。但她没有放弃，而是决心在工作中开拓自己的人脉。

幸运的是在鲁明岱百货公司，钟彬娴遇到了公司首位女副总裁万斯。此人自信机智，讲话清晰有力，进取心强烈，是女人中的精英。钟彬娴意识到，如果要在相互搏杀的商业社会里叱咤风云，就必须摆脱亚洲人善于服从的特性的束缚。于是，为了向万斯学习丰富的工作经验和技巧，钟彬娴像对待老朋友一样对待万斯，用心来交流，用真诚来互动，并很快取得其信任，让她心甘情愿充当自己的职业领路人。

“有些人只等着机会来临，”钟彬娴说，“我不这样，我建议人们要抓住能带你飞翔的人的翅膀。”在万斯的帮助下，钟彬娴在鲁明岱百货公司升迁很快，到了20世纪80年代中期，她已成为销售规划经理、内衣部副总裁。

后来，钟彬娴开始兼任有着110多年直销历史的雅芳公司的顾问。在雅芳，钟彬娴卓越的才华和超绝的人脉拓展能力吸引了雅芳CEO普雷斯的注意力。7个月后，钟彬娴正式加盟雅芳公司。时间长了，她发现在这里没有挡住女性升迁的玻璃天花板，女人也有很宽很广的发展空间。很快钟彬娴便在雅芳拥有了自己的人脉资源，并以卓越的管理才能获得普雷斯的认可，与之结为好友。

一个没有任何背景的女性，在40岁出头就能有如此令人羡慕的成就，这不能不说是一个奇迹。而钟彬娴成功的关键就在于善于建立自己的社交网络，找对了自己职业生涯中的关键人物。

生活中，每个人的精力和交际范围都很有限，如何在有限的交际中获得无限大的收益呢？其实生命中，20%的付出将产生80%的回报（其余80%的付出却只收获20%的回报）；20%的人际，会对你的一生造成80%的影响。因此，让80%的人喜欢你，避开20%不必交的、不可交的人。

生命中有些人是没有必要深入交往的。比如旅游途中停留旅店的房主、上班路上公交车的售票员，这些多是远离你生活的人，只要不让对方讨厌自己就够了。

还有的人是不可交的，所谓"择善而交"也正是这个意思。和那些思想堕落、不思上进的人混在一起，只会把自己引上歧途，降低自己的人格，还是远离他们比较好。

此外，努力让80%的人喜欢你，并和其中对你非常重要的20%的人建立亲密的关系和深厚的感情。赢得家人的喜欢，增进和他们的感情，因为他们关乎你的成长和生活；多和学习、工作中的关键人物沟通，他们能帮助你顺利从业、愉快工作、寻求发展，这些关乎你一生的成就；和能深入你心灵的朋友多多联系，这关乎你的性情和性格……

俗话说："七分努力，三分机运。"我们一直相信"爱拼才会赢"，但偏偏有些人付出的努力和最终的结局无法成正比。究其原因，是缺少贵人相助所致。在向事业高峰攀登的过程中，贵人相助绝对是不可缺少的一个环节。有贵人相助，可以使你尽快地取得成功，甚至可以使你飞黄腾达、扶摇直上。

别让你的前程毁于糟糕的人际

有人才华横溢，却终生不得志；也有人能力平平，却能够节节高升。这其中，个人的机遇是一方面，另外很重要的则是个人的人际关系状况。一个人如果孤立无援，那他一生就很难幸福；一个人如果不能处理好人际关系，就犹如在雷区里穿行，举步维艰。“条条大路通罗马”，而人际关系好的人可以在每条大路上任意驰骋。古往今来，许多杰出的人士之所以被能力不如自己的人击垮，就是因为不善与人沟通，不注意与人交流，被一些非能力因素打败。不能融入人群无异于自毁前程，把自己逼入进退两难的境地。

刘红在一家公司做一名管理人员。在公司产品遭遇退货、赔款，公司濒临倒闭，公司高层们急得团团转而又束手无策时，硕士毕业的刘红站了出来，提供了一份调查报告，找出了问题的症结。此举不仅一下子解决了公司的难题，还为公司赚了几百万。

因工作出色，刘红深受老总的重视，不久就成为全公司的一颗明星。凭着自己的智慧和胆略，她又为公司的产品拓展了国内市场，立下了汗马功劳，两年时间内为公司赚回几千万利润，成为公司举足轻重的人物。

刘红踌躇满志，以为销售部经理一职非她莫属。然而，她没有获得升迁。本来公司董事会要提拔她为销售部经理，却由于在提名时遭到人事部门的强烈反对而作罢，理由是各部门对她的负面反映太大，比如不懂人情世故，骄傲自大……让这样一个人进入公司的决策层显然不太适宜。

销售部经理一职被别人担任了，她只好拱手交出自己创建、培养成熟的国内市场。这就好比自己亲手种下的果树上所结的果子被别人摘走一样，她非常痛苦。

她不明白，公司怎么能这样对待自己呢？自己到底错在哪里？后来，还是一个同情她的朋友为她解开了疑惑。难怪那一次，她出去为公司办理业务，需要一批汇款，在紧要关头却迟迟不见公司的汇票，业务活动“泡汤”，令她很难堪。实际上是一个出纳员给她穿了一次小鞋。因为，平时她从未注重和这个出纳打交道，每次遇到了也都匆匆地“擦肩而过”，出纳便认为她瞧不起自己，心里很不开心。

还有一次她在外办事，需要公司派人来协助，却不料人还没有到，马上又被撤回去了，原来是一些资格较老的人觉得她很“孤傲”“目中无人”，在工作上从不与他们交流……所以想尽办法拖她的后腿，让她的工作无法展开。

尽管刘红工作业绩辉煌，但她忽视了人际关系的重要性。那些她不熟悉的、不放在眼里的小人物，在关键时刻照样会坏她的大事，阻碍她在公司的发展和成功，在无可奈何的情况下，她只好伤心地离开了公司。

正如唐太宗李世民所说：“水能载舟，亦能覆舟。”人在社会中生存，人际关系能推动你走向成功，也能让你顷刻间一无所有。千万不要忽视了你身边任何一个人的力量，也许关键时刻他们会是你成败之间的决定因素。做个聪明的会交际的女人，适当时进行感情投资，树立良好的交际形象，会为你带来意想不到的收获。

与你的贵人常联系

现在逢年过节大家发短信总少不了一句话“有事没事常联系”。其实，与人相处，结交你的贵人，这一点是很重要的。好不容易认识的贵人，如果长时间不联系，终究会变成陌生人的。

与贵人之间的交往，就像存钱一样，平时储蓄一点一滴，过了几年之后就有一笔钱了。与贵人之间的关系同样需要维护和经营，平时互相不来往，相当于不存钱；有事才想到找朋友帮忙，相当于从存折中取钱，只取不存，存折迟早会空的。

对于那些已经退休的老前辈、老上司，要设法与他们多亲近，并博得他们的赏识。毫无疑问，退休者最难过的是看到退休后那种门可罗雀的寂寥景象，这时若有人肯像以前那么尊敬他，他必会为之感动不已。退休者并不等于没有发言权，有时候甚至还具有意想不到的影响力。多给这些“冷庙”菩萨烧香可谓百利而无一害。

另外，你在日常生活中要广织“关系网”，切不要与人失去联络，不要等到有急事时才想到别人，因为“关系”就像一把剪刀，常常磨才不会生锈，若是半年以上不联系，你就可能已经失去这位贵人了。

为了不使好不容易才建立起来的人际关系毁于一旦，你就要不厌其烦地勤于打电话、写信以及登门拜访。其实，这些对你来说，都是举手之劳，在维护彼此的关系及沟通情谊的前提下，又何乐而不为？

王妍是人文学院学工处的一名普通职员，她与经管系的系主任刘某关系处得非常好，而据小道消息说经管系系主任很可能年内就会调任学工处处长一职，这样看王妍将来的日子会比较好过了。然而世事难料，年底人员调整时，刘某却被调去当图书馆馆长了。这样一来，许多原本巴结刘某的人立刻散得一干二净，让刘某见识到了什么叫人走茶凉。就在这时，王妍来找刘某，说道：“刘主任，这没什么大不了的，哪天咱们一起去逛街散散心吧！”这正是刘某最难过的时候，王妍的出现感动得刘某真不知道说什么好。从那以后王妍有事没事就过去找刘某聊天逛街。一年半后，该学院的院长调走了，新来的院长把刘某提拔为主管人事的副院长，不用说王妍自然也跟着时来运转，成了新一任的学工处处长。

王妍是个聪明人，她知道“三十年河东，三十年河西”这个道理，始终没有放弃她的贵人。

与贵人联系要注意以下几点：

1. 抓住适当时机联络感情

大忙人虽不好找，但并不表示他们绝对无法接近。你不必浪费时间在上班时间打电话给他们，要学会利用空当，“拉关系”的高手认为，傍晚六七点钟是与这些忙人接触的“黄金时刻”。秘书、助理等大都走了，只剩下一些“工作狂”还舍不得走，希望自己的“埋头苦干”能给上司留下深刻的印象。此时正是联络这些“贵人”的最适当的时机。

2. 牢记机会无所不在

关系无所不在，“三人行，必有我师”。不经意的人际交往，就可能发展出很不错的关系。

对这些有心人而言，会议室、酒吧、餐厅，甚至在澡堂里，处处都可以“增长见识”。跟人谈上一两个小时，一定可以学到一点东西。另外，出差、旅行也是拓展“关系”、提升沟通力的好机会。

3. 及时记录进展

记录自己关系网的发展要像写日记一样，数十年如一日。记录每一次联系的情形，包括：姓名、地址、电话号码、你的看法以及日后的联络方法等。

人际太多等于没有人际

在这个时代里，没有人会不知道人际的重要性。但遗憾的是，当整个社会都在谈人际的时候，反而没有真正的人际可言。因为我们只是把人际当成了工作，与感情无关。当我们以交易的方式进行交际，我们得到的大都只是一场交易。所以看似交际很多，但是泡沫更多，能把握住的很少，能引导成功的更少。

小美是一家著名房地产公司的市场部推广经理，她接触的人大都事业有成甚至小有名气。按理说，这样的条件和环境，拓宽自己的人际网络，增加成功的概率应该是不费吹灰之力的事情。

但实际与理论总是有差距的。几年下来，小美的名片盒里有大把交换来的名片，手机、笔记本电脑、记事本里都存满了各种客户的联络方式。在各种社交商务场所，她应酬得八面玲珑不亦乐乎。看似热闹，但背后的孤独也许只有她自己才知道。除了工作上的联系，她在这座城市里的朋友并不多，甚至找男朋友都是一个难题。遇到事情需要帮忙的时候，抱着几大本名片，却实在想不出会有谁肯帮忙。想要倾诉的时候，却不知道该向谁诉说。每周约会很多人，但没有一个是可以说话的知心朋友。每天都会认识很多新的人，但绝大部分都只是一面之缘，下次有事需要联系的时候跟陌生人没什么两样。因为那些通过工作认识的朋友都是有利益关系的，抛开这层关系便什么都不是。

在一次调查中，在15 068个受访者中，87.5%的人有类似“熟人越来越多，朋友却越来越少”的感觉。这也许真的不能怪我们，因为现在的生存压力实在太大了，很多人忙得连谈恋爱的时间都没有了，哪儿还有时间顾得上维系友情呢？也许，这就是现代人的一个悲哀。看似呼朋唤友，实则没有朋友。

保持距离，虽能保护自己，却也注定我们可能会永远寂寞。如果我们不交出真心，又怎能得到真心呢？凭借出色的交际手腕和三寸不烂之舌，可以让很多人成为“认识的人”，但并不一定能找到很多“贵人”。

也许市面上的人际关系书里会交给我们很多的技巧，但是从经验来看，成功的人际只有一招是最无敌的：真心待人。没有人喜欢别人对自己尔虞我诈，连小人都不喜欢小人。不要以为请人吃一顿饭送一份礼，别人就会对我们产生好感。用一颗真诚的心对人，比一顿饭、一个小礼物更为重要。

记得有这样一句话叫作“韩信点兵，多多益善”，现在社会上也比较流行“朋友多了路好走”这一观点。但真正懂兵法的人知道，兵还是在精不在多。因为能驾驭上百万士兵的除了韩信、白起等个别将领外，很少有人有这个能力。面具太多很累人，朋友也并不是越多越好，与其花大量的时间和精力去应酬各种交际“泡沫”，把自己变成繁华城市中千疮百孔的“城市孤岛”，不如真心真意地交几个情投意合、比较靠谱的知己朋友反倒简单惬意一些。

性格内向的女人怎样交际

生活中有这样一类女人，她们文静有礼，却又十分敏感，宁愿固守在自己的世界里，也不愿敞开心扉交朋友，我们通常会说这类女人性格内向，不善交际。她们只希望可以躲起来不必面对这个世界，早上常常赖床不起，每天工作后一回到家里，就如释重负。

放假的时候她们更是喜欢待在家里，哪里也不肯去，从不参加聚会。因为她们从心底害怕与人打交道，不自信，觉得自己处处都比不上别人。

因此，性格内向的女人时常感到孤独，朋友很少。她们也许有一两个知心朋友，但不像其他女人那样常常和朋友相约逛街、吃饭、参加集体活动。其实，性格内向的女人也向往能多几个好朋友，享受人生之乐。

梁雯就是这样一个内向的女人，从小就是家长眼中的乖孩子，放假在家一个人看书，不像别的同学那样结伴玩耍。毕业后，梁雯来到新的工作环境后，由于性格内向，不善交际，不仅没有朋友，而且和同事之间产生了很多误会，内心十分不安，甚至感到迷惘和失望。梁雯来到心理咨询科，希望心理医生帮助她了解如何结识真正的朋友，建立融洽的人际关系。

无论是外向还是内向，既然来到社会上就不免要与人打交道。性格内向的女人也一样要在社会中竞争和生存，是什么因素造成了她们的性格内向、与人隔绝呢？

性格内向往往与家庭教育和家庭氛围有关。据研究调查，如果父母待人较为冷淡，他们的孩子多半性格内向，尤其是女孩子更为严重。由于家长不鼓励孩子去结交朋友，或参加任何课余活动，使她们很少获得社交技能。家庭教育里面如果奉行这样的方法，他们的孩子在踏入社会之前，生活范围只限于学校及家里。在缺乏与人沟通的环境里成长的儿童，对于社交技巧一无所知，那么踏入社会做事时，无意之中就会得罪人，从而招来别人的反感，使他们从此不敢再尝试与人沟通，甚至完全退缩回自己的个人世界。

女性要摆脱内向，走出“内向小屋”，建立融洽的人际关系，就必须注重“参与”，即积极主动地参加社交活动和集体活动。因为社交和集体活动是最普遍的社会实践，在这些实践活动中，与他人的接触、交谈、合作，都可以增长见识、积累经验、提高胆量和信心，从而逐渐改变孤僻、内向的性格，缓解人际交往压力，提高社交活动能力，调和渴望融入人群与经验不足的心理矛盾。

当人全身心地投入到集体活动中时，朋友之间的友情、集体的温暖，会令人忘却生活中的烦恼、缓解不安全感和孤独感，这不仅有利于身心放松，更会因此建立情绪的良性循环，促进心理健康。总之，参加社交和集体活动，是促进和维护心理健康的重要途径，而心理健康又是克服内向孤僻、建立融洽人际关系的首要条件。

喜欢独处、害怕和陌生人打交道的女性，还要学会对周围的事物产生兴趣。比如：每天下班之后，不要着急回家，可以选择一个比较热闹的场所待一会儿，然后回家将自己所观察到的一切记录下来。目的是想让这类女性从自己狭小的个人世界里走出来，让她们投入到一些以前不敢置身的环境，并对这些环境做出详细的观察。过一段时间后，如果感觉对一些接触过而以前没有留意过的事物逐渐产生兴趣时，想逗留在外的愿望就会不断加强，那么和新鲜事物接触的能力也就会加强。

其实，内向和外向没有好坏优劣之分。内向型女人虽然思想较保守，容易产生自卑感，但通常遇事沉着、善于思考；外向型女人最大的长处是性格爽朗，遇事不会怯场，反应较快，缺点是只喜欢从兴趣出发，缺乏计划性和坚持性。内向型女人应该在充分发挥自己长处的基础上，扬长补短，自如地交际，通过与人交往，更大地发挥自己的潜力。

写给女人的交际圣经

女人作为社会中的一员，肯定少不了与其他人交往。但交往并不是我们表面上看到的，仅仅是双方相互通通话而已，它应该包含更深一层的含义，那就是在双方之间建立一份良好的友谊。而在现实生活中，如何进行交际是有许多技巧和经验可循的。那么作为一个现代女性，怎样才能广结人脉，拓展自己的生活空间呢?

1. 要确立目标

一定要为你的社交系统确定一个关键目标，不能漫无目的地到处寻找。你的目标定得越具体，你的关系网就越容易被联结起来。所以，一定要将你的愿望确立为一个可以用语言形容出来，并可以达到的目标。当你向这个目标前进时，你所走的路与旁人的路产生交错，才会产生交际，也才会有机会交到对自己有实际帮助的朋友，于是成功的机会才会接近你。

2. 要积极参加各种活动

每项活动都会为你提供扩大社交范围的机会。你可事先思考一下，你希望认识哪些人，然后收集一些可以和这些人交谈的信息。只有多参与各种活动，才有可能随时把自己推销出去；同时还能获得同行的知识与经验，使自己成功的脚步更稳健、更扎实。

3. 把你的愿望告诉别人

不管你是在找一份新工作还是想买一台便宜的电脑，只要你并不知道谁能够帮助你，自我广告就可能会派上用场。将你的愿望告诉你所有碰巧遇到的人，通过自己的口头广告肯定会让你受益匪浅。

4. 积极利用各种集会时间

活动前、讲座休息时或者是在午餐时，你都不要置身事外。你可以充分利用这些时间，结交你的同事以及你身边不熟悉的人。

而对于女性来说，处世交友还有一套“女性专属”的柔性交际法。“柔”的心灵、“柔”的微笑、“柔”的语言，让众人看到你最有“温柔女人味”的一面。

（1）微笑

据说，人在笑的时候，要使用13块面部肌肉，而在皱眉蹙额时，则要使用47块面部肌肉。整日愁眉苦脸的人忽略了自己最有魅力的地方：微笑。它好比是投向水面的小石块，能不断地增加和扩大亲切友好的涟漪。

出生两个月的婴儿，见了母亲的微笑就会露出笑脸；到了五个月时，看到母亲皱眉头时，他们就会哭泣。总之，孩子在出生后所接触的，如果全是温和、开朗、具有幸福感、经常保持微笑的人，这对于他们良好性格的形成，无疑是十分重要的。

对于其他人锐利的目光，也应报以微笑。对于生性乖僻、腼腆的人，我们若能笑脸相迎，对方紧绷着的脸就会很快地松弛下来，并露出笑容，相互间的隔阂就会消除。

微笑要真诚。一位心理学家曾经说过：“行为基本上产生于情感之后。可是实际上，行为与情感是形影不离的。我们可以通过制约受意志直接支配的行为，来间接地调节不受意志控制的情感。”所以，一个女人若能笑得赏心悦目、神采飞扬，那么她肯定能赢得周围人的好感和信赖。

（2）赞扬

有一种说法一直颇为流行，“赞扬能驱散心中的恐惧，给逆境中的人带来自信和力量，让紧张的神经得到放松，让原本柔弱的身躯变得强壮”。实验心理学对酬谢和处罚所做的研究也表明，受到赞扬后的行为，要比挨了训斥后的行为更为合理、更为有效。

（3）感谢

除了赞扬人，还有一点也很重要，那就是感谢人。旁人即便替你做了一件微不足道的小事，你也不要忘记说声“谢谢”。与此同时，你还应该不断地去发现值得感谢的东西。

自己得意之事放在心里，别人得意之事挂在嘴边

人活着难免有得意和失意之时。面对失意的人，你千万别说自己的得意事，更不要在因为失落而情绪低迷的人面前显示你的优越，年轻的女人尤其要注意这一点。善解人意的女人会将自己的得意放在心里，而不是放在嘴上，更不会把它当作炫耀的资本。当你和朋友交谈时，最好多谈对方关心和得意的事，这样可以赢得对方的好感和认同，从而加深你们之间的感情。

诚然，人在得意时都会有张扬的欲望，都想及时地把得意的事和大家分享，以显示自己的优越感，但是要谈论你的得意时，要注意说话的场合和对象。你可以在演说的公众场合谈，对你的员工谈，享受他们投给你的钦羡目光；也可以对你的家人谈，让他们以你为荣，引以为豪，但就是不要对失意的人谈。因为失意的人最脆弱，也最敏感，更容易触发内心的失落感。你的每一句得意之言都会在对方心中形成鲜明的对比，你的谈论在对方听来都充满了讽刺与嘲讽的味道，让失意的人感受到被“看不起”。当然有些人不在乎，你说你的，他听他的，但这么豪放的人真的不太多。因此，你所谈论的得意，对大部分失意的人都是一种伤害，这种滋味也只

有尝过的人才知道。

一个周末，晓楠约了几个要好的朋友来家里吃饭，这些朋友彼此都是很熟悉的。晓楠把他们召集到一起，主要是想借着热闹的气氛，让一位目前正处于人生低潮的朋友心情好一些，希望他早点从心情的低谷中走出来。

这位朋友在不久前因经营不善关闭了一家公司，他的妻子也因为不堪生活的重负，正与他谈离婚的事。内外交迫，他实在痛苦极了，对生活也失去了信心。

来吃饭的朋友都很同情这位朋友目前的遭遇，也非常理解他现在的心情，因此大家都避免去谈那些与事业有关的事。但是其中一位朋友因为目前生意好赚了很大一笔钱，按捺不住内心的喜悦，酒一下肚，就忍不住开始大谈他的赚钱本领和花钱功夫，那种得意的神情，连晓楠看了都很不舒服。那位失意的朋友沉默不言，心中的苦涩全写在脸上，最后还提早离开了。晓楠送他出去，在巷口，他愤愤地说："那家伙会赚钱也不必在我面前说得那么神气。"

晓楠了解他的心情，因为在多年前她也碰过低潮，曾经对生活绝望，每次有正风光的亲戚朋友在她面前炫耀自己的薪水、奖金时，那种感受，就如同把针一根根插在心坎一般，是一种说不出的心酸与痛苦。

一般来说，失意的人较少攻击性，郁郁寡欢、沉默寡言、多愁善感是最普遍的心态，但别以为他们只是如此。当听到你的得意言论后，他们普遍会产生一种心理——怨恨。这是压抑在内心深处的不满，你说得唾沫横飞、得意忘形，其实不知不觉已在失意者心中埋下一颗情绪炸弹。一般情况下，失意者对你的怀恨不会立即显现，因为他们无力显现，他们有可能会通过各种方式来泄恨，比如说你坏话、扯你后腿、故意与你为敌，在暗地里给你下绊，主要目的则是——看你得意到几时，而最明显的则是疏远你，避免和你碰面。这样你就少了一个朋友，其他的朋友甚至也会孤立你，这样的后果划不来。

不会做人的人才会天天宣扬自己的得意事，其实这样常会坏事。失意者面前莫谈得意事，把自己的得意事放在心里，把别人的得意事挂在嘴边，只有铭记这一点，才会不被人讨厌，才可能真正被人接纳，找到成事的“切入点”，让自己的人生多一条坦途。

有理时也要让人三分

在生活中有些女人会因为一件芝麻大的小事就没完没了，得理不让人，有理也要辩三分。这是非常不明智的，过于“讲理”，并不能为自己赢得什么好感。苏格拉底曾经说过：“一颗完全理智的心，就像是一把锋利的刀，会割伤使用它的人。”在这个世界上，没有绝对的事情，凡事都有两面性。这就告诫我们做人做事都不要太绝对，要给自己和他人留有余地，睿智的女人更是深刻地洞悉其中的道理。

在一个春天的早晨，房太太发现有三个人在后院里东张西望，她便毫不犹豫地拨通了报警电话，就在小偷被押上警车的一瞬间，房太太发现他们都还是孩子，最小的仅有14岁！他们本应该被判半年监禁，房太太认为不该将他们关进监狱，便向法官求情：“法官大人，我请求您，让他们为我干半年的活儿作为对他们的惩罚吧！”

经过房太太的再三请求，法官最后终于答应了她。房太太把他们领到了自己家里，像对待自己的孩子一样热情地对待他们，和他们一起劳动，一起生活，还给他们讲做人的道理。半年后，三个孩子不仅学会了各种技能，而且个个身强体壮，他们已不愿离开房太太了。房太太说：“你们应该有更大的作为，而不是待在这儿，记住，孩子们，任何时候都要靠自己的智慧和双手吃饭。”

许多年后，三个孩子中一个成了一家工厂的主人，一个成了一家大公司的主管，而另一个则成了大学教授。每年的春天，他们都会从不同的地方赶来，与房太太相聚在一起。

“人活一口气，佛争一炷香。”这是一个人在被人排挤，或者被人欺侮时，经常说的一句“争气”的话。在生活中，我们不如“得饶人处且饶人”，让他三分又何妨。

其实，世界上的理怎么可能都让某一个人占尽了？所谓“有理”“得理”在很多情况下也只是相对而言的。凡事皆有一个度，过了这个度就会走向反面，“得理不让人”就有可能变主动为被动。如果能得理且让人，就更能体现出一个人的气量与水平。给对手或敌人一个台阶下，往往能赢得对方的真心尊重。

一个人不仅要自己胸怀宽广，更要懂得尊重别人。一个人如果损失了金钱，还可以再赚回来；一旦自尊心受到伤害，就不是那么容易弥补了。“得理且让人”就是要照顾他人的自尊，避免因伤害别人的自尊而为自己树敌。

得理让三分，得饶人处且饶人，其实都是要我们学会忍让和宽容。但说起来简单，做起来却并不容易，因为任何忍让和宽容都是要付出代价的。人的一生谁都会碰到个人利益受到别人有意或无意的侵害的时候，为了给自己的未来营造和谐的生活环境，就要在生活中多几分忍让和宽容。即使有时候自己的利益受到了潜在的威胁，也要控制心中的愤怒，用宽容和大度来化解心中的怨恨。如果这样，自己的未来就少几分危机，多几分平和，何乐而不为？

精明不必写在脸上

生活中，那些爱表现的女人，也许容易让人察觉她的聪明，也容易让人看出她性格的缺点。内敛的聪明反而更容易让人接受。锋芒太露易遭嫉恨，更容易树敌，藏巧守拙才是长远之道，女性们尤其要懂得这一点。有时，女人的美丽在于适时的“笨”，并不是说聪明的女人不招人喜欢，而是告诫

女人，不要处处表现得太聪明，自大、自满、自我标榜只会惹来祸端。真正的聪明人，永远知道自己的缺点。

《红楼梦》中的王熙凤就给了我们一个深刻的教训：聪明反被聪明误。

王熙凤何等的冰雪聪明，简直就是女人中的精品，恐怕这世上有很多男人都不及她。她八面玲珑、九面处世、外柔内刚；她笑里藏刀，表面向你微笑，心里却在给你下套子。

王熙凤的能耐大得能登天，整个荣宁两府在她的整治下服服帖帖。可王熙凤却是一个精明过头的女人，精明到处处好强、事事争胜，哪儿都落不下她，终于落到“聪明反被聪明误，反送了卿卿性命”。

红学家们感慨这样一个精明能干的女人最终结局如此悲惨。她聪明一世，竟没有看透人生的处世哲学——难得糊涂。她被她的聪明、她的锋芒毕露给害了。

有智慧的人并不喜欢显露自己，因为过于显山露水只会让智慧发挥它的副作用，导致“聪明反被聪明误”的后果。为人处世是女人必须学会的，给人留下聪明的印象很重要，但要记得把握尺度，内敛而不拘谨，有内涵但不做作，才是真正聪明的标准。所以真正的聪明人绝不会说自己是聪明人，他们常以庸人或愚人自居，正如郑板桥“难得糊涂”一般。三毛也曾说过：“我最喜欢别人将我看成傻瓜。这样与人相处起来就方便多了。”我赞成三毛的观点。在与人相处时候，做一个傻瓜，朋友反而会更多，处处都鹤立鸡群、高人一等的聪明人是难以找到真心朋友的，所以说，女人还是不要太聪明的好，或者要学会装糊涂。

把荣誉的蛋糕多切几块送人

有智慧的女人都明白一个道理：没有人能独自成功。在取得成就的时候，她们都会把荣誉的蛋糕多切几块送人。毕竟，成功不是仅靠单打独斗得来的，让别人分享你的荣誉，会让你取得更大的成功。反之，如果总是自己独享胜利的果实，就会让身边的人丧失合作的积极性，下面的例子就值得我们反思。

一位销售主管这个月的业绩突出，她所在部门的业务员销售总额超出了同级部门的两倍还多。按照公司相关规定，主管可按业绩提成，得到一笔可观的奖金。老板很为有这样一位得力的助手而高兴，也暗自庆幸自己以前没有看错人，于是决定在公司开个例会，并把她推为大家的榜样，以此激励其他员工努力工作，还在最后特意安排了这位主管做当众演讲。

这位主管在她的演讲中把自己的业绩归功于自己调配人员的技巧、处理大订单的果断和如何辛苦加班等。虽然说的这些也确实属实，她的确也是这么做的，但她唯一犯的错误就是自始至终都没提及一句感谢同事、下属之类的话。

会后，下属和同事们开玩笑要她请客庆祝，她一脸不屑地说："我得奖金，你们用得着这么开心吗？下次我会拿更多，到时再说吧……"

可是等到下个月，这位主管不仅没能再拿到奖金，甚至还因为没能完成销售任务而被扣掉了工资。更让人奇怪的是，她的下属越来越懒散，就连老板似乎也对她冷淡了许多。

由此可见，当你在工作中做出一些成绩时，千万记得别独享荣耀，否则这份荣耀会为你带来人际关系上的危机。"居功"的确可以凝聚别人羡慕的目光，可以给自己带来很大的成就感，但如果你只想独占功劳，那就不仅是自私而是极度愚蠢了。"见不惯别人比自己好，更见不得别人抢自己的好"，可以说是人性的一大弱点。

独自贪功就是抢别人的好，这不仅不会给自己带来更多的好处，甚至还会引火烧身，激起公愤，最终害人害己。谨记这个忠告，你就会受益无穷。工作上有了业绩，升职了，加薪了，不妨和同事们庆祝一番，对老板说声“谢谢”，对下属的配合与支持表示真诚的感谢，甚至是那些嘲笑过你的人，也要为他们给了你前进的动力而有所感谢。回到家中，你也不要心安理得地享受可口的饭菜，拥抱一下辛苦持家的妻子和养育自己的父母，让大家都感到你内心真诚的感激，与你一并分享快乐。

假如你真的照做了，相信你会有惊奇的发现：你身边的人将扶持着你走向更高的位置，他们期待着、仰望着你的高度，希望你能给自己带来荣誉的同时，也给他们带来荣誉。你主动把“高帽子”馈赠给了别人，别人也会恭恭敬敬地维护你和支持你。

春风得意之时，勿忘反躬自省

有句话说得好：“出头的椽子先烂。”这确实是客观世界中不争的事实。出头椽子，总是比不出头的椽子要承受更多的风吹雨打，日复一日，年复一年，自然也比别的椽子要腐败得早。因此，女人在风光尽显之时，若能够居安思危，用低调保护自己，实在不失为明哲保身之举。反之，若不懂得这样做，只能是将自己置于凶险的境地。

战国时期，楚怀王宠妃郑袖，才貌双绝，工于心计。当时，魏王从自己的利益出发，赠给楚怀王一个大美人，人称魏美人。她娇嫩柔美，是绝顶佳丽，把个好色的楚怀王搞得神魂颠倒。郑袖看在眼里，恨在心里，她稍加思索，一计即上心头。于是乎，她表现得非常温和、柔顺，既不同魏美人争风吃醋，也不显示一点不满的情绪，而是像个通情达理的大姐姐，非常和善地对待魏美人，事事顺着魏美人的性子，还在楚怀王面前赞美魏美人美丽。

魏美人初到楚国时还有些害怕郑袖，但是看到她待自己很好，便没了戒备之心。一日，魏美人亲昵地告诉郑袖："姐姐，在异国他乡遇到您这样的好人，真是幸运！"

"快别这么说！"郑袖对魏美人道，"咱们是同侍一夫，本是骨肉相连的一家人，姐姐不疼爱妹妹，谁来疼爱呢？常言道：家和万事兴。我们姐妹和睦相处，才是国君的幸事，而且，妹妹能给夫君带来快乐，我也很快乐！"

魏美人闻此言，感动得热泪盈眶，说："姐姐，以后请多多指教！"

"好说好说，今后我们姐妹和睦相处，互通一气，就不会出什么差错。"郑袖和颜悦色地回答魏美人的话。

楚怀王见这对如花似玉的宠妃和睦相处，无限欢欣，慨叹道："世人都说女人天生是醋做的，看来也不尽然。我的郑袖就不吃醋，她是真心爱我，她知道我喜欢魏美人，就主动替我照顾她、关心她，使她不思念故国，实在是贤内助啊！"

郑袖见自己的计谋已起作用，暗自高兴。一天魏美人来看郑袖，郑袖貌似无意地告诉魏美人："大王在我这儿说你非常称他的心，只是嫌你的鼻子略尖了点儿！"

"那可怎么办呢？姐姐！"魏美人摸摸鼻子，求秘方似的问道。

"这也没什么，"郑袖若无其事地说，"你以后再见到大王时，轻轻地把鼻子捂一下不就行了吗？"魏美人连称郑袖高明。

此后，魏美人每次见到楚怀王就把鼻子捂起来。楚怀王暗自惊奇，魏美人逢问必笑而不语。楚王便问郑袖，郑袖有意把话说个半截儿，含嗔带笑，欲言又止。楚王一直追问，郑袖便装着不情愿的样子，说道："她说她受不了您身上的那种狐臭味！"

"什么！寡人乃一国之尊，她竟敢嫌弃寡人？真乃无理！"喜怒无常的楚怀王大怒，一掌击在几案上，喊道："来人！快去把那贱货的鼻子割下来！"魏美人的鼻子被割掉了，既丑陋，又吓人，永远被打入了冷宫。郑袖用计除去了她的情场对手，恢复了她在王宫独自受宠的地位。

正所谓“显眼的花草易招摧折”，自古才子遭嫉、美人招妒的事难道还少吗？人一旦发达了，除了自己容易得意忘形之外，同时也容易成为众人注目的焦点，被人品评，被人臧否。因此，越是春风得意之时，就越要经常反躬自省、低调做人，唯此，才能更有效地保护自己。

融入群体，避免被边缘化

融入群体，是所有刚刚踏入社会的女人都需要学习的。如果你总是保持自己的做事风格，特立独行，久而久之，就会被其他人疏远、孤立，你就是被“边缘化”的人。这样的人得不到最新的工作资讯，很容易被淘汰掉。

还有一个客观的现实就是，我们每个人的成长环境不一样，文化水平和兴趣爱好也不一样，因此解决问题的方式、生活习惯都有很大差异，这就导致了同一个群体的人相互间不了解、不接纳的情况。

所以一个人要想真正融入群体中，先要知道这些客观的、主观的因素，然后一一对症下药。《潜伏》中的翠平便深谙此理。

本来，组织派给余则成的太太是一个大学生，但她意外死亡，加上结婚证已经寄给余则成了，只能找个相貌相像的，于是就用候选人的姐姐，也就是翠平来顶替。身为游击队队长的翠平，从小生活在农村，吃的是粗茶淡饭，穿的是棉麻粗布，突然摇身一变成了官太太，山珍海味，绫罗绸缎，每天旗袍裹身，一般人还真不能适应。

翠平第一次穿上旗袍的时候，发现两旁的开衩到了大腿上，她开口大骂，余则成尴尬地拉她起来，翠平嘴里还在嘟哝着：“还没缝完呢！”就是这样一个被别人当作笑料的女人，最后也有模有样地融入了官太太们的群体中。

身为官太太，就要做官太太该做的事。翠平渐渐认识到了自己所从事工作的重要性，于是开始收敛言行，注重穿衣打扮，学识字，玩牌，逐渐地融入了官太太的生活中，虽然有的时候难免会露出破绽，但她也学会了巧妙地掩饰过去。翠平已经被官太太们毫无防备地接纳了，什么事情她都能知道一二。

站长太太梅姐喜欢打麻将，加上马奎的太太和陆桥山的太太，正好差一个人。翠平的到来解决了这个问题，但是余则成说翠平“大字不识一个，打不了牌”。梅姐本身也是乡下出身，看到马奎的上海太太瞧不起翠平，顿时非常生气。她执意要给翠平撑腰，教她打麻将。

被余则成小看的滋味让翠平受不了，加上她也没有什么事情可忙，于是常常跟着梅姐打牌，没几下就学会了。她不仅跟站长太太学着打麻将，还跟晚秋学买料子，跟着一群太太们说男人、说黑市、做头发、扮时尚。原本被情报站女眷们排挤的她很快和大家打成一片，甚至帮着吃醋的梅姐去马奎太太家打闹，意外发现了洪秘书与马奎太太偷情的事情。

在左蓝事件中，翠平借着和余则成吵架纠扯的事儿，把一个红“中”塞给了余则成。余则成马上明白洪秘书是一个重要的人物，翠平也开始受到余则成的尊重。

由此可见，群体里大部分人平时的交流话题，你要知道一点。有的人不知道自己为什么总是被排斥在群体之外，其实，可能是因为你自己对人冷淡。学一学翠平，什么都主动去学一点，什么都关心一点，总会成为团队中不可或缺的一员。

为他人贴金扑粉，收获人情

在社交场合中，聪明的女人不仅仅会顾及自己的面子，还会帮他人贴金扑粉。因为她们明白，人人都需要被重视、被尊重，尤其是在公共场合，尊重别人就是尊重自己。如果你不顾别人的面子，总有一天会吃苦头，因此，要多赞美别人。这样，既保住了别人的面子，别人也会同样对待你，给你面子，彼此心照不宣，尽兴而散。

即使面对自己的对手，当自己占上风时，也需要用同理心来体谅对方的心情，不要流露出窃喜的表情，更不能表现出咄咄逼人的气势，往人家的伤口上撒盐。如果你在此时把风光占尽，其实是在给自己的未来埋下隐患。要知道，失意者也会有东山再起的时候，到那时，可能会多一个更具爆发力的对手。所以当自己胜利的时候，也莫忘给别人留面子，不仅显示你的大度，还可以收获人情，更可能会让你少一个对手，多一个朋友。

英格丽·褒曼在获得了两届奥斯卡最佳女主角奖后，又因在《东方快车谋杀案》中的精湛演技获得最佳女配角奖。然而，在她领奖时，她一再称赞与她角逐最佳女配角奖的弗伦汀娜·克蒂斯，认为真正获奖的应该是这位落选者，并由衷地说："原谅我，弗伦汀娜，我事先并没有打算获奖。"

如果褒曼对自己的获奖得意扬扬，很有可能引起伙伴的反感和嫉妒，从而影响今后的合作。褒曼很聪明也很有气度，她没有喋喋不休地叙述自己的成就与辉煌，而是对自己的对手推崇备至，极力维护了落选对手的面子。无论谁是这位对手，都会十分感激褒曼，会认定她是值得倾心的朋友。

但是也有不少人为了面子的问题，可以做出常理之外的事。如果你是个不在乎面子的人，那么你肯定没有好人缘；如果你是个只顾自己面子，却不顾别人面子的人，那么你总有一天会在"面子"上吃亏。

人人都有自尊心和虚荣心。因此，为了自尊和虚荣，有些人可以吃暗亏，但就是不能吃"没有面子的亏"。如果我们想在社会交际中如鱼得水，就不能在公众场合率直地批评别人，而要用一些委婉、含蓄的方式表达自己的意思。这样，既保住了别人的面子，又为自己争得了面子。

张小姐去朋友家吃饭。进餐时，宾主聊起了一条高速公路的修建问题。张小姐强调，公路的进度一再推迟，是有关方面的一个严重错误；而朋友则不同意，认为那条公路本来就不该建。两人你一言我一语，话赶着话，争论越来越激烈。后来那位朋友把问题扯到“很多人自私心重，没有环保意识”上面，显然是在批评张小姐。

张小姐怕再争论下去无法收场，便开始缓和下来，婉转地说：“可能我们的看法永远也不会合拍，可是，那没什么大不了的，也许我们都是对的，也许我们都是错的，这也是未可知的事。”张小姐的一席话，不仅给自己搭了台阶，也顾全了朋友的面子，避免双方争论不休，扩大矛盾，影响感情。

试想，如果张小姐意气用事地与朋友争下去，结果会如何呢？而退一步，朋友只会更加尊重她，而不是觉得自己丢了面子。

很多时候，朋友之间发生争论，并不是不了解对方，而是有失沟通造成的。这时候争论的双方切不可以怒制怒。最好的方式是主动给自己找台阶下，设法与朋友友好地沟通，不伤害朋友的面子。

然而，遗憾的是，在生活中很多人都无法像张小姐那样，能“给人面子”，从而得罪了他人，也为自己以后的失败埋下祸根。这些人常犯的毛病是，自以为对某事有见地，自以为有口才，一遇到机会就高谈阔论，把别人批评得一无是处，却不知自己强要了“面子”，就有可能在最后失去面子。

其实，在现实生活中这样的情况很多，在发生一些利益冲突时，如果处理得当，原来的对手也会成为贴心的朋友。记得多给对方一点面子，这不仅是对对方的一种尊重，也是为以后的合作扫除障碍。往他人脸上贴金扑粉，不仅是一种大度的体现，也是为自己留条后路。

关键时刻封杀你的“小心眼儿”

有一些喜欢和别人捣蛋的人——这些人可能是你的朋友、同事或者是爱人——在公共场合，他们会把你突然搂住，然后提起一件你讳莫如深的往事，有恃无恐地出你的丑，或是公开你的隐私，或是谈你干过的傻事和闹出的笑话。如果这时你生了气，他就会说：“这只是开开玩笑，你太神经过敏，太缺乏幽默感了。”所以，很多事情过去了就过去了，不要去计较谁对谁错。

雯雯一直深深记得这么一件尴尬的事。有一天，她接到无话不说的好朋友邹敏的电话，说晚上一帮朋友在毛家饭店聚餐，请她务必赏光。

当天傍晚，精心打扮的雯雯按时赴约了。十多个朋友在包房里边吃边侃，极其开心。几个小时就这样不知不觉地过去了。

“雯雯，雯雯，你说我该怎么办？我……我爱上了黄炜，你把他让给我好不好，好不好嘛！”突然，邹敏举着酒杯，摇摇晃晃地向雯雯走来。

“你说什么？”听到有人公然宣称要自己让出男朋友，雯雯有些目瞪口呆。

“我说雯雯，好东西要和好朋友分享，你别那么小气嘛！我可是有什么好东西都没忘了你呀！再说啦，黄炜也不反对呀！”邹敏扔下了一颗重磅炸弹。

“你不要脸！你还是不是人啊，觊觎人家的男朋友，我瞎了眼，才会把你当朋友！”雯雯一急，就有些口不择言了。

“更正，我不是觊觎你的男朋友，而是我们两情相悦。他已经有两星期没有找你了吧？他骗你出差了，实际上啊，是和我在一起！”邹敏不停地火上浇油。

“我撕了你的嘴！”雯雯再也忍不住了，张牙舞爪地冲向邹敏。

邹敏灵活地在众人之间穿来穿去。一帮朋友要么袖手旁观，要么不知所措。雯雯气得号啕大哭。

“停！游戏到此结束。现在是4月1日凌晨，雯雯，愚人节快乐！”一位朋友见此情景，忍不住揭穿了谜底。

“你们……”雯雯终于明白了这是愚人节的玩笑。

相信这样被人捉弄的经历，大多数人都有过，面对这样的事情我们的确会很尴尬。可是雯雯却选择了微微一笑，说：“我的演技不错吧，你们都被骗了吗？”继而转移了话题，化解了尴尬。

生活中，女人常常是“小心眼”的，尤其是在众人面前被人捉弄，往往是最让人受不了的。面对这样的情况，“小心眼”的女人可能会生气发脾气，也可能揉着眼睛流下委屈的眼泪。年轻人在一起，喜欢开玩笑，如果这时候我们表现得太激烈，太“小心眼”，朋友们就可能因为下不来台而感到尴尬，那么这场聚会就会变得不欢而散。甚至可能引发的后果是，朋友们以后再也不敢跟你开玩笑了，有什么活动也不可能再找你了。

与其让一群好朋友不欢而散，倒不如像雯雯一样，在关键时刻封杀自己的“小心眼”，利用自己的大度和智慧化解尴尬。

礼仪是女人社交的必修课

一个受欢迎的女人一定是一个深谙礼仪之道的女人，女人要想在社交中拥有好人缘，就要精通各种礼仪。

礼仪、礼节、礼貌的内容丰富多样，但有着基本的原则：一是敬人的原则；二是自律的原则，就是在交往过程中要克己、慎重、积极主动、自觉自愿、礼貌待人、表里如一，自我对照、自我反省、自我要求、自我检点、自我约束，不妄自尊大、口是心非；三是适度的原则，适度得体，掌握分寸；四是真诚的原则，诚心诚意，以诚待人，不逢场作戏，言行不一。

由于礼仪规范是人的自我修养的重要内容之一，因此在现代社会生活、工作交往中，发挥着越来越重要的作用。

礼仪能够起到美化形象的作用，它要求人们在人际交往中树立良好的形象，其内容十分丰富，包括礼貌、礼节和仪容、仪表美两个部分，如仪表整洁大方、待人有礼貌、谈吐文雅、举止端庄、服饰得体、尊重他人等。总之，只有自己的仪表举止合乎文明礼仪，才能使人乐于与你交往，人与人之间的关系才会趋于融洽。

礼仪能够起到打造人际关系的作用。人际关系之所以能够维持，一个重要的因素就是双方在心理上能够得到满足。在交往中懂礼仪、有礼貌、知礼节，会令对方产生一种被尊重感，取得一种心理愉悦，自然能够为打造良好的人际关系铺平道路。

礼仪就像一座桥梁或一条纽带，使彼此间的陌生感和距离感瞬间消失。礼仪的不同形式就是各种“沟通语言”，它比一般的语言显得更高雅、含蓄，更容易让人接受。

礼仪是人类文明的标尺，是一个人美好心灵的展现。人与社会都离不开礼仪，反过来说，也只有人类才懂得礼仪。生活在社会里，注重仪表形象，养成文明习惯，掌握交往礼仪，融洽人际关系，这是每一个女人人生旅途中的必修课程。作为一个有理想、有追求的现代女人，要注重礼仪的自我修养，在仪容、举止、服饰、谈吐和待人接物等方面都展现出一个女人的教养，并在社会交往中有所为有所不为，自觉地运用礼仪规范，尊重别人，方算知书达理，方称得上是一个有教养的女人。

礼仪是女人在交际中需要不断修炼的功课，它会使女人增添无限魅力，赢得他人的青睐和尊重。

陌生人也能成为朋友

女性大多数天生比较含蓄，面对陌生人，总是犹犹豫豫、不敢近前，即使求人办事也会站在一边等对方注意自己，主动和自己说话，这对自己的发展很不利。其实，跟陌生人说话不用那么费劲，只要你把他们当成自己的朋友，就能很容易聊开，慢慢就会成为朋友。

因此，在社交活动中，你应该主动与人相处，不要害怕开口，不要怕别人笑你。当你走进陌生人的住所时，你可凭借自己的观察力，推断主人的兴趣所在，甚至室内的某些物品也会牵出一段故事。如果你把它当作一个线索，不就可以由浅入深地了解主人心灵的某个侧面吗？当你抓到一些线索后，你就不会感到不自然，就不愁找不到开场白了。

在你打算和陌生人交流时，不妨将以下建议作为参考：

1. 可以先介绍自己，给对方一个接近的线索

并不一定得介绍自己的姓名，因为初次见面，这样做可能会让对方感到唐突。谈话的切入点很多，从自己的工作单位切入，或从自己的兴趣爱好切入都可以。需要强调的是，应该先从自己的情况入手，等时机成熟，对方也会告诉你他的相关情况。

2. 问一些有关他本人的一般问题

比方说，有关他子女上学或工作的情况，也可以问问他单位一般的业务情况。对方谈了之后，你也应该顺便谈谈自己相应的情况，这样才能达到交流的目的。注意切忌跨步过大，问及对方隐私的问题。

3. 和陌生人谈话，要全神贯注

因为你对他不熟悉，你更应当重视已经得到的任何线索。

4. 仔细观察对方的行为举止

他的声调、眼神和面部神态都可以揣摩一下，以决定下一步的发展。

应当注意的是，有些人你虽然不喜欢，但必须学会与他们谈话。当然，人都有以自我兴趣为中心的习惯，但如果你对自己不感兴趣的人不瞥一眼，一句话都不说，恐怕也不是件好事。这样你可能被认为是骄傲，有些人甚至会把这种冷落当作侮辱，从而使你们之间产生隔阂。

和自己不熟悉的人谈话时，首先要有礼貌，其次还要注意尽量不要接触双方的隐私，这是为了使双方自然地保持适当的距离，一旦你愿意和他结交，就要一步一步设法缩小这种距离，使双方容易接近。

总之，只要你能够采取积极的态度，很容易就能把陌生人变成朋友，这无论对你的生活还是工作都有极大的帮助。

没人会拒绝你的微笑

有一个心理学家做了这样一个实验：他给两个人分别戴上一模一样的面具，上面没有任何表情，然后，他问观众最喜欢哪一个人，答案几乎一样：一个也不喜欢，因为那两个面具都没有表情，他们无从选择。

然后，他要求两人把面具拿开，要其中一个人把手盘在胸前，愁眉不展并且一句话也不说，另一个人则面带微笑。

他再问观众："现在，你们对哪一个人最有兴趣？"答案是他们选择了那个面带微笑的人。

这个有趣的实验足以证明微笑的魅力。"笑一笑，十年少"，我们都熟知这句话。有位世界名模曾说过这样一句话："女人出门时若忘了化妆，最好的补救方法便是亮出你的微笑。"微笑是女人所有表情中最能给人好感、增加友善和沟通、愉悦心情的一种。一个女人的微笑，能体现出她的热情、修养和魅力，从而得到别人的信任和尊重。

微笑，本不是女人的专利，但当女人从心底里发出微笑时，却足以让灰暗的天空焕发出亮丽的光彩，让世界出现伟大的奇迹。达·芬奇的名画《蒙娜丽莎》，那神秘而安详的微笑让世人沉醉了几个世纪。

在中国，历来都有“回眸一笑百媚生”的说法，不管你是“艳如桃花”的绝代佳人还是长相平平的女子，只要微笑，就会增加在别人心目中的美好印象，一笑即生万种风情。

微笑如绵绵春雨，滋润干涸的心田；又似徐徐春风，可以抚平或舒展心灵的皱纹。微笑是一种良好的社交风范，是高超的社交技巧之一。带着微笑面孔的女人，会有成功的希望。因为她的笑容就是她传递好意的信使，可以让所有人看到她的诚意，并乐意与她交往。

江丽是个皮肤黝黑、身材微胖的年轻女孩，从外表上看，算是其貌不扬。但是，性格直率、开朗大方的她却以她的微笑征服了所有的人，无论是在生活中还是在网络上，她都拥有很多的朋友。

江丽是一个闲不住的人，她喜欢每天忙忙碌碌地生活。她开了一间小茶吧，茶吧的生意十分兴隆，因为江丽在面对顾客时不仅热情周到，而且始终不忘亮出她的金字招牌——微笑。

她的微笑为她引来并留住了许多顾客，一位60多岁的老大妈是江丽茶吧的常客，她对江丽说：“我每天转到你这里，就想来坐坐，因为很喜欢看你笑！”

在网上，也曾有男网友说过：“最喜欢看江丽的微笑！”因为江丽每次在聊天室打开视频时，都会情不自禁地微微一笑，那美丽的微笑就像一朵娇羞的水莲花，让人如沐春风。

人的容颜总有一天会衰老，人的身材也总会走样，但一个人美好的微笑却永远不会老。每天开心微笑的女人才是最聪明的女人，也是最美丽的女人！

微笑在社交中是能发挥极大功效的。无论在家里、在办公室，甚至在途中遇见朋友，只要你不吝惜微笑，立刻就会收到意想不到的良好效果。难怪有许多专业推销员，每天清早洗漱时，总要花两三分钟时间，面对镜子训练自己的微笑，甚至将之视为每天的例行工作。

微笑是一个人自信的动力，也是礼貌的象征。人们往往依据你的微笑来获取对你的印象，从而决定对你的态度。只要人人都不吝啬自己的微笑，人与人之间的沟通将变得更为容易。

有些人在第一次见面时，通常会有一种不安的感觉，存有戒心，此时唯有真挚友善的微笑，才能消除这种心理状态。微笑是友好的象征，是人际关系的润滑剂，一个人脸上时常浮现微笑，会令他人心中感到十分温暖。

卡耐基在社交总结中发现，很多人能在社会上站住脚，是从微笑开始的；还有很多人在社会上获得了极好的人缘，也是从微笑中获取的；很多人在事业上畅行无阻，也是微笑带来的收益。微笑是十分神奇的东西，它能使生活的湖泊泛出一圈圈涟漪，使生活充满源自于生命深处的美感。

微笑正是打开愉快之门的金钥匙，发自内心的微笑是女人美好心灵的外现，也是心地善良、待人友好的表露，是一个人有文化、有风度、有涵养的具体体现。懂得对自己微笑的女人，她的心灵天空将随之晴朗；懂得对别人微笑的女人，将会拥有美丽非凡的人生！

你愿意微笑吗？试试看，它可能会改变你的整个生活。因为微笑是和煦的春风，是快乐的精灵，是看不见的财富。

如果你觉得自己没什么长处，那就从现在开始微笑吧！因为“世界像一面镜子，当你向它微笑之时，它必以笑颜回报”。

我们要记住，学会微笑的女人，就是最美的蒙娜丽莎；懂得微笑的女人，她将拥有价值百万的无形财富！

社交成功，一半的功劳在于说话技巧

女性要想在交际中占据优势，口才是一大“武器”。在现代社会中，语言艺术对社会交际的重要性已越来越明显。美国人类行为科学研究者汤姆士指出："说话的能力是成名的捷径。它能使人显赫，令人鹤立鸡群。能言善辩的人，往往受人尊敬、受人爱戴、得人拥护。它使一个人的才学充分拓展、熠熠生辉、事半功倍、业绩卓著。"他甚至断言："发生在成功人物身上的奇迹，一半是由口才创造的。"

美国资产阶级革命时期的著名政治家、外交家富兰克林也说过："说话和事业的进步有很大的关系。"无数事实证明，说话水平是事业成功的重要因素之一，口语表达的好坏直接关系到事业的成败。

说起来，女性天生就有"能说会道"的本事，若成为一个健谈者，运用你在交流沟通方面非同一般的技能，就能够引起别人的兴趣，吸引他们的注意力，并自然地使他们聚集到你的周围。

这是一种非常重要的交往技能，其重要性无可比拟。它打开了人与人之间沟通的大门，使彼此的心灵变得亲近。它可以使你在各种各样的人群中广受欢迎，使你能与别人融洽相处，在社会交往中如鱼得水。

不管你在其他艺术或技能方面的专业造诣有多高，是否达到炉火纯青的地步，你都不可能像运用说话技术一样随时随地表现专业才能。比如你是一个钢琴家，不管你的音乐天赋如何了得，不管你花费了多少年的时间来提高自己的演奏技巧，也不管你耗费了多少金钱，也只有相对很少的一部分人可能听到或欣赏到你的音乐。然而，如果你是一个健谈者，那么任何一个与你交谈过的人都将强烈地领略到你的幽默和聪明，并感受到你的魅力和影响力。

在社交场合中，能说会道的女性总是广受欢迎的。比如：

几乎所有人都希望邀请卡耐基的好朋友比尔夫人参加宴会或招待会，主要是因为她善于言谈。不论在哪种宴会或招待会上，她总能够给别人带来愉悦，使人们如沐春风。或许比尔夫人也和其他人一样有许多缺陷和不足，但是人们仍然乐于与她交往，因为她的健谈，她善于运用谈话技巧，而且几乎达到了炉火纯青的地步。

与其他方式相比，谈话仿佛最能迅速地反映出一个人在文化修养上的水准，是高雅还是粗俗，是温文尔雅还是毫无教养。从一个人的谈话中，我们还可以窥知其生活的全貌，你说话的内容和方式将揭示你的信仰，并向世人展现你最真实的一面。

在现实生活中，有相当多的好人缘女性在很大程度上把自己受人欢迎的原因归功于出色的说话能力。比起口才一般的女性，能言善辩的女性更容易被人理解、受人欢迎。因此，我们说，女人拥有一张能说会道的嘴巴，就等于拥有了一笔取之不尽的财富。良好的口才能使你在社会交往中如鱼得水，对你的幸福生活起到推波助澜的作用。

话多不如话少

在现实生活中，女人通常都是人群中的活跃者，她们大多喜欢以自我为中心，在喋喋不休之中让自己占尽风头，而忽视了别人也有表达的欲望，别人也渴望交流，最终，在有意无意间，令他人感到压抑和被忽视。她们伤害了别人，自己也没有得到好人缘。

还有一些女人，总是将自己的生活泡在“苦水”里。在生活中，她们觉得无论大事还是小事，都会给她们带来很多痛苦，她们不断地将这些痛苦向别人倾诉、向别人抱怨。

柔弱无助的女人总是会引起别人的同情及保护欲望，但凡事都应有个限度。反复诉说自己的不幸，这样做就如同一个自怨自艾的老妇，或者，更形象一点说，像“祥林嫂”，最后得到的只能是看客悲剧心理的满足和别人对你的厌烦。

开始时，王艳向别人推销时总是赖在别人那里不走，直到把对方累垮，但是她的业绩毫无起色，久而久之，她对自己的推销能力也产生了怀疑。后来在别人的指点下，她明白："并不一定要向每一个我拜访的人推销保险。如果推销的时间超过预定的时长，我就要转移目标。"

没想到这样做竟然产生了奇妙的效果："我每天拿到保单的数目开始大增。有些人本来以为我会磨下去的，但当我愉快地离开他们之后，他们反而会到办公室来找我，并且说：'你不能这样对待我。每个推销员都会赖着不走，而你居然不再跟我说话就走了。你回来给我填一份保险单。'"

俗话说："话多不如话少，话少不如话好。"女人可以没有过人的智慧，但一定要会说话，要有能够与人沟通的默契，不要一有不顺心的事情，就把责任推到对方身上。

王丽在半年前被公司辞退了，理由是老板不喜欢她。她说自己工作业绩好、能力强，所以同事们总排挤她，在老板面前说她的坏话，老板就总找她别扭。不久后，她被朋友介绍到另一家公司。可是上班不久，她就又开始数落她的新老板了，说老板能力差、水平低，根本无法理解她想要做的事情对公司有多么重要。于是，在试用期满之前，她又被辞退了，害得她的朋友再见这个老板的时候，十分不好意思。现在王丽仍然四处飘荡，找不到一份满意的工作。

女人们要明白，抱怨是好人缘的致命伤，会给别人的心情带来负面影响。如果有什么不满的地方，应先创造一种尽可能和谐的气氛。做错事的一方，一般都会本能地有种害怕被批评的情绪。如果很快地进入正题，被批评者很可能会产生不自主的抵触情绪，即使他表面上接受，却未必表明你已经达到目的了。所以，先让他放松下来，然后再开始你的"慷慨陈词"。

收敛自己的锋芒，会获得更多人的认同

女人如何才能在人际交往中获得别人的认可和喜爱呢？

现在，有的女孩很自以为是，动不动就在别人面前标榜自己，“王婆卖瓜，自卖自夸”，尤其在她们取得了一点成绩或者有着别人没有的优势后更喜欢卖弄、炫耀，似乎深恐有人不知。殊不知，你越张扬别人越不买账，你越卖弄，后果可能越不堪设想。中国有句古话叫：“显眼的花草易遭摧折。”说的是，越显眼出众的人（或事物）越容易遭到破坏。一个声名显赫的人，越张扬越容易遭到算计；一个人越爱自吹自擂，越容易不受欢迎。

要想不“惹是生非”，最好的办法就是收敛自己的锋芒、平和待人、放低自己、抬高别人，让别人时时有备受敬重的感觉，这样不仅能免遭祸患，更能赢得别人真心的认同和尊重。

女人有时候不应把自己太当回事，坦诚而平淡地生活，没有人把你看成是卑微、怯懦和无能的。如果你老是把自己当作珍珠，反而时时有被埋没的危险。

做人还是谦虚一些好，谦虚往往能得到别人的信赖。谦虚，别人才不会认为你能对他构成威胁。谦虚不仅是人们应该具备的美德，从某种意义上说，也是获胜的力量。尤其是在双方地域不同、文化背景各异的情况下，偶然一句“我不太明白”“我没有理解你的意思”“请再说一遍”之类谦恭的言语，会使对方觉得你富有涵养和人情味，真诚可亲。

越是有成就的人，态度越谦虚，相反，只有那些浅薄的自以为有所成就的人才会骄傲。为此，俄国的列夫·托尔斯泰打了一个很有意义的比方：“一个人就好像是一个分数，他的实际才能好比分子，而他对自己的估价好比分母，分母越大，则分数的值越小。”

越是谦逊的人，你越是喜欢找出他的优点；越是把自己看得了不起、孤傲自大的人，你越会瞧不起他，喜欢挑出他

的缺点。所以，平时要谦逊地对待他人，这样才能博得他人的支持，从而为你的事业奠定基础。当你以谦逊的态度来表达自己的观点或处理事务时，就能减少一些冲突，还容易被他人接受。

每个人都非常重视自己、喜欢谈论自己，也希望别人能重视自己、关心自己，如果你在和别人交往时，表现出一种谦虚的精神，让他谈出自己的得意之处，或由你去说出他的得意之处，他就会对你产生好感，也可能会与你成为好朋友。

聪明的女人不争辩

生活中，不乏喜欢争辩的女人。在辩论会、谈判桌上，这种人也许是个人才，但在日常生活和工作场合中，这种女人反而会吃亏，因为日常生活和工作场合不是辩论场，也不是会议场和谈判桌，你面对的可能是能力强但口才差，或是能力差、口才也差的人，你辩赢了前者，并不表示你的观点就是对的，你辩赢了后者，只能凸显你只是个好辩之徒。

而最后的情形是，人们虽然不敢在言语上和你交锋，但对的事情大家心知肚明，反而会同情“辩”输的那个人，你的意见并不一定会得到支持，而且别人因为怕和你有言语上的交锋，只好尽量回避你。如果你得理还不饶人，把对方“赶尽杀绝”，让他没有台阶下，那么你已种下了一颗仇恨的种子，这对你来说绝对不是好事。

你应该也有过这样的体会，一个人在提出自己的意见后，一旦遭到全盘否定，自尊心往往使他采取以牙还牙式的反抗。这种心理反应会极大地阻碍谈判的顺利进行。相反，一个人在提出意见后，一旦受到某种程度的肯定和重视，他的自尊心理会引导心理活动形成一种兴奋优势，这种兴奋优势会给人带来情感上的亲善体验和理智上的满足体验。这种体验一旦发生，就会有利于纠纷的调解，使争执双方的意见达成一致。

根据上述理论，我们在与对方谈话时应先说“是的”，表示同情和理解，创造一种较为融洽的谈判气氛，缩短双方之间的心理距离后，再讲“但是”。由于你对对手的某些看法大加赞赏，对手就会自动地停止自己的讲话，含着笑、点着头欣赏你对他的观点的肯定。这时，在他眼里，你是与他站在一起的，而不是对立的，尽管你也在赞扬的意见后表达了不同意见，但效果是不一样的。

用恰当的措辞拉近彼此的距离

与人谈话时若要营造轻松和谐的气氛，拉近彼此之间的距离，使用什么样的词语很重要。实际上，针对不同的人挑选不同的词语，是一个很重要的谈话技巧。

恰当地使用词语，有以下几个方面女人要注意：

1. 重复对方的词语

在谈话时，对方刚刚说的某个术语、俚语或是口头语，你可以马上把它用在自己说的话里面，这会让对方感到很亲切。尤其是对于一些术语或是俚语，使用对方所说的词能够表现出对对方极大的支持和肯定。

如果对方说：“我喜欢这个 LOGO（标志）！”你听了以后可以说：“哦，这个 LOGO 确实非常有创意。”这时候你和对方使用了同一词语——LOGO。如果你说：“这个标志确实很好看。”那么你的话虽然对方也能够理解，但是就不如用 LOGO 让对方听起来顺耳。实际上，对于有多种表述或名称的同一事物，你应当留意对方所采用的表达方式，尽量和对方用同一种词语表达，这会大大增加你谈话的效率和你的亲和力。

2. 识别对方的感官用词

你要把握好不同感官偏好的人对于不同的词语也有偏好。不同类型的人所习惯使用的感官用词是不同的，对于他的偏好你要在倾听对方说话时多多留意。当你发现对方的感官偏好时，就可以在你说话的措辞上尽量使用对方所习惯用的那些词语类型。

例如，对方的话中经常出现“看上去”“观点”等词语，你可以凭借这些词语确定对方倾向于视觉型，那么你就可以在以后的谈话中多使用视觉型的词语，不仅是“看上去”“观点”，还可以用其他的视觉型词语，例如，“观察”“反映”，等等。

感官用词一般是比较隐蔽的，需要女人非常敏锐地去发现，同时如果你能使用和对方同类型的感官用词，对对方所产生的影响也是隐蔽的，对方听你说话会觉得非常顺耳，却说不出为什么。

3. 模仿对方的习惯用语

习惯用语俗称口头禅，是一个人习惯性使用的词语。例如，有些人喜欢说“无所谓”，或者“太棒了”“太背了”“很酷”“没意思”，等等。口头禅有一些是时尚的流行语，也有一些是非常具有个人色彩的。不管是什么样的习惯用语，如果你想提升自己的影响力，就可以在和对方说话的时候主动使用它，甚至你可以使用得比对方还要频繁。这种亲切和亲密的感觉会令对方很惊喜，因为你和对方的习惯用语一样，对方会认为你们俩的观念、性格、生活都比较相近。

4. 避免使用否定和绝对的词语

有一些词语在谈话中要尽量避免出现，例如：“可是”“就是”“但是”这些表示转折意义的词语。当你要表达不同意见的时候，尽量不要说它们，因为这些词意味着对对方观点的否定。

在与求异型的人谈话时，要尽量避免说一些表示绝对意义的词，如“一定”“肯定”“百分之百”“绝对”，等等。因为求异型的人喜欢挑毛病，如果你说的话过于绝对，他们会不由自主地在内心或是口头上表示质疑。为了不引起对方的反感，避免争执，你要想拉近与对方的距离，说话时可以尽量使用比较中性的词语，不要把话说得太满。

词语的选择同样需要敏锐的洞察力，尤其是对于对方话语中的语言细节要多加留意。

5. 说话要简洁

有些人叙述一件事情，为了卖弄才华，极力地修饰他们的语句，用重复的形容词，或学西方语言独有的倒装句法，或穿插些歇后语、俏皮话，甚至引用经典、名人语录，使别人往往摸不清他在说些什么。

有些人在说话时，东拉西扯，缺少组织和系统，也使人有不知所云的感觉。如果你要拉近与他人的距离，只要在说话时记住要说得简洁扼要就行了。在话未说出口时，先打好一个腹稿，然后再按照顺序一一说出来。

简洁的话语常能让人有意犹未尽、余音绕梁之感。冗长而又索然无味的说话，不但无趣，还会让人觉得啰啰唆唆，使听者昏昏欲睡。

6. 语句不要重叠使用

有些人会说：“为什么、为什么？”答应别人一件事，说一个或最多两个“好”字已经够了，但有些人却说“好好好好……”，或是说“再见再见”。其实在用重叠句子的时候，除非是要特别引人注意或加强力量时才用得着。

7. 同样的名词不可用得太多

有一个人解释月球上不可能有生物存在这个问题时，在几分钟内，把“从科学上的观点来说”一语运用了十几次，无论什么新奇可喜的名词，多用便会失去它动人的价值。王尔德说：“第一次用花来比喻女人是最聪明的人，第二次再用的人便是愚蠢了。”一个名词在同一时期中重复使用，是会使人厌倦的。

此外，注意不要用同样的形容词来形容不同的事物。

总之，聪明的女人想拉近与他人之间的距离，就要在措辞上多多注意，而且往往会收到不错的效果。

给人说话的机会，并且认真地倾听

有些女性在生活中常易犯一个毛病：一旦她们打开话匣子，就难以停止。其实，这种人得不偿失，因为她们自己话说得多了，既费精力，又给他人传递了太多的信息，也有可能伤害他人；另外，她们无法从他人身上吸取更多的东西，当然问题不在于别人太吝啬，而是她不给别人机会。看来，那些说个不停者确实该改改自己的话痨习性，否则会吃大亏。

与人交谈时要竭力忘记自己，不要老是没完没了地谈论个人生活、自己的孩子、自己的事业。你要在交谈中给对方发表意见的机会，尽量去引发别人说他自己的事情，同时，你以充满真诚和热诚的心去听他人的叙述，一定会让对方高兴，给对方留下最佳的印象。

如果有几个朋友聚在一起谈话，当中只有一个人口若悬河，其他人只是默默地听着，那么聚会就成了他的演讲会，会让在场的其他人感到无可奈何和愤怒。每个人都有着自己的表现欲。小学生对老师提出的问题，争先恐后地举起手来，希望老师让自己回答，即使他对于这个问题还不是彻底地了解，只是一知半解地懂了一些皮毛，还是要举起手来争取回答问题，也不在乎回答错误要被同学们耻笑，这说明人都有表达的欲望，只不过成人比小学生多了一些顾虑。成人们听着人家在讲述某一事件时，虽然他们并不像小学生那样争先恐后地举起手发言，但他的喉头老是痒痒的，恨不得对方赶紧讲完了好让他讲。

遏制别人的表现欲，一定会引起别人的不满，在此情况下，你很难得到别人的认同，为什么要做这样的傻事呢？

你不但应该让别人有发表意见的机会，还得设法引起别人说话的欲望，使人家感觉到你是一位使人欢喜的朋友，这对一个人是非常有好处的。

著名记者麦克逊说：“不肯留神去听人家说话，是不能受人欢迎的原因的一种。一般的人，他们只注重自己应该怎样说下去，而不管人家要怎样说。须知世界上多半是欢迎专听人说话的人，很少欢迎专说自己话的人。”

俗话说“三思而行”，但事实上更要“三思而言”，没有经过自己大脑思考的话，不但是废话，而且往往会招来不必要的麻烦和灾祸。所以深谙说话之道的女人不是在胸膛上“开窗口”，而是在嘴巴上“装阀门”。说话快思考慢的人很容易犯错误，往往是说过又后悔；思考快说话慢的人多是智慧的，因为他们总是非常斟酌自己的语言表达。说话是为了正确地表达自己的思想和意见，而不是只为了图嘴巴痛快，胡乱发泄自己的情绪。有些人总是批评别人没有大脑，总是爱随便说话，但是却很少反省自己有没有乱说话的时候。一个人的脑袋必须学会思考，一个人的嘴巴必须知道适时关闭，更重要的是，一个人的耳朵必须学会倾听。

倾听是表示关怀的行为，是一种无私的举动，它可以让我们离开孤独，进入亲密的人际关系，并建立友谊。

其实，倾听也是有技巧的，不妨看看下面几点建议：

1. 保持耳朵的畅通

在与人交谈时，尽量地使对方谈他所感兴趣的事，并用鼓励性的话语或手势让对方说下去，并不时地在不紧要处说一两句表示赞同的话，这样对方会认为你尊重他。

2. 全心全意地聆听

轻敲手指或频频用脚打拍子，这些动作是会伤害对方的自尊心的。眼睛要看着对方的脸，但不要长时间地盯住对方的眼睛，因为这样会使对方产生厌恶的情绪。只要你全神贯注，轻轻松松地坐着，不用对方将音量放大也可以一字不差地听进耳朵里。

3. 协助对方把话说下去

这一点很重要，因为别人说了很多话以后，如果得不到你的回应，尽管你在认真地听，对方也会认为你心不在焉。

在对方话语的不紧要处，不妨用一些很短的评语以表示你在认真地倾听，诸如“真的吗”“太好了”“告诉我是怎么回事”“后来呢”，这些话语会使对方兴趣倍增。

假如你和一个老朋友在一起吃饭，他说他前几天跟上司吵了一架，这几天气闷得很。如果你对他说：“到底是怎么回事，说说吧！”他会对你说很多，他有了倾诉苦闷的机会，心情便会好受许多，自然你们的友情也会更加深一层。

4. 把说话的机会奉还给别人

有些人有一种错觉，以为在求人时，越能说话，越能诉苦，越能不断地吹捧别人，就越容易成功，事实上并非如此。所以，在你滔滔不绝讲话的时候，注意也要把说话的机会奉还给别人。

5. 不要插嘴

在别人讲话的时候，如果你自作聪明，用不相干的话把别人的话头打断，这会引起对方的不满。

6. 要学会听出言外之意

通常除说话以外，一个眼色、一个表情、一个动作都能在特定的语境中表达明确的意思。就是同一句话也可以听出其弦外之音、言外之意。

7. 用心听，要听全面

欣赏对方的为人，这一点很重要。仔细聆听能帮助你做到这一点，认真听，并且要听全面的而不是支离破碎的话语，否则你可能会妄加评说，影响沟通。

在与人交谈的过程中，与其自己唠唠叨叨地说很多话，还不如爽爽快快地让别人去说话，这样反而会得到意想不到的效果。如果能够给别人说话的机会，你就给人留下了一个好印象，以后别人就会更愿意与你交谈了。

第五章

职场知进退，女人更成功

办公室里无闺密、私事

闺密，是女人专属的名字，听起来甜如蜜，哪怕全世界都抛弃了你，还有闺密给你一个拥抱。然而，正因为闺密是与你生活最近的人，也是你最信任的女人，她们的背叛更是致命的。很多女人涉世不深，总希望在职场中有“贵人”帮助自己，容易先入为主地把关心自己的人当成“闺密”来看待，放松了应有的戒备，与对方无话不说，分享很多隐私，特别是对单位和上司的不满，甚至是对某位男同事、男上司的好感，殊不知，这是职场中的大忌。

职场中，与同事朝夕相处，共同度过的时间比家人还多。但是不要忘记，同事之间也存在一定的竞争关系，尤其是在职称评定、选拔晋升的时候，竞争更加明显。这时，那些凡事对别人掏心窝的女人，很容易在这场战役中败下阵来。这就是在办公室找“闺密”的后果。

赵颖最近辞职了，每次说起辞职的原因，她都摇摇头说:“不知道怎么那么傻，你把别人当知心姐姐，她却把你踩在脚下。”

赵颖大学毕业后进入这家公司，作为职场新人，她处处小心谨慎，还好公司有位年长的女士一直对她照顾有加。赵颖有疑问都向这位女士请教，一直把她当大姐看待，渐渐地，什么心里话都对她说。年终评先进员工时，这位大姐觉得自己表现一直不错，肯定榜上有名。不料结果出来了，没评上。她居然咬定是人事部的赵颖做手脚，一下子来了个“翻脸不认人”。甜言蜜语没了，取而代之的是流言蜚语。很快，公司传遍了关于赵颖的各种谣言。

赵颖再也无法在公司待下去了，提出辞职。她终于明白，很多同事是不适合成为朋友的，“姐姐妹妹”更是客套话。同事之间一定要保持适当的距离。

有的女人不信邪，认为自己身正不怕影子歪。特别是现在年轻的白领中间流行一种“同事文化”的社交方式，上班时默契配合，下班后一起逛街、泡吧，关系貌似很和谐。但是，这种看似“惬意”的生活其实也潜藏着危机。在北京诺华仕任高级顾问的罗宇昕看来，此类行为尤其容易给新同事带来心理压力，“如果整个部门都这样分成小团队，新人会感到自己被隔阂，融不进新环境”。

同事可以一同吃喝玩乐，不可谈任何实质问题，更不宜交心。因为说不定哪天你们的位置和关系会发生改变，到时有些往事造成的影响就很难说了。跟同事交往的时候应在细节上保护好自己。自己对同事了解得不多，也就少了些烦恼；不让同事了解自己的私人生活，也就保护了自己。

要想别人对你好，你首先要对别人好。人与人的交往是很灵活多变的，在什么场合下，用什么方式谈什么样的话题都是很有讲究的，不能仅凭自己想当然而行事。比如，老员工对新员工的指导应该是一种友好的帮助，不能总是居高临下地指教；朋友之间，不能只是一方对另一方好，变成受人欺负的“老好人”。

不要过多谈论是非，尤其不要谈论上司和其他同事的是非短长，这本身也是职业素质的一种体现。不要搞小圈子。如果成天只和特定的几个人打交道，容易让人产生“小圈子”的印象，所以要和更多的人交流。不要回避竞争。在职场中，朋友之间也要把竞争看作是正常的、积极的、任何人都无法回避的客观事实。竞争能提高工作效率，参与竞争能促进能力的提高。做到谦让但不退让，积极进行良性竞争。

总之，和同事交朋友的风险和好处并存。掌握好分寸，我们可以在享受“职场友谊”的同时尽量把风险降低。

拒绝上司性骚扰时，一定要使用“软性对抗”

年轻漂亮的女人，身在职场难免遇到色狼，一定要做好全方位的保护措施。对于性骚扰，职场中的女性朋友们可以选择各种应对方式，当然要在保证自己不受侵害的前提下。最常见的一种就是狠狠地甩出一耳光以消心头之恨，可是如果骚扰你的是你的老板，那就不能采用这种方式了。因此，一旦遇到这类问题，要学着使软招，既保护自己，又要给上司留足面子。

韩娟刚到公司不久，在办公室里，她属于默默无闻的人物，但不知从什么时候开始，上司开始“关注”她了。

刚开始，上司会时不时地到韩娟所在的办公室对她表示“关心”，面对同事们怪异的眼神，韩娟觉得很尴尬，但她又庆幸是在公共场合，上司不会对她有什么越轨的行为。但是后来，上司居然打电话叫韩娟到他办公室去，说是谈工作上的事。同事们开始在背后悄悄地议论。

为了保住工作，韩娟都忍受了，最让她受不了的是每次她一走进办公室，上司就让她把门锁上，坐到接待区的沙发上，而他坐得离韩娟很近。刚开始的时候，他们谈话的内容大多和工作相关，但是谈到最后就和工作扯不上关系了，而且在谈话的时候，上司还时不时地用手碰韩娟的肩膀。有一次，上司居然故意用手触碰了韩娟的胸部。韩娟大为恼火，当场就甩给了上司一个响亮的耳光。这以后，上司不再骚扰韩娟了，可韩娟也被上司随便找个理由解雇了。

韩娟遭遇上司的性骚扰，处理方法有欠火候。对方毕竟是自己的上司，在公司里有着较高的地位。韩娟当面打了他一个耳光，确实让对方下不来台，所以被炒也在意料之中。面对这种情况，韩娟完全不用“意气用事”，而应该用一些计策来回避，或者用语言来暗示上司。对于职场性骚扰，要尽可能低调处理，这样双方都好收场。尤其是对于上司的性骚扰，如果一时冲动而惹怒了上司，最终也会得不偿失。而巧妙地与其周旋，让对方知趣地离开才是上乘之计。

顾晓是个漂亮的女人，有许多追求者，单位里就有一位男上司对她紧追不放。经常有意无意地骚扰顾晓，这使顾晓很讨厌，但碍于对方是上司，也不好发作。于是顾晓想了一个好办法，每次这位男上司邀请顾晓去玩或者有其他事的时候，顾晓总是带上朋友赴约，要不就是先约朋友到上司约的地方，然后假装巧遇，大家一起玩，这让男上司失去了骚扰她的机会。如果哪次单独赴约的话，顾晓总会提前告诉朋友在某一时间给她打电话。久而久之，男上司看顾晓实在没想象中的好对付，也就不再纠缠她了。

顾晓的高明之处在于她巧妙地运用了“回避”战术，她并没有像韩娟那样对上司采取正面对抗，而是设计了一些小的“圈套”避开上司的骚扰，最后上司知趣地离开了。这样既保护了自己的利益，也没有“得罪”上司。

对于上司的性骚扰，使用这种“软性对抗”有时是很有效的。如果你不想把事情闹大，但对方却苦苦纠缠，那么这种回避或暗示的态度，无疑是最佳选择了。如果上司仅仅是口头骚扰，你可以经常绵里藏针地让他明白你很鄙视他的这种行为，这样他就会有所收敛；而对那些肢体上的骚扰行为，刚开始的时候，你就要明确地告诉他离你远点儿；假如他仍然纠缠你，你就暗示他如果不停止这种行为，你便要开始“对抗”了，这样有利于你更好地避开对方的骚扰。

与上司关系再好，也要保持距离

几乎每个女人都希望能给上司留下好的印象，也有很多人认为只要和上司像朋友一样亲密相处，自会对自己有利，然而，这其实是个误区。虽然让上司全面地了解自己，是员工升职计划成功的关键，但是，无论什么时候，上司就是上司，即使上司和下属的关系很不一般，也不表示上司和下属之间没有距离。毕竟你与上司在公司中的地位是不同的，这一点一定要心里有数。不要使关系过度私密，以致卷入他的私生活之中。过分亲密的关系，会使上司过分地要求你，也会导致同事们的妒忌。

所以不论什么时候，上司就是上司，即使你们的关系很不一般，也不意味着你对他可以没有敬畏和恭维。然而，我们却往往因为和上司走得很近，就忽视了这一点，从而影响了自己的职业发展。

顾媛和她的女上司王晓萍非常合得来，不光在工作上珠联璧合，就是个人爱好也惊人相似。比如她们都喜欢用某个品牌的化妆品，喜欢宝姿的套装，喜欢到星巴克喝咖啡，喜欢听蔡琴的歌……为此两个人在一起的时间也就多一些。有一次两人不约而同地穿了一件不同款式却绝对风情万种的春衫，她们在更衣室相遇，嬉笑着互骂彼此是妖精，于是顾媛私下里就称晓萍“老妖精”（晓萍比顾媛大两岁），晓萍也乐得回一句“小妖精”。办公室本是多事之地，她们的亲密自然招致了别人的非议。晓萍从此也就留了心，有意无意地慢慢疏远顾媛，可是顾媛却没有意识到这点。

一天，晓萍在自己的办公室里接待一位客户，顾媛敲门后进来，以为没有别人，就冲着晓萍问：“嗨，老妖精，今天晚上去看电影怎么样？我搞到了两张票。”晓萍的脸色立即很不自然，看都没看顾媛，只说了一句：“你风风火火的像什么样子？这是在办公室。”顾媛愣了一下，这才发现在那张宽大的黑色沙发里，坐着一个穿黑风衣的瘦小的老者。不久，顾媛被调到市场部做统计，离开了这份自己十分喜欢的人事劳资工作。

可见，与上司的亲密关系不一定会成为自己的保护伞。虽然，与上司亲密会让我们觉得前途一片光明，但如果处理不好，有时会给我们带来负面影响，就像顾媛一样，不分场合，一味地让上司与自己“亲密无间”，最后却因此离开了自己心爱的工作。想必这是顾媛在当初走近晓萍时所没有意料到的。

业务部的杨菁是个很能干的女人，去年还成了全公司的销售状元，由此深受经理陈小姐的赏识。杨菁活泼大方，性格外向，所以陈小姐和她很谈得来，经常在工作上帮助杨菁。杨菁本来人就很聪明，受到高人指点后业务能力大有提高。第二年年底，杨菁被陈小姐任命做销售部主管。做了主管后，由于要花一些精力管理，杨菁的销售业绩有所下降，公司的风言风语就多了起来。一天她和陈小姐一起吃饭，隔壁房间传出几个同事熟悉的声音：“看，杨菁现在卖不出东西了吧！这都怪陈小姐用人不当。”

“杨菁本来就没有管理能力嘛，也许是陈小姐看在她天天陪吃饭逛街的分儿上，给了她这么个安慰奖。”

“哟，是吗？真不要脸……”

杨菁和陈小姐面面相觑，两人再无半点食欲。

升职、加薪，尽管这些都是靠你实实在在的努力换来的，但是，因为你和上司不一般的关系，就会被别人说“一切皆靠拍马屁得来”，你说窝火不窝火？就像杨小姐这样明明是自己努力的结果，却要被别人说成是拍马屁的结果，这都是因为与上司距离太近，才遭到别人的非议。

无论是在单位还是公司，一个优秀的员工都应该懂得自己与上司或老板之间的差别，尽管可能有时你很受上司的赏识，是上司的左膀右臂，但别忘了上司毕竟跟你不是一个级别的同事，你们是领导与被领导的关系。你可以与上司关系和谐，但不必太过亲近。时刻记住与老板的差别，保证自己像一个普通员工那样行事，否则，就要小心你的前程与位子了。

太老实就会成为人人都捏的“软柿子”

善良、老实是女人的天性，但是善良和老实过了头就会被别人当作软弱，所以，要想在办公室里和别人一样平等，就不能太过老实，像个软柿子一样，否则，你就会成为别人欺辱的对象。随着社会的发展，办公室竞争也日趋激烈。如果你总是以一个“弱者”的姿态出现在办公室，不但不会引起别人的同情，相反，还会使得每个人都往你头上踩上一脚。

慧珊是某出版社的职员，由于自己是从外地应聘来的，在工作中她处处小心、事事谨慎。她对每位同事都毕恭毕敬，偶尔与同事发生点小摩擦，她从不据理力争，总是默默地走开。大家都认为她太老实、太软弱，于是，都不把她当回事，以至于在许多事情上总是她吃亏。想起两年来同事们对她的态度，尤其在奖金分配上自己老是吃亏这些事，慧珊心里很委屈。于是残酷的现实使她不得不对自己的为人处世进行反思。

有一天，办公室的一位同事擅离职守丢了东西。这位同事嫁祸于慧珊，说是她代自己值的班。主任在会上通报这件事时，慧珊马上站了起来，说道："主任，今天的事你可以调查，查一查值班表。今天根本就不是我的班，怎么能说我不负责任呢？主任，有人是别有用心想让我替她顶罪。并且，我要告诉你们，大家在一起共事也是有缘，我实在是不想和同事们争来争去。以后，谁要再像以前那样待我，对不起，我这里就不客气了。"

经过这件事，慧珊发现同事们对她的态度有了明显的转变。她也不再扮演被人欺负的老实人的角色了。

办公室是智者、强者的用武之地，所以，请收起你的懦弱，藏起你的老实，勇敢地面对竞争吧！只有竞争，才能创造出更好的成绩，才能推动社会的进步和发展。竞争是必然的，这都是正常的。因此我们要用积极的姿态去面对。

忍让是老实人最大的特点。忍让往往让对方得寸进尺，直到令你忍无可忍。真正的办公室生存法则是勇敢面对，把握原则，坚持真理，别让对方的无理越演越烈，直到无法收拾的地步。在办公室里，时常会出现"欺软怕硬"的现象。如果过于老实，你的前程将会出现很大的危机。在上司眼里，一个连自我都保护不好的人，肯定是无法胜任重要部门的工作或担任主管职位的。所以说，怎样才能不因老实而成为受人欺负的对象是一门重要的学问。

有人之所以受到欺负、刁难，往往是因为自己软弱或办事能力较差所致。要改变被人欺负的现状，必须要强硬起来，与欺负你的人相抗争，除此之外要提高自己的办事能力。这样，原来欺负你的人就会有所收敛了。

有些人认为"吃亏就是占便宜"，吃点小亏没什么，用阿Q精神来安慰自己。但是，在办公室，这种想法可行不通。你应注意自身修养，做到胜任工作、守信用，不以个人情绪来左右工作，脚踏实地地工作。进攻才是最好的防守。一味忍让，苦守在自己的城堡里，总有一天会被敌人攻下。唯一的办法是主动出击，打败敌人，做到真正的防守。等你在办公室树立起你的威严，展现出你的魄力，你就不会是一个人善人欺的受气包、出气筒，而会成为上司眼中极具潜力的人，你的前途自然也就不可限量。

吐苦水，别找公司里的人

女人遇到问题和难处时，都希望身边有一个可以倾诉的对象，尤其是刚入职场的女人，要面对更多的孤独和难处，需要更多的理解和安慰，想倾诉自己心中的孤独与愤懑，但是在倾诉时得找对场合、对象。公司里不是吐苦水的地儿，小心你说过的话会让每一个人知道，到时候，你只有一条路可走，那就是走人。

一位刚进公司不久的新人，因为受了点上司的窝囊气，找到上司的秘书大诉其苦；没想到当初频频附和她的秘书，一转身就向她的顶头上司打小报告，造成她与上司之间关系更加恶化。原定三个月后的加薪取消了，眼看和自己一同进公司的新人都有了起色，升职加薪忙得很高兴，自己却气不打一处来。后来，她决定越级向大老板报告，但消息却被大老板秘书转述给她的顶头上司，她不但没有机会面见大老板，而且再也无法在公司工作下去，只好辞职。

因此，在你还不了解一个公司内部的各种潜在关系之前，不要贸然找人说心事；事实上，你根本就不该跟工作上相关的人吐苦水，包括和你一样受排挤的同事。

每个人在职场中的角色随时都在变动，今天是患难之交，明天可能就是竞争对手。当初推心置腹的一番话很可能成为被人利用的把柄。想吐苦水，最好找身边的亲朋好友，以免因为利害冲突，导致说过的话被添油加醋地传出去。

不过在职场上并不是什么都不能够说，该发表意见时，一定要陈述自己的想法。有些时候，谈谈自己生活上的趣事，让人觉得你个性随和，平易近人，更容易与人打成一片。口舌是决定职场上人际关系是否成功的关键，所以要谨言慎行。说什么、对谁说、怎么说，都需要认真学习，成功人士就是你的榜样，看看他们是怎么做的很重要。

同事之间有几类不能说的事情，你一定要记在心里。

有关个人隐私。比如夫妻问题、私生活等，这些事情很敏感，很容易在与别人产生冲突时，被对方拿来归罪于个人品质。

有关公司忌讳的话题。例如公司机密、薪资问题，这些重要问题多数公司明文规定不能外泄。如果你泄露了这些消息，不但在公司里待不下去，很有可能在整个行业也待不下去。

再有就是个人与高层主管的恩怨。有恩容易遭嫉，有怨或许会被有关人士拿去炒作，都会伤害到自己，应该尽量避免提及。如果实在难以避免也要婉转些。

如果不小心说了不该说的话，当时以及事后要积极补救。以前面提到的新人为例，当初她就应该直接跟顶头上司沟通，当面提出自己的疑问、想法和感觉，不要让顶头上司听到那些经过包装的言论；同时，她应该暗示那位秘书，事情已经跟她的顶头上司谈过，从而避免打小报告的情形出现。

尽管吐苦水可能带来多种负面影响，但吐苦水其实也是缓解不良情绪、提升工作绩效的好方法。相互倾诉有利于恢复原来的精神状态，更加有效地工作，并且很多人在和朋友互相吐完苦水后，就会找出解决的方法。

如果找不到这样的朋友，那也要十分认真地挑选倾诉心中不满情绪的对象。至少要找价值观与想法和自己相似的人。不过，说任何话前，最好想清楚什么话当说，什么话不当说，因为每个人都要为自己说过的话负责。

办公室恋情要不得

电影《杜拉拉升职记》中，拉拉刚进公司，海伦就告诫她，公司有两样东西是千万不能动的，一是公司的钱，二是公司的人。果然，海伦因为无意中把自己和同事的亲密照片泄露了出去，惨遭辞退。办公室恋情虽然是两个人的事，但是无数的经验告诉我们，在这件事情上，受伤的往往是女人，很多公司都有这样的政策，两个人当中必须走一个，多半走的那个人都是女人。

因此，想在职场有所作为的姐妹们，最好躲开办公室恋情，一心一意把办公室当成战场，情场还需另辟之。

西方职场心理专家把办公室恋情比作“近亲结婚”，浪漫却不切实际，而且后果严重。据统计，办公室恋情，34% 分道扬镳，52% 选择一方离开，或同时离开公司，剩下 14% 表面上毫无动作，但他们中的任何一个在 3 年内升迁的可能性只有 22%。

办公室毕竟不是恋爱场所，办公室爱情也有它自己的法规。如果你和同事确实两情相悦，而你的公司又没有针对这种情况的禁令，那么无论从爱情还是事业的角度，这都是一件好事。可另一方面，一旦你们处理不好这种关系，就会产生感情上的麻烦，甚至引发法律纠纷。如此一来，会严重影响你的工作。此外，爱情并不是一帆风顺的，有时爱情已经结束，两人却不得不继续在一个空间里工作，这是最让人难堪的事。不仅当事人感到不自在，其他同事的情绪也会受影响。

许可刚进公司的时候，女前辈见她小巧玲珑，十分招人喜爱，于是跟她开玩笑说：“可不要玩办公室恋情哦！”许可不以为然地说：“我才不会那么蠢呢，兔子不吃窝边草，丈夫不在公司找，我知道的！”

没想到还没过试用期，许可就跟另一个部门的男同事谈起了恋爱。他们的恋情很快传到了上司的耳朵里，无奈之下，许可辞掉了这份来之不易的工作，怅然若失地成为求职大军中的一员。这么一折腾，沸腾的爱情也没那么炽热了，没有稳定的工作，恋爱都谈得没滋味。没过多久，许可和男友也分手了。

办公室素有“培养爱情的温床”的称号，男女同事在一起待久了，难免会产生超越正常同事感情的更深一层的情感，这就是爱情。美国人力资源管理协会前任主席兼首席执行官海伦·德里南认为：“异性同事之间产生恋情是极其自然的事。”所以，在工作场所中寻找伴侣是完全符合逻辑的，正如成长期的少男少女总是把校园作为爱情的试验田一样。有人最近在全美范围内对1000名公司职员做了调查，结果显示，47%的人曾经有过办公室恋情，而19%的人如果有机会也愿意尝试办公室恋情。

但是，当爱情不可避免的时候，讲究恰当的策略、规范双方的行为有助于降低潜在危险发生的概率。当你拿不准情况的时候，就老老实实按照公司制定的相关规则行事，越谨慎越好。如果身为老板的你想和员工约会，那么你将不得不首先考虑你作为管理者的地位。

同时，还要留心别让爱情影响了你的工作效率。不要有明显的示爱举动，比如牵手、接吻、互相凝视，即便在通往办公楼的路上或是在电梯里也应避免这样的情况发生。在公司的餐厅里，不要和对方同吃一个盘子里的菜。彼此之间不要使用诸如“亲爱的”“甜心”“蜜糖”“心肝”之类的爱称，最好也不要使用昵称，特别是当你的公司规定员工间必须使用正式称呼时。如果你的心上人是你的老板或雇员，应该尽力避免偏袒的嫌疑。应该学会未雨绸缪，一旦爱情冷却且不能再和昔日恋人共事，你要能够全身而退。

有时候，恋爱的一方或双方会主动提出换个环境，尽管看上去他们和其他同事、老板或下属之间仍然保持着很好的关系。

除此之外，对办公室恋情处理不当而导致的恶果还包括：

当你工作的环境中充斥着关于你和你的异性同事的流言蜚语时，整个工作团队的凝聚力将受到影响。还有，如果老板和员工发生了恋情，别的员工可能会指责老板给自己的心上人开后门。

如果确实避免不了办公室恋情，也一定注意，公司里有些男人是千万动不得的。

1. 年长的上司

这些男人大部分都已经结婚了，就算你认定他是你的真命天子，你也不能轻易走近他。在世人的眼里，你们的恋情是不道德的，不仅会伤害到三个人，而且你肯定会被人当作“为权势可以付出所有”的卑劣女人。

2. 被排斥的男人

当男人被人排斥，他所要找的并不是恋人，只是因为太过孤单罢了。因为办公室里谁都不愿意理他，这时候女性是很容易心软的。你绝对不能在这个时候混淆怜悯和爱情，并且这时候你很难得到真正的爱情。

3. 风流的男人

如果刚才给你抛媚眼的男人在 10 分钟后又冲着其他女人说肉麻的话，那最后伤心的人肯定是你。

4. 有“大喇叭”称号的男人

这里指的是所有的事情都会拿出来说的男人，比如你们的交往经历、甚至接吻的时间都会到处讲。遇上这种男人时，分手以后也很难收拾烂摊子。交往的结果很有可能是你已经什么隐私都没有了，然后连公司都没脸再待下去。

私自定夺会让你成为上司的眼中钉

在不该说话的时候说话、不该做主的时候做主，是刚入职场的女人常犯的毛病。上司永远是上司，即使多小的、多不重要的事，也要让他定夺。因为这里有你对上司的重视。你必须知道，无论你帮老板管了多少事，也无论你的老板多糊涂，甚至他十分依赖你，但毕竟他是你的老板，大事小事还得由他做主。出了错，他承担；有面子，也该由他来卖。

这是一个让人深思的关于自作主张的故事：

有个杂志社给一个作家做了一期专访，等杂志出来以后，这个作家收到了一本，他想多要几本送给朋友，便打电话给这家杂志社主编。

主编不在，杂志社里一个小姐接了电话。“麻烦你转给一下主编，我希望多要几本这期杂志。”

“这个啊，没问题！您直接派人过来拿就成。”小姐爽快地说。

作家正打算驱车去拿杂志时，却接到主编的电话：“对不起！刚才我不在，杂志收到了吧？我刚才派人给您多送了几本过去，”停了一下，主编又说，“可是，对不起，我想知道是哪位小姐说您可以立刻过来拿。”作家很奇怪，于是问道：“有问题吗？”

“当然没问题，您要10本都可以，我只是想知道，是谁自作主张。”

事情的结果可想而知，那位自作主张的小姐免不了受到上司的一番责备，上司一定会认为她目中无人，她在主编心目中的印象也肯定会大打折扣。既然是别人点名找你的上司，作为下属就该转告，而不是替他做主。虽然只是一句话而已，但本来可以由上司卖出的人情，却被你无意挥霍了。想想看，像这位小姐的行为，上司能不反感吗?

下属要懂得什么时候该说，什么时候该做！不自作主张，这是你在处理公司事务时起码要做到的，而要想在这一方面做得更好，你还需要做到遇事时多和上司商量，多让上司给你做主。

你有没有常常向上司询问有关工作上的事？如果没有，从今天起，你就应该改变方针，经常性地发问。下属向上司请教，并不可耻，而且理所当然。有心的上司，都很希望他的下属来询问。下属来询问，一方面表示他的眼里有上司，尊重上司，尊重上司的决定。另一方面也表示下属在工作上有不明之处，而上司能够回答，才能减少错误，上司也才能够放心。

如果员工假装什么都懂，上司会觉得“这个人恐怕不会是真懂”而感到担心，也会对你是否会在重大问题上自作主张担忧。在工作上，做重大决策时，你不妨问问上司，多听取上司的建议。

上司反感下属的自作主张，其实不在于下属的擅自决定给工作带来的损失——通常说来，这种损失是微小的。上司心中真正在意的是下属越权行事的行为，以及这种做事风格所反映的下属心中对上司的态度。

因此，工作中多与上司沟通，让上司为你出谋划策，诸如工作上的难题、家中的困扰、男女感情的苦恼等。尽管你并不会全听上司的意见，但是这样做却会使上司产生“他什么事情都听我的”的心态，认为你在什么问题上都会重视上司的意见，使上司的优越感倍增。

在职场上，你必须时刻牢记一条：上司永远是决策者和命令的下达者，无论我们有多相信自己的判断力，无论你代替上司决定的事情有多细微，都不能忽略上司的存在。否则，这足以毁掉你平时小心经营，凭借积极努力所换来的上司对你的认同。

与同事可以“同流”，但不可“合污”

女人做什么事情都喜欢“拉帮结派”：逛街、吃饭……当然，在办公室也有这样三五成群的小团体，只不过它不再是那么简单。

张静进市场部不久，就发现在这十来个人的部门里，有一个三四个人的小团体。这几个人干活相互之间特别默契，但对这个团体外的人则多少有点不配合。部门经理有时也睁一只眼闭一只眼，而那个团体的核心人物的无形影响似乎比经理还大。

这些天，团体里的王姐中午有事没事就来跟张静套近乎，昨天问她父母是做什么的，今天问她有没有男朋友。

当她知道张静现在还没有男朋友时，马上表示愿意为她当“红娘”。张静知道王姐是想拉自己“下水”，成为她们的人，她有些犹豫：如果自己不进她们那个小团体，今后自己在工作中难免会遭到刁难；如果进入她们那个小团体，自己又从心里厌恶这种拉帮结派的行为。她有点不知所措。

也许你过去一直习惯生活在自己的世界里，当你进入职场，突然被推到一群陌生的同事当中时，你的确面临一个艰难的选择：是保持自己的个性，还是尽快融入另外一个陌生的环境？你可能会觉得与其跟一大帮无趣的人混在一起，还不如坚守自己的空间。于是，你坚持“三不原则”，即不和同事做朋友，不和同事说知心话，不和同事分享秘密。每天例行公事后，就埋头看书，与同事的关系越来越疏远，但是，你渐渐发现自己的工作越来越困难，虽然自己谁也没得罪，可一些负面评价老是陪伴着你。

因此，作为职场中人，不管你情愿不情愿，你必须与自己办公室的那些小团体里的人“同流”，因为不管你看不看得惯，他们都会对你的工作产生影响。所以，即使看不惯同事之间的小团体，你也得习惯与这种小团体打交道。天长日久，敬而远之不是个办法。当然，随大流也不是没有原则的：一是你不能对不是小团体里的同事采取排斥态度，真的“拉帮结派”；二是如果小团体真的开始“结党营私”、牟取私利的话，你就要与他们保持一定的距离。

学会投身其中，还要懂得抽身离去。办公室是最容易滋生派系斗争的温床。无论对老板还是员工来说，能否成为小团体中的一员，对其职业生涯有着不可低估的影响。这种看法在一定程度上是正确的。如果因为被一个小团体排除在外而无法得到最好的工作任务，那无疑是很挫伤积极性的。反之，因为一些自己并不认为特别值得的朋友而被否定同样令人感到难堪。

加入一个业已形成的小团体是很困难的，但并非完全不可行。首先，你应该建立并流露出自信。你可以邀请小团体的主要成员吃午餐，偶尔和他们一起去酒吧或咖啡馆。然后，去找你的老板，要求与小团体中的成员合作一个项目。但是请务必记住，不要表现得太急不可耐、太爱出风头，否则你会一无所得。

如果这个小团体欺负作为局外人的你，你就要尽可能地用平缓的语气把这个问题反映到老板那里。详细阐述小团体对工作造成的不利影响是你最好的选择，千万不要以一种受害人的姿态来描绘你的职业和工作，如果你提到自己在感情上受到的伤害，那么，你在老板心目中的地位将受到削弱。

要做就做不可替代的“限量商品”

西班牙的巴尔塔沙·葛拉西安在其《智慧书》中告诫人们说，在生活和工作中要不断完善自己，让自己成为一个团体的“限量商品”，使自己变得不可替代。让别人离了你就无法正常运转，这样你的地位就会大大提高。

事实确实如此，如果一个女人能让老板把自己当成“限量商品”，在她所供职的公司中变得不可替代，那她还愁得不到财富的青睐吗？比如在公司里你能勤动脑，以战略的眼光去思考企业的发展，不断寻求企业新的增长点，不断开发新产品，开拓新市场，把握住企业的目标，努力让企业“做对的事”，那你一定会成为公司里的顶梁柱，那时还愁没有升职加薪的机会吗？

生物学家研究发现，在成群的蚂蚁中，大部分蚂蚁都很勤快，寻找食物、搬运食物争先恐后，少数蚂蚁却东张西望地不干活。

为了研究这类懒蚂蚁如何在蚁群中生存，生物学家做了一个实验：他们把这些懒蚂蚁都做上标记，断绝蚂蚁的食物来源，并破坏了蚂蚁窝，然后观察结果。

这时，发生了令生物学家意想不到的情况。那些勤快的蚂蚁只会一筹莫展，而懒蚂蚁则“挺身而出”，带领伙伴向它们早已侦察到的新食物源转移。接着，他们再把这些懒蚂蚁全部从蚁群里抓走，实验者马上发现，所有的蚂蚁都停止了工作，乱作一团。直到他们把那些懒蚂蚁放回去后，整个蚁群才恢复到繁忙有序的工作中去。

大多数蚂蚁都很勤奋，忙忙碌碌，任劳任怨，但它们紧张有序的劳作往往离不开那些不干活的懒蚂蚁。懒蚂蚁在蚁群中的地位是不可替代的，它们能正确把握当前的行动，是蚁群中的“限量商品”。

一位成功学家曾聘用一名年轻女人当助手，让她做速记员，支付女人与做相关工作的其他人员同样的薪水。有一天，这位成功学家口述了一句格言，要求她用打字机记录下来：“请记住，你唯一的限制就是你自己脑中所设立的那个限制。”

她将打好的文件交给老板，并且有所感悟地说：“您的格言令我大受启发，对我的人生很有价值。”

这件事并未引起成功学家的注意，但是在女人的心中烙上了深刻的烙印。从那天起，她开始在晚饭后回到办公室继续工作，不计报酬地干一些并非自己分内的事，譬如，替代老板给读者回信。

她认真研究成功学家的语言风格，以至于这些回信和老板的一样好，有时甚至会更好。她一直坚持这样做，并不在乎老板是否注意到自己的努力。终于有一天，成功学家的秘书因故辞职，在挑选合格人选时，老板自然而然地想到了这个女人。

在没有得到这个职位之前，女人就已经身在其位了，这正是她获得这个职位的最重要原因。当下班的铃声响起之后，她依然坐在自己的位子上，在没有任何报酬承诺的情况下，刻苦训练，最终使自己有资格接受这个职位。

故事并没有结束。这位优秀的年轻女人，引起了更多人的关注，其他公司纷纷提供更好的职位邀请她加盟。为了挽留她，成功学家多次提高她的薪水，与最初当一名普通速记员时相比已经高出了4倍。对此，做老板的也无可奈何，因为她不断提高自我价值，使自己变得不可替代了，老板不得不像珍惜“限量商品”似的珍惜她。

对于女性而言，如果希望求得个人的不断发展，提高自己的身价，就要不断地给自己充电，提高自身的竞争力。

聪明女人要懂“异性效应”

“不劳而获”并不是说在工作中投机偷懒，而是要运用女性的优势，找到事半功倍的办法巧妙地完成任务。

徐涵是某公司公关部经理，能力很强，出师必胜，为公司做出了很大贡献。公司的原料奇缺，材料科的同志四处奔走，连连碰壁，而徐涵一出马，问题便迎刃而解。公司资金周转不灵，急需贷款，急得总经理像热锅上的蚂蚁，而徐涵周旋于银行之间，没多久，就获得贷款上百万元。徐涵因此得到了领导的格外器重。

细心的同事发现，其实徐涵并没有比其他人付出更多的努力，徐涵的成功，有两方面的原因：一是她具有清醒的头脑、敏捷的口才、丰富的知识和阅历，接人待物也比较灵活；二是她具有端庄的容貌、娴雅的仪表，而且十分懂得利用“异性效应”让自己在与男士的沟通中占据主动，让男士乐意为自己效劳，于是轻松完成任务。

心理学上有一个定律叫作“异性定律”，说的是人和人之间“同性相斥，异性相吸”的现象，以及这种现象对社会交往产生的微妙影响。根据这一定律，在一男一女的社交场合中，男性常常想表现出举止潇洒、气度不凡、才华横溢、谈吐幽雅、妙语连珠，这样更容易唤起女性的好感。当然，在社交场合中，男性的这种心理是一种潜在的意识。所以，当男人与女人单独交往时，沉默寡言的男性会表现得谈吐自如、滔滔不绝；胆小懦弱的男性会变得勇猛异常；粗俗野蛮的男性会变得儒雅温存。这种异性之间在交往中表现出的异常热情，可以促进事情成功的概率，是“异性效应”中的正效应。

这种异性正效应，在青年男女身上表现得更为强烈。因为青年人随着身心发育的成熟，正处于对异性的亲近、爱慕和追求期，常常会不由自主地将注意力移到异性身上。他们在情感上渴望与异性交流，渴望得到异性的肯定以增加自信心。

男性希望世上所有的女性都钟情于自己。所以，当男性听说某位女性，尤其是漂亮的女性有了男朋友或结了婚，常常会莫名其妙地产生一种失落感。在社交场合中，若对方是一对情侣，那么他对那位女性的热情将会锐减，他会自觉地让那位男性难堪。而那位男性在情侣面前要极力维护自己的尊严和在情侣心目中的地位，这时两位男性很容易发生冲突。

异性效应有时会出现负面效应。例如，一位男人在择偶中屡受挫折，他可能对女性有种憎恨的心理，所以在他与异性的交往中便不会产生异性效应的正效应，甚至还会产生负效应。但是，交往中异性效应还是普遍存在的。在日常交往中，如果你想让男人“听话”，不妨利用一下这种“异性效应”。

女人也应果断决策

虽然现代社会中不乏精明干练、独当一面的女强人，但整个社会对于女性仍然保存了一定的刻板印象——相对于男人来说，女人总是优柔寡断，不能担当重任。女人要想在职场中站稳脚跟，得学会在必要的时候果断决策，那些活跃在政界、商界的女性精英，都有着坚强的秉性和过人的决断力。

一次，美国前总统克林顿与白宫政治顾问及政府的经济智囊团举行会议，并邀请第一夫人参加，专门讨论5年预算计划问题。

可会议开了一个多小时，双方仍各执一词，难以达成共识。

希拉里最初一直安静地坐在那里聆听他们的发言，等她开始发言时，她的语气尖锐而直截了当。

希拉里干脆地说："这样讨论下去是没有结果的。我们不宣传推行这个计划，就没人知道它有些什么东西。6个月过去了，美国民众对这个计划一无所知。"她指着在座的财经智囊们说："你们制定的政策很棒，但你们没有考虑怎么去解释说明它……每次你们拟订出一个新的经济政策，就应该考虑怎样去向人民阐明它。"她希望每个人都马上积极参加行动，不能只是空谈。

听完希拉里的发言，克林顿发起火来。"我明天就要动身去东京了，"他转身对着时任白宫办公厅主任的麦拉提与副总统戈尔高声说道，"我要求你们马上解决这件事。我要它必须在我从东京回来之前解决。我要你们每天碰头，处理这件事，不要等着我从东京回来。"

总统发火时，与会的每个人都默不作声。等他发完火后，会议在一片"是的，总统先生"的应声中结束。久议不决的会议经由希拉里的一席话而有了明确的结论。

作为一名出色的女性领导者就应该具备这种在关键时

刻大胆拍板的风范和决策能力。到了关键的时刻，不能退缩，不能毫无主见，而要敢于拍板拿主意，表现出非凡的决策能力。

“夫英雄者，胸怀大志，腹有良谋，有包藏宇宙之机，吞吐天地之志者也。”曹操的这番话，说的正是领导者的决策能力，它包括以下几个方面：

1. 要有全局观念

大凡古今中外的杰出领导者都具有战略头脑，即具有开阔的视野、统筹全局的能力。成大事者只有具有统率全局的战略头脑，才能从客观上把握事物发展的态势和规律，做出正确的决策。

2. 要有一颗多谋善断的决策头脑

决策者水平的高低取决于自身的修养，为了提高决策水平，要树立不断创新的思想，克服因循守旧、墨守成规的思想，要有渊博的知识，还要具有分析、判断能力。在错综复杂的人际关系中，要准确地判断各个层次、各个类别的人员和群体的德才情况、思想态度，然后区别情况，分别调动他们的积极性和主动性。

一是需要有选择最佳方案的决策能力。不过，这个选择不是简单地在是非之间挑选。科学决策必须建立在对多种方案对比选优的基础上，这就要求领导者具有选择最佳方案的决策能力。

二是需要有风险决策的能力。客观情况往往是纷繁复杂的，有些情况不可能让人事先做出百分之百的正确判断。现实生活中，成大事者常常遇到的是一些不确定型、风险型的决策，这就要求决策者有敢想敢干、敢冒风险的精神。

三是要有当机立断的决策魄力。“当断不断，反受其乱。”决策是不能一拖再拖的，需要在有效的时间地点完成，否则，正确的决策一旦错过时机就会成为错误的方案。

3. 要有一双指挥方向的手

领导者还必须具备的一项能力就是组织指挥能力，所谓组织指挥能力是指为了获得理想的社会效益和经济效益，对被管理的客体实行有效管理和控制的能力。它包括两层含义：其一是“管理”，即熟悉运用各种组织形式，如集权结构、分权结构、矩阵结构、系统结构等，并善于运用组织的力量协调各方面的人力、物力、财力，使其达到动态上的综合平衡，从而获得最佳的社会效益和经济效益。其二是“控制”，即采取有效的控制手段使被管理的客体（人、事、物）按照领导者的意图沿既定的方向前进，并最终取得预期的效果。

无论是企业还是机关，对于那些已经在位和即将走上领导岗位的女人来说，她们一般留给大家的印象都是优柔寡断、谨小慎微。鉴于此，如果你有心出人头地，就要有意识地避开女性思维的劣势，学习男人果断、坚定的作风。

刚柔相济，展现女性魅力

温柔，也许是女人征服男人的利器，却不是征战职场的武器。

领导的岗位，对于女性从来都是不容易得到的。作为一个成功的女性，面临着多方面的压力。除了性别歧视，还面临着男性下属不愿意服从的麻烦。作为女主管的你，在对待男下属时如果对他们过分“温柔”，说话总是慢条斯理，他们会认为你缺乏领导该拥有的干练，所以对待他们没必要处处谦让，而应拿出上级的权威。当然也没必要总“装出”一副厉害的面孔，要学会刚柔相济。有时要让他们觉得你很重视他们的见解和经验，让他们感受到自己存在的重要性。但你在征求意见时，不要让他们觉得事无大小都要过问一番，这样会令他们觉得你根本没有判断力，不懂得抉择。

你要从以下几方面改进自己。

形象干练：彻底改变让你看上去太过温柔软弱的做法，树立起一个威严的形象。第一件要做的事，就是叫男朋友不要在你上班时给你打电话，也不要让男朋友到你公司来接你，更不要在众人面前、在电话里跟他撒娇，这样才能显示出自己的独立能力。

保持独立：如果说在私下交往中，你还可以得到男人的关心爱护，那么在工作中则根本不可能得到男同事的礼遇。要是你能干，男同事反而会有受威胁的感觉，否则他又会嗤之以鼻。因此，女人在工作场所里，尽管能得到男人口头上的诸多关照，但真正遇到难题，唯一能依靠的只有你自己。

反应敏锐：作为一个出色的女主管，要想和下属建立一种良好的工作关系，就需要擅长观察下属的情绪，采取不同的办事方法。男人面对职业女性时，常常手足无措，因为他所面对的女性，既是同事，又是女人。在这种情况下，应设法消除他们的这种心理，努力寻找共鸣，使相处变得容易。

控制眼泪：女性很容易用哭泣来要求想要的东西，但在工作环境中，这种女性化的情绪表现却是不能让人容忍的。虽然你这一哭，可能会立刻得到同情，但从长远来看，不但有损你的威严，也对你的事业形象有害。在有些情况下，男人能接受某些女人的眼泪，但对一位女主管却绝对不能。他们会鄙视动不动就哭的女人，并从此断定该人不能做大事。所以，你一定要学会控制自己的眼泪。

接受批评：女人是很情绪化的，听到别人的批评，容易不经考虑而立刻为自己所做的事情进行辩护，找借口说明自己是对的。特别是受到上司的指责时，更觉得难受。所以女人有必要不断提高自己客观处事的能力，并学会接受批评。否则，你的同事和上司难以和你沟通，不能与你心平气和地倾谈，这对你是不利的。

在2003年11月成为香港科技大学兼任教授之前，王嘉陵是IBM全球职位最高的亚太女性，在北美和亚太地区工作了25年。1994年到2003年这10年间，王嘉陵先后在东京和香港的IBM亚太区总部工作，担任过多个重要职位。

身为一名中国女性，王嘉陵从美国被派到日本，在日本工作了7年。在这7年中她带领了5个不同的部门，负责亚太地区14个部门的业务。从营销到市场规划再到信息管理，她所管理的人，很多都是日本、韩国等国家的男性。

在她接到调任安排的时候，她已经明确一点，就是不会改变自己特有的个性。所以当那些刚从美国派到日本的男性同事忙着跟日本人喝酒、唱卡拉OK，学习一点儿日文，然后想跟他们建立朋友关系的时候，她依旧做她自己。因为她在IBM高级管理层中每两年就要调动一次，不可能在两年内作为一个朋友让他们接受她，与其花这么多的时间和精力去做那些事，倒不如好好地把老板的角色扮演好，所以她向来对那些男性下属讲英文，下班以后从来不跟他们去喝酒、唱卡拉OK。这些事对她来讲是不可能成功的途径，她就没有必要去浪费她的时间。

身为一个老板，她常常对员工说："我的角色不是让你快乐的，因为我不能使你快乐，快乐是要来自你自己的生命、生活和你的内心，工作只是生命的一部分。但我的角色是可以帮助你成功的。你在工作上能够发挥你的才能，当你成功了自然就会快乐。你不喜欢我，但是你会很感激我，因为我是帮助你成功的人。我要给你机会，我要给你帮助，我要给你一些督导，让你成功。同样，作为员工，我的角色就是帮助老板成功，这也的确是我实现自我价值的一个方式，我帮助下属成功就是我的成功，我帮助老板成功，我自然得到升迁，这也是我的目标。"

这番话也表明了一个富有领导力的女人应该公私分明、刚柔相济、人格独立，女性的领导力也是女性魅力的一部分，它为女性增添光彩，让女性更加成功。

别人会做的，你也要涉猎

对于女人来说，生活就是一场赛跑，为了让自己更有价值，别人会的东西你也要涉猎一点。工作之余就在家看电视的日子固然安逸，可这不是年轻人该有的生活。即使你天资聪颖，如果满足于现状，放弃学习，天才也会变成庸才；而一个平庸的人，如果不满足于现状，努力提升自己，庸才也会变成天才。当你进入一个行业，坐稳了交椅后，就感到高枕无忧了，或者按部就班地等待着升迁，习惯性地躺在已经成功的温床上，这是一件危险的事情。

李璇大学毕业以后顺利地在银行里找了一份工作，全家人都替她高兴，她自己也很满意。她一点也没想过提升自己的能力，只知道埋头努力地工作，然后把赚到的钱存到银行里。工作闲暇，她也从没有学习过英文，因为她的工作不涉及任何外语的内容。

然而，就在她以为银行的这份工作可以干一辈子时，突然发生了一件大事，她所在的银行被国外一家很大的银行并购了。新来的经理进行了大刀阔斧的改革，把没有什么工作能力的人都解雇掉。李璇虽然好不容易保住了工作，可是，新来的经理是美国人，要求包括业务报告在内的文件都得用英文来写。李璇为了写个报告不得不通宵熬夜，有时连周末假期都泡汤了。慢慢地，李璇开始害怕上班，最终因为无法战胜自己的恐惧而辞职了。

与李璇相比，另一个年轻女人就懂得利用业余时间掌握更多的技能，成为同事眼中的多面手，自然也是老板眼中喜爱的人才。

某一天午休的时候，大家都吃饭去了，Mary一个人在办公室查收邮件，老板风风火火地从外面走进来，径直走进他自己的办公室。

一会儿，他拿出一个U盘到大厅来："人都到哪里去了？"

Mary小声地回答："可能是吃饭去了吧！"

老板把目光投向Mary："你会Photoshop吗？"Mary了解这个软件的功能，但并没有操作经验。但她鬼使神差地脱口而出："知道一点点！"

"还好你知道，"老板把U盘递给Mary说，"里面有一个图片文件，上面写错了两个字，我却无法修改，你把它改过来后，送到我办公室来。"说完他又风风火火地走进了他的办公室。

公司的美编走了，一直没有招聘到合适的，也没有秘书，平时这些琐碎的事情都由大家分摊做了。Mary打开文件，看到图片的右下角有一行字，其中本该是"愉悦"二字，不知被哪个粗心的家伙打成了"预约"，可是无论Mary选何种工具处理都不行。Mary只好硬着头皮给一个懂图片处理的朋友打电话，希望能够把问题解决掉。

"图片修改不了？"电话那头的朋友也有些疑惑。

"哦！我知道了。肯定是图片被锁定了，把锁解开……"Mary一手拿着电话，一手拿着鼠标，在他的指导下，很容易就把错字修改了过来。

此后，公司要做一些简单的海报、要处理一些图片的时候，都会让Mary来做，Mary索性买一些书在家自学，技术越来越熟练。

后来，公司招聘了美编，打算办内部报刊的时候，Mary学会了用Pagemaker软件，没事的时候就向美编学习，美编不在的时候，Mary常常充当美编。"你真是太强了！""多面手啊！"每当听到同事们夸奖时，Mary的心里美滋滋的。

处理图片虽然不是Mary分内的工作，但她总是乐于学习额外的知识，别人会做的东西也可以涉猎一点。当一件事情摆在面前，只有你能处理，大家都依赖你的时候，你就是强人！无论什么时候都不要停止学习，只要有不懂的地方，都要尽量弄清楚，因为这些东西，总有用得着的地方。

规划比努力更重要

所谓“磨刀不误砍柴工”，做任何事情，前期的计划和准备都是必要的。有一个好的计划甚至相当于已经成功了一半。与男人相比，女人的青春年华更加短暂，想要在有限的时间里实现目标，离不开正确的规划。一个女人，想要成就一番不平凡的事业，拥有一个成功的人生，必须要对自己的职业生涯有个合理的规划。因为，只有这样你才会有一个坚定的目标，并且能够扬长避短，朝着这个目标持续前进。

《辽宁青年》杂志刊登过这样一篇文章，其中写道：

她是国际奥委会驻北京首席代表林畅，是自国际奥委会创办109年以来第一位进入国际奥委会高级行政管理层的中国人。

小时候，林畅一直都不太自信，因为自己长得又黑又瘦。在上中学和大学的时候，她天天都羡慕别的女人长得漂亮。“那时候唯一的想法，就是在学习和体育上去赢、去冲，怎么也不能落在别人后面。就像一场和自己较量的比赛，不知道终点，只知道奋力向前。”

抱着这样的目标，她争强好胜的心态渐渐就养成了。6岁时，她早晨5点就爬起来做数学题。7岁那年，她就在父亲的引领下不知不觉中开始了与奥运美丽邂逅的起跑。

1986年，戴着学习尖子和体育尖子这两顶帽子，林畅顺利地考入了清华大学。从那以后，每天下午4点，清华的操场上都会有一个肤色晒成浅棕色的女人在操场上跑1万米。

那时，她热衷的另一件事是背英汉词典。一本1648页的《新英汉词典》，哪个词挨着哪个词都记得很清楚，每页都做了手记，而且“我不把这个当成辛苦的过程”。这又成为她后来出国最有力的助跑。

4年后，林畅到了美国。一本叫《硅谷女人》的书又勾起了她攻读MBA的兴趣，这一次，她跑进了哈佛大学的校园，毕业后去了美国高通公司工作。

“有时候，命运和机缘就是这样，国际奥委会招人的条件是不能撼动的。如果我在清华时不是那么热爱体育，我到美国后没有去读 MBA，可能这个机会就会擦肩而过。”林畅这样感慨。

2000 年，国际奥委会市场干事迈克尔·佩恩，在收到林畅简历的一分钟后抓起给秘书的电话：“我必须在 3 个小时后见到林畅，不管用什么办法。”

“后来，我直接去了他的办公室，根本没做任何准备，也不知道具体的工作，我们只是一直在聊我在清华参加长跑比赛的样子和我理解的奥运精神——我只是朦胧地觉得，它和清华‘自强不息，厚德载物’的校训非常相符。”

林畅的经历告诉我们：一定要懂得规划自己的人生，尽管最初，你可能预料不到以后的机遇，但你一定要明确自己想要的是什么。

你在选择职业时，更要注意自己的人生规划。俗话说：“女怕嫁错郎，男怕入错行。”单位也好，公司也罢，是否适合自己并非一眼就能看清楚。所以在选择公司时，事先调查研究一番，再决定投奔与否，是完全有必要的。

不过实际情况总不如想象的那么简单，有时候对可能符合条件的公司只能做泛泛的了解，尤其是对其公司的运作情况，更是无从了解。在这种情况下，可以在试用期内进行观察、了解，既可以通过观察，看到单位的运作情况、管理机制和效果，也可以直接拜访上司，从与上司的交谈中了解其志向、兴趣、素质及其他相关情况。

在你开始求职之前，你必须尽可能认真思考一下，自己有能力从事什么样的工作，对哪类工作感兴趣。只有将能力和兴趣结合起来考虑，才更有可能取得职业生涯的成功。

主动汇报工作进度

上班族最大的苦恼，莫过于工作努力却得不到老板的赏识。尤其是职场女性，往往需要付出比男同事更多的努力才能获得老板的认可。美国人力资源管理学家科尔曼曾说过："员工是否能得到提升，很大程度上在于老板对你的赏识程度，而不在于你是否努力。"要想得到老板的赏识，需要随时向他汇报你的工作，即使工作没有做完，也要随时汇报进度，让他知道你进行到了哪一步，有没有遇到困难，是如何解决的。这样，他就很清楚你为公司所做出的贡献。

为老板分忧并不意味着埋头于老板委派的任务而不顾其他。其实，同样非常重要的是，要让老板知道你正在做些什么，应多向老板请示汇报。

李薇在公司已经工作一年多了，在一次私下和同事聊天的过程中，她得知公司在执行一项加薪制度，即员工在单位工作满一年后就会按照一定的比例涨工资。可尽管她也在公司干了一年多了，工资却没有任何变化。眼看着和自己同一时期来的同事都已经涨工资了，李薇很着急却也很无奈：自己平时工作也很努力，经常加班到很晚，但老板却从来没关注过自己。又一次，销售部门的一位同事对她说："你们那行政工作太轻松了，远远没有我们做销售的辛苦。"其实李薇的工作并不轻松，可是别人并不了解。

李薇心想，应该争取自己的权利，维护自己的利益，但不知道该怎样向公司提加薪的事，她既想委婉地与上司谈判加薪，但又不想让老总认为她眼里只盯着薪水，一时陷入了两难的困境之中。

李薇在自己的岗位上勤勤恳恳地工作，却没有得到应有的回报，这是为什么呢？因为她从来没有向老板汇报过自己做了什么，老板当然不知道她曾经为公司出过多少力，解决过多少问题了。所以，她在老板的眼中是无足轻重的，遇到加薪这样的事就不会考虑到她了。而且，就连同事都认为她的工作很轻松，那么老板是不是也这样认为呢？试想一下，如果李薇平时注意把自己的工作不失时机地报告给老板，也许现在的状况就不一样了。

不同的工作有不同的特点。像销售类的工作，指标很容易量化。每个月卖得多了或是少了，给公司赚了多少钱，一眼就看得清清楚楚。而有些工作则是无法量化的，只有当事人自己清楚到底做了什么，有多大难度，对公司的发展起到了什么作用。因此，只有你自己主动地用一种恰当的方法来向你的老板报告你的工作进程、具体困难和解决方法，他才会意识到这段时间内到底发生过多少问题，你是怎样处理的，处理的结果怎么样。

主动汇报工作进度还有一个好处，那就是能够及时修正自己的工作方向。有时候，上级交给你一个任务，但是这个任务以前你没有做过，有时候连上级也无法具体描述他想要什么。这时，你只有按照自己的理解一点点去做，做好一部分就拿给上级看看，上级就可能对下一步工作方向给予修正。如果等全做完了再给上级看，就很可能吃力不讨好了。

适时加班，为自己加价

如今，加班是再正常不过的事儿了，甚至成为很多单位的一种不成文规定，有人戏称“朝九晚无”。从法律意义上来讲，加班的确不是员工的义务，但却是职场比较常见的。从表面上来看，主动加班是一种“吃亏”，因为它占用了你的私人时间。但是，对于公司来说，加班却是一种贡献，而你贡献得越多，那么得到的回报也会越多。《杜拉拉升职记》中的拉拉正是在工作需要时任劳任怨地加班，圆满完成任务从而得到老板的欣赏。

杜拉拉接受DB中国总部上海办的装修任务之后，工作任务大大加重了。她一会儿找供应商谈判，一会儿找IT经理研究装修事宜，一会儿又黏着采购部的同事去采购相应的物品。杜拉拉每天都要加班到11点以后，基本上都是最后一个离开办公室的人。乐于加班的杜拉拉，终究没有白白地付出努力，最后终于出色地完成了任务。

杜拉拉乐于加班，对工作不辞劳苦，她不但不抱怨上司李斯特强加给她的艰巨任务，反而以满腔的热忱投入到工作当中。勤劳肯干，是她成功的关键因素之一。反之，如果杜拉拉没有充分利用起“业余时间”，则很可能完不成这次意义重大的装修工程，那么，当然就不可能被总裁何好德、上司李斯特重视起来，也不会得到其他同事的赞赏，如此一来，升职路上的坎坷就该更多了。

卡洛·道尼斯是世界知名的投资顾问专家，他最初为杜兰特工作时，职务很低，但现在已成为杜兰特先生的左膀右臂，担任其下属一家公司的总裁。他之所以能快速升迁，秘密就在于“每天多干一点儿”。

“在为杜兰特先生工作之初，我就注意到，每天下班后，所有的人都回家了，杜兰特先生仍然会留在办公室里继续工作到很晚，因此，我决定下班后也留在办公室里。是的，的确没有人要求我这样做，但我认为自己应该留下来，在杜兰特先生需要时为他提供一些帮助。工作时杜兰特先生经常找文件、打印材料，最初这些工作都是他亲自来做。很快，他就发现我随时在等待他召唤，并逐渐养成了招呼我的习惯……”

道尼斯自动留在办公室，使杜兰特先生随时可以看到他，并且诚心诚意为杜兰特先生服务。这样做获得了报酬吗？没有。但是他获得了更多的机会，赢得老板的关注，最终获得了提升。

道尼斯之所以能够在众多的同事中脱颖而出，就在于他每天都主动加班。别的同事都走了，只有他还在那里工作，这样的人，想不引起老板的注意和重视都难。最后他也终于得到老板的赏识，获得了提升。

但是很多年轻人认为工作只是生活的一部分，生活中不应该只有工作。如果在工作时间之外还要加班，就属于无理要求，不能接受。

阿美是一家公司的行政助理，工作已经两年了。最近一段时间，公司的业务突然多了起来，大家都忙得焦头烂额。这天，人事处的小李提醒她，现在工作紧急，希望她需要加班的时候还是要加班的。阿美不以为意地说她的工作都完成了，为什么要加班啊？然后就走了。阿美觉得她在八小时内又没有偷懒，该做的她也都做了，又不是卖给这个公司了，下班都不能回去。所以每天一下班，她还是按时回家，尽管办公室里大家都还没有走。后来，阿美的上司也对她说，下班之后大家都没有走，希望她最好能留下来继续工作。阿美当时就觉得很荒唐，她说如果下班之后还要留下来继续工作，那还要下班干什么？所以，她仍然不愿意加班。

过了一段时间，公司要搬迁，阿美负责与业主谈判、签订合同，通过招标确定家具商和装修商，还要负责平面设计方案的选择等。根据以往的经验，完成搬家至少需要五个月的时间。可是上司却让阿美在两个月内办好公司的搬迁事宜，如果不能完成，就要解雇她。可事实上，光是室内装修就需要两个月，还有那么多其他的事情，阿美就是有三头六臂也没办法在两个月内完成。阿美想找上司沟通一下，好争取多一点时间，可上司执意坚持自己的想法，如果做不到就请阿美走人。阿美这才明白上司是故意在刁难自己，没办法，只好主动辞职了。

阿美的个性比较突出，很注重自我，但不幸的是她所在的单位“老板文化”浓厚。当别人都在加班时她一个人悠闲自在地先走了，让老板认为她是个不尽责的员工，认为她对工作没有热忱，以至于最后给她安排了不切实际的工作，将她逼走了。

身在职场，凡事不要太多地考虑自己的感受，加班可能不是你所愿意的，但却符合老板的心意。所以，满足老板的心意，会让他对你关注有加。同时，在加班的过程中，你可能会学到更多有用的东西，进而不断提升自己的实力。

第六章

学会爱，超越爱

如果爱情近在咫尺

女人的爱就像默默开着的花朵一样很寂寞，却又很纯情。很多时候，我们一直默默地喜欢一个人，为他高兴，为他暗自心伤。当有一天，看到他牵起了一个女孩的手从你的身边走过并幸福地向你打招呼，你顷刻间心碎了……

很多时候爱情就在咫尺，只是我们没有足够的勇气去用手抓住如此之近的幸福。电影《四月物语》讲述的是一个发生在 17 岁美丽少女榆野卯月身上的“爱的奇迹”，因为暗恋学长，成绩不佳的她努力考取了学长所在的武藏野大学。影片的开始便是女孩站在飘满樱花的东京街头，开始了她向往已久的大学生活，也开始了她对爱情的执着找寻。镜头一直以一个旁观者的身份注视着这个内心被爱的秘密填得满满的女孩的日常生活，从她搬入东京的新居，到她在新班级里做自我介绍，到她参加钓鱼社的活动，到她在电影院外被陌生男子尾随……直到她被在书店打工的学长认出后，她才终于有勇气伴着哗哗的雨声对学长说出“对我来说，你是很出名的”。在这一场痛快淋漓的大雨中，影片缓慢平淡的节奏突然因为女孩的秘密被揭开而掀起了高潮，而电影也就此走向了尾声。故事很唯美，看上去又很伤感。

爱，除了心灵的感应与感觉外，还应有行动的表白，不论是爱或者被爱，都是一件幸福的事。可幸福不是等来的，它需要努力，需要创造。如果你还相信“女人只要安静等待，真命天子就会从天而降”的神话，那你就大错特错了。如果爱，就要敢于表白。表白对于一份爱情的开始十分重要。因为骄傲放不下面子，不肯先向对方示爱，这又何必呢？示爱并不是示弱，假如这段感情幸运地开始了，先示爱的一方也并不就是低人一等，敢于表白的人才能掌握自己的情感轨迹，才能抓住自己的幸福！

当你遇到自己喜欢的人，在什么都没有开始时，如果以为“他不一定喜欢我”，那么你可能会真的失去他，失去选择的机会。

害怕被拒绝也大可不必，女人需要做的是克服自己自卑不安的想法和自愧不如的心理。不要坐在电话机旁犹豫不决，事实上，只要你勇敢地拨一次电话，事情就会完全解决了，你也就将彻底摆脱忧心如焚的处境，即使遭到拒绝，也不算是什么大不了的事情，你只要保持轻松的心情就能度过情绪不稳定的日子。如果你什么都不去做，只是终日停留在忐忑不安中，猜测他的心意，又有什么意义呢，为什么不给自己一点主动权呢？

被拒绝并不代表你有什么过失，也许他心中另有所属，而他恰恰是个忠诚的爱人；也许他目前为事业忙得焦头烂额，根本无暇分心经营爱情；也许他最近情绪不佳，偏偏你又撞在枪口上。所有这些都与你无关，不要因为被拒绝就觉得被判了死刑，失去了追求爱情和幸福生活的勇气。

如果爱就大声说出口，爱有很多次，真爱往往只有一次。

如果错过了，也就错过了，重来的机会实在是微乎其微。所以，女人，要懂得抓住自己身边的幸福。一句话，一辈子。

寻求你那三十万分之一的机会

“前世的一千次回眸，才换来今生的一次擦肩而过；前世的一千次擦肩而过，才换来今生的一次相识；前生的一千次相识，才换来今生的一次相知。”有人曾计算过爱情的概率，在世界上有六十亿人口时，其中有两万个异性适合做你的伴侣。所以，单身又渴望爱情的女人们，为什么还要一味地守株待兔？出去寻找吧，寻找你那三十万分之一的机会，寻找到你的王子。

所有人之间的交往都是由陌生到相识，由相识到相知，爱情也不能免俗，一男一女总是在陌生中相遇、相识，相识中相知、相爱。伸出你的手，伸出我的手，两个本来陌生的生命就可以相互融化，两个简单的思想就可以共同升华；你向前走一步，我向前走一步，彼此之间的距离就不断地缩短甚至完全消失，爱情的火花就有了滋生的机会。有两个灯泡长期相处，其中一个从一开始就亮着，而另一个刚开始根本就不会闪光。相处的时间久了以后，本来不亮的灯泡也亮了起来。一直亮着的灯泡问：“你怎么也亮了？”后来才亮的灯泡说：“本来我是不亮的，你的光辉照亮了我。”男女之间的爱情也如这两个灯泡一般，一点点靠近，一点点温暖，你追爱的心终究照亮了他内心的爱情之灯。你如若缺乏这种向陌生人靠近的勇气，也就只能任爱情错失，任遗憾蔓延。

电影《向左走，向右走》中，金城武饰演的刘智康和梁咏琪饰演的蔡嘉仪两人居于同一幢公寓，却因彼此习惯不同：一个向左走，一个向右走，因而从未相遇。两人不曾相遇却不断擦身而过：在旋转门一进一出、在电梯上一上一落、在月台上分站两旁……这么近，那么远，总是稍欠那一点点就会碰到。

终于，他们各因欠租逃避房东的纠缠，同时来到公园。在水池的一端，他们遇上了。两人一见投缘，有如一对失散多年的恋人，一起玩旋转木马，在草地上倾谈，度过了一个快乐又甜蜜的下午。一段浪漫的爱情也悄悄在两人的心底开始发芽。

没有这次邂逅，他们永远只能擦肩而过，永远走不进对方的内心，永远不会知道爱情的缘分其实就在咫尺之遥。

追爱的路上，聪明的女人不会一味地祈祷上帝赐予自己缘分，浪漫的邂逅固然美妙，却终究是可遇而不可求的，女人需要适时地制造美丽的相遇。当你的周围出现了一个陌生的优质男，扭扭捏捏可不是现代女性所为。大大方方地介绍自己，和他聊些有意思的话题，获取有价值的爱情资讯，才是现代女性的追爱之道。邂逅美丽的爱情，就要和陌生人说话。

守株待兔不是爱情的真理

女人的矜持仿佛是无师自通的。总有一些女人在面对终身幸福的问题时，抱着一种宿命的心态：“是我的总会来，不是我的，着急也枉然。”你有多么优秀，凭什么可以坐等幸福的降临，凭什么上帝就会把最好的那个人安排在你身边守护你一生？要知道，现实的规则是，被动信命的人永远没有掌控自己命运的人过得好。好男人是等不来的，该矜持的时候矜持，该积极的时候就要主动出击。欲擒故纵也好，请君入瓮也罢，千万不能坐失良机、坐以待毙。懂得适度主动的女人才是真正聪明的女人，是在用积极的态度面对和选择自己今后的人生。

由于工作原因，于敏认识了远在西安的同事曹斌。虽然每次都是为了工作沟通而见面，但也能感觉到彼此之间的默契。这次回北京时，曹斌像以前一样送她去车站，于敏心想，如果他站在窗外直到火车开走，我就给他发短信。果然，曹斌帮她放好行李，就站在窗外一直目送她离去，于敏暗暗地笑了，这个男人是天性腼腆，喜欢日久生情，还是对每个女孩都这么好？赌一回吧，于敏给曹斌发短信：“天气预报说要降温，注意加衣服，别感冒了。”等了半个小时，终于等到他的回复：“不好意思，刚才在开车，你也保重身体，最近好像瘦了。”于敏手里握着手机，心里有说不出的甜蜜。

一星期后，于敏又发了一条短信：“我发烧了，39度。”曹斌一连发来三条短信，问寒问暖。于敏回复说：“这会儿好些了，在看漫画书，刀刀说，一个人并不孤独，孤独的是思念一个人。”曹斌没有回短信，于敏有些失落。没想到，晚上9点接到曹斌的电话：“你在哪儿啊，在医院还是在家？我刚开车到北京。”

在男人心里，主动出击的女人比处处矜持的女人更多了一分别致的可爱，至少她们的性格是直率的，况且，有女孩子向自己表示好感，也是对个人魅力的一种肯定。其实男女之间关系的进展在很大程度上是由女方决定的，女方有好感，采取一些暗示，男方才有机会，反之，大多数男人都会知趣地放手。事业成功、成熟稳重的男人是多数女人心目中的好男人，而越是事业上有所成就的男人，就越是怕伤害到自己的自尊心，已经事业成功的人往往更加害怕失败，在感情问题上有更多的顾虑，可能会采取以守为攻的方式。聪明女人不要因为自己的矜持和所谓的面子，错失一段好姻缘，擦肩而过的爱情固有一种神秘的美丽，但始终没有收获和拥有。

遇到心仪的人，一定要告诉他，你就是他的夏娃。前面提到的于敏就是个聪明的女孩，利用手机短信巧妙地表达了心意，得到了渴望的爱情。貌似随意的短信，即使被拒绝也不会觉得尴尬。通过短信表达恰到好处的关心，如果他也有好感，定会心知肚明。平时精明能干的女人偶尔示弱，诸如告诉对方头疼、感冒等小症状，也是测试他对你好感程度的好方法。但是，无论暗示还是明示，都要给自己定一条底线。他对你的种种表露熟视无睹，不是因为他不解风情，只能说明他对你真的没兴趣，若是你翻山越岭才看见爱情若有似无地露出一线叫作希望的东西，就应该放手了。

只会等待的女人，永远得不到爱。大胆追求自己的幸福并不可耻，更不可笑，反而那些故作姿态、默不作声的女人最可怜。有人形容结婚如买菜，早市上菜品最多最新鲜的时候，人们往往不着急，偏要等到傍晚都是挑剩下的了，等着菜要下锅时才慌张着挑菜进篮。如果不是打定主意要单身，就不要过分“谦让”，毕竟，好男人就像稀缺资源，晚一步就是别人的了。

大胆启用追爱计划

当你的爱情搜索仪告诉你，你的身边有一个适合你的优质男出现时，你是否有足够的勇气为你的爱情向前冲，对他大胆启用你的追爱计划？要知道，与人争执时，退一步海阔天空；追优质男时，却是退一步人去楼空。

俗话说：“男追女，隔座山，女追男，隔层纱。”女孩主动出击“猎取”爱情，有时确实像一层纸一样，一捅即破。有些女性正是因为懂得在婚恋中采取主动态度，令男性眼中的她出众无比，最终赢得美满爱情归。

追爱的小女人们，一旦自己欣赏的人出现在身边时，不要犹豫，一定要巧妙地主动争取。

在电视剧《我们无处安放的青春》中，泼辣美丽的女孩戴妍是一个经验丰富的感情专家，也是充满勇气的“爱情实践家”。她深知自己的魅力，从来不掩饰这一点。她在一次聚会结束后偶遇民乐系学生葛俊，葛俊在一次文艺演出上的举动使戴妍开始喜欢上了葛俊，从而展开了死缠烂打的追爱之旅。为了追到葛俊，戴妍极尽穷追猛打之能事，事先张扬，制造舆论，散布绯闻，贴小广告，甚至惊动了学校的领导。

她不仅抓住一切机会向葛俊示爱，还竭尽所能制造机会接近葛俊，一步步逼近葛俊的心。只要是葛俊的演出，她一定会出现，在演出结束后，她还会跟在葛俊的后面“穷追不舍”。人人都看得出她对葛俊的好感，一个女孩满校园地追着一个男孩撵，这是一种怎样的尴尬？可她不在乎，认定了自己的爱就要去追求，不管别人怎么看、怎么嘲笑。

在葛俊拒绝了她后，她依然不泄气，反而使出了追爱的撒手锏。一天晚上，她把葛俊堵住，说：“听着，我给你两个选择，一是让我加入你们的乐队，二是我要做你的女朋友，我给你两天的时间选择。”她的主动让葛俊没有回旋的余地。让一个不懂音乐的女孩加入乐队，对乐队的负面影响可想而知，无奈之下，葛俊选择了做戴妍的男友。

有人说：“在对的时间，遇见对的人，是一生幸福；在对的时间，遇见错的人，是一场心伤；在错的时间，遇见对的人，是一声叹息；在错的时间，遇见错的人，是一段荒唐。”而当你在对的时间，遇上了对的人，就要抓住你的缘分，勇敢地去爱你想爱的那个人，即使他是古天乐，即使他是比尔·盖茨，你也不要畏缩，大胆地迎上前去，表白你的爱意，才能不任缘分白白错失，徒留一声叹息。

巧妙表露你的心

天意弄人，缘起缘灭，为什么最真的人却总碰不到最真的心？想起来让人欲哭无泪。或许爱情就是这样“狡猾”的东西吧，它有时躲在暗处，有时笑眯眯地与你迎面而过。未找到爱情的你，左顾右盼却看不到它，遇到爱情的你，又总是瞻前顾后、羞羞答答，信奉“矜持”的教条，或者等待着他会先开口，结果一恍惚间，已是沧海桑田，再回首时，心依旧人已远，空留一腔怅惘在心间！

生活中，常常有女子感叹自己所遇非人，命途多舛，其中不乏温文尔雅、美貌端庄的女人，她们光芒四射，感情却一路坎坷，有的甚至终其一生，都未领略过爱情的芳泽！这不能不说是人生的一大憾事。

这到底开的哪一壶？“好”女孩们到底哪点逊色了，怎么偏不比“坏”女人们更有男人缘呢？原因也许就在于“表露”。传统的女孩太追求“意会”，或太固守女孩含蓄的美德，死死不肯流露自己的真心，让男人去猜，等男人来追。可男人是粗心的，你不暗示，他怎如你一般心细如发？就算他对你有意，也可能因为顾虑重重未必言明；就算他很想追你，但世事难料，怎能保证事情不节外生枝，阴错阳差，好事付诸东流？缘分不待人，它来的时候，该抓的一定要抓住，不要等到年华老去，空余叹息。爱他就一定要让他知道，哪怕被无情拒绝，只要曾经努力过，你就没有什么可遗憾的。

当然了，怎样表白可是一门学问，要注意以下几点：

1. 记住对方的资料

在男女交往中，免不了互相介绍，这时候你一定要全神贯注，千万要记住他的名字，否则会让他觉得你过于高傲或心不在焉，就可能对你敬而远之。除了对方的名字，他的职业、籍贯、电话号码、兴趣爱好、饮食口味等，都要牢记在心。在适当的时候，不经意地让他知道你对他的小细节记得很清楚，他便会开始留意你。

2. 不露声色地展示自己

中国人普遍都有着含而不露的性格特征，男性都喜欢含蓄、内向型的女性，开放型的女性虽然可以朋友遍天下，但在绝大多数男性心目中，她们容易走近却不容易走进，只可为友却不可为妻。假如你觉得自己没有足够的能力改变他的这种观念，却又无法割舍对他的感情，不妨投其所好，经常让他眼睛一亮，发出由衷的惊叹：原来她是这样优秀！

3. 与其他异性交往要把握分寸

事实证明，男人的嫉妒心是一笔可以利用的资源，一个被若干异性爱慕着的女性比落落寡合的女性魅力大得多。只要使用得法，你所钟情的男子会出于对其他异性的嫉妒而对你产生兴趣，但是最好是点到为止，“欲擒故纵”不失为一种好办法，但要记住物极必反，你如果过于讨人喜欢，而且来者不拒的话，那么你的形象将会大打折扣。

4. 要做一个百变精灵

当你心仪的男人仍对你无动于衷的时候，不要着急，冷静思考一下，是不是自己哪些地方落伍了？也许在忙忙碌碌的生活中你放弃了自我更新，你不妨时时改变自己，让他每次见到你都有一种全新的感觉。譬如，改一下打扮，变一下发式……当然，最根本的还是精神面貌的改变，注意万变不离其宗，需要改变的是你的弱点，而不是优点，盲目地改变不如不改。

5. 学会鼓励那个自己暗暗喜欢的男人

有人曾做过一个这样的小测试，如果遇到一个你极满意的异性，你是否会主动搭讪，建立联系？答“会”的女人为55.7%，而男人们竟比女人还低5.7个百分点。不主动与那个自己喜欢的异性联系，有24.3%的女人和28.5%的男人是因为认为这样做有违自己的行事准则，23%的女人和21.3%的男人是因为担心受到冷遇，20.4%的女人和14.3%的男人怕被笑话。因为缺乏勇气而不与自己喜欢的异性搭讪的男人为49.9%，女人为30.8%。可见男人在表达爱意时，比女人更胆怯，女人们应该学会鼓励那个自己心中暗暗喜欢的男人。如果你能够掌握以上方法，并灵活运用，相信你心仪的男人一定会乖乖地到你身边来。

绝不反追，但会吸引

美国著名两性情感专家约翰·格雷在他所著的《男人约会向北，女人约会向南》一书中提到，即使你特别喜欢一个男人，也不要首先开口向他表白。如果女人变守株待兔式的被动为投怀送抱式的主动，那男人的好奇心就会降低，征服欲就会减弱，整个求爱过程就会变得索然无味。如果女人总想方设法取悦男人，满足男人的每个需求，男人不仅少了那层神秘感，还会在潜意识中要求女人，“你还可以为我付出更多”。长此以往，女人一味付出，男人一味索取，男人的主动性变为彻底的被动性，女人的爱情悲剧就不可抑制地发生了。

“坏女孩”面对自己心仪的男孩从来不会守株待兔，因为她们知道，优秀的男人会“狡兔三窟”，从别的洞里溜掉。不过，她们也不会傻到去“反追”男人，因为她们知道，这样反而会让他们觉得自己一文不值。她们会用巧妙的方法吸引男人，在引起他们注意的同时，又不会让他们反感，最终让他们来疯狂地“追”自己。

下面就是那些“坏女孩”常用的吸引男人的妙招，如果你在暗恋一个男孩，不妨也拿来试一试：

1. 间接法约男生

你可以计划和两三个一样没有男友的女孩一块儿郊游，并对你心仪的那个男孩说：“这个星期天，我们要去摘橘子，想一起去吗？反正你也没事，顺便再找几个朋友来玩玩吧！野餐我们会处理，其他一切费用自付。”像这种令人放心的良好条件，只要是周末赋闲在家的男孩都会踊跃参加的。一般来说，担心费用负担过多，是男性不想请女性郊游的原因之一，你的提议打消了他的顾虑，他自然会踊跃参加了。

2. “万绿丛中一点红”吸引法

使用这一方法，目的就是要引起男人的注意，只是需要掌握机会和技巧。比如，只要是有男性在那吞云吐雾、聊天的地方，你尽可以笑嘻嘻地走向他们，因为他们这时绝对不会在谈正经事，一定都是穷极无聊的话题。如果你在这个时候加入他们聊天的圈子，他们一定不会请你走开，而会搬张椅子请你坐下，这就是“一点红”的情形。一般来说，男人在这个时候会很欢迎女性的加入。在这之后，你可能成为他们经常邀请的玩伴，自然会引起那个“他”的注意。

3. 抓住瞬间机会让他注意你

当你正要和心仪的异性擦肩而过的时候，最好停下来，不要真的与他擦肩而过。事实上，往往是那种毫无准备的瞬间见面，才是在两人之间擦出火花的最佳时机。所以，你应该有这样的思想准备，随时准备利用这种瞬间的机会引起对方的注意。

4. 尽量制造两人单独相处的机会

譬如说你买了两张电影票，就可以对他说："我这儿有两张电影票，不知道你晚上是否有空？"如果他拒绝你，你尽可以将这两张电影票转卖，减少你的损失，或是先请好对方，再来买票。还有，如果你手边正好有两张远游的招待券，你就问他是否能够陪伴你前往。借着这种方法，你就可以大大方方地和他去约会、去展览会，或是去一些比赛场合。

5. 寄贺卡表达你的"诚意"

一张简洁的贺年卡、探望卡，相信无论是寄的人，还是收的人，都不会像是写信那样不好意思，而且收的人一定会对寄信人留有好印象，认为"她还不错嘛！还会寄贺年卡给我"。如果你是从旅行的地方寄旅游明信片，虽然他的家人不会太在意类似的卡片，但他一定会将你的心意埋藏在心底。在未彻底了解他内心想法的时候，就不要写内容过多的信，慢慢等他一段时间。

另外，如果知道他的生日，不妨给他寄张生日卡，表示你对他的关心，借着这种生日卡，也就等于阐明了你的心意。尽量找些借口，写些简单的明信片、贺年卡给他，这样以后见了面，他也会和你打招呼交谈。

6. 利用探病的机会表示你的关心

假如他正好患了流行性感冒，必须休息一个星期；或是盲肠开刀，正在住院；或是发生车祸，导致颈椎挫伤，你都要掌握时机，去探望他。

7. 制造“偶然”

如果你知道他经常去哪些商店买唱片、买书，那就更方便了。你可以先查查看他的兴趣和嗜好，然后装出和他兴趣相仿的样子，经常去他所进出的商店，那么你的机会相比之下就更多了。单是一两次进出他喜爱的场所是无法奏效的，你必须持之以恒地去他常去的商店，偶尔你也可以买些东西，表示你是这家店的常客，如此，机会可能会来到你身边。

女人吸引，男人追求，永远是最佳的情爱策略。只要采取正确的方式方法，即使你不说“我爱你”，他也会低下高傲的脑袋，向你投降。

女人的魅力在于神秘

男人到底喜欢什么样的女子？美女？淑女？才女？这些答案都不完全对。男人一般最喜欢的还是那种他们猜不透、拿不准的神秘“妖精”。而不少美貌、淑德、才气兼备的“白骨精”女孩，却纷纷沦为可怜的“剩女”。笨女孩再漂亮也是没有用的。

叮当就是这样一个女孩，走到街上的回头率都是80%以上，是很难得的美女。但奇怪的是，她的恋爱总是触礁。有一天她告诉朋友她又失恋了，让朋友陪她去咖啡厅坐坐。聊了很久之后才发现症结所在，她就是太实诚了，什么都跟男友讲，连过去的情史都一五一十地告诉男友。

这肯定是犯了恋爱的大忌，他对你的过去了如指掌，不仅会横挑鼻子竖挑眼，而且也会因为神秘感丧失而失去兴致。聪明的女人永远只说七成，留三成让对方揣摩与遐想。在一个时尚名媛俱乐部的活动里，在谈到男人都喜欢什么样的女人时，一个很有派头的中年老板冷不丁地扔出了6个字：“藏得住，摸不透。”顿时引来阵阵掌声。女人要想长久地吸引男人，靠的不是惊人的美貌，也不是温顺的性格，更不是非凡的才华，而是那种男人无法掌控的气息。她们深藏不露、飘忽不定、捉摸不透，却最能让男人魂牵梦绕乃至牵肠挂肚。

你越神秘，他越好奇；你越被动，他越主动。真要有一天，你在他面前一览无余了，他反倒摆出一副大功告成的样子，准备撤兵了。

那些聪明的女人最深谙的就是“花要半开，酒要半醉”的东方式唯美，而不是像无知女孩那样一味地展现“接天莲叶无穷碧，映日荷花别样红”的绚烂和艳丽。有的东西，太没有余地了就像是一眼见底的白开水，没有了可以期待的韵味，让男人失去了探险的兴致。

“珍藏版”女人会拉长男人的等待期

男人眼里的女人有两种：“享乐版”和“珍藏版”，只有当一个男人必须耐心等待才能得到一个女人时，才会视她如珍宝，才会花足够的时间去欣赏她。一旦在没有彻底了解你的内涵之前就已经让他俘获了你的身体，那么，他很可能把你划入了“享乐版”女人之中。要想成为男人心中那个“珍藏版”的女人，你大可不必用身体抓住他。如果你一开始就跟一个男人好，他就会寻思：“她只是没有拒绝我！”接下来，他还会挠着自己的头皮，捉摸你没有拒绝的男人究竟有多少。

男人是有占有欲的，他们乐于尝试别人不能轻易到达的高度。他们就像是库克船长和哥伦布的化身，希望探索的地方没有被别人涉足。男人用以判断你的事情只有一桩：究竟你要矜持多久，才会以身相许。

不妨设想这样一个场景：一个精力充沛的男人，正在观看电视里的超级杯比赛，现在的比分是 39 : 1。这种比分是不会让他激动无比的，对吗？但是，如果他观看的比赛进入了加时赛，即使他已经坐着看了 3 个小时，也是兴致勃勃，而一旦他支持的球队胜利了，他便开始狂呼："太棒了！太棒了！"这样的比赛，即使在10年以后，他也能一五一十地把当时的情况描绘出来，仿佛比赛就在昨天发生。

同样的道理，假如一个女人能够缓缓地把自己交出来，也会收到相同的效果。他会更加如饥似渴地盼望得到你。这听起来像是老生常谈，但请相信，这是专家们通过对无数男人研究得出的结论。

因此，从一开始你就要巧妙地与男友逐条谈判你们之间的关系。如果你很快就妥协了，就意味着你放弃了所有讨价还价的余地。你必须掌握自己的节奏，要确定这个男人是否就是你想要的那个人，既不要大步向前，也不要画地为牢。聪明的女人要懂得让男人"等一等"的技巧。

1. 适时称赞他

让他知道你在意他。例如，当他拥抱你的时候，抱紧他，闻他身上古龙香水的味道；或者告诉他，他看上去很帅。你应表示出你只是在等待时机，而不是一味地拒绝他。

2. 时常对他讲的笑话报以会心的笑

你应当让他把你既当成朋友，又当成情人。如果他喋喋不休地谈论自己，特别是他有一点点紧张的话，就是一个极佳的信号。因为如果他喜欢你，他就会竭力敞开他自己。

3. 活动最好安排在白天

如果你和他骑自行车去玩，那就是亮起红灯。但如果是在午夜时分，你们俩一边裹着毯子坐在壁炉前，一边拿着一杯葡萄酒，他会觉得你可能已经亮起了绿灯。

4. 适时给他温情的热吻

一定是在你出门的时候，或是在你不会逗留太久的地方。尽管你们可能在地上、床上、沙发上拥抱，但在你们单独相处的时候，不要让他的行动升级。

5. 约会后不要让他进你房间

在最初的外出约会时，分手的时候已经是深夜了，他可能想进你的房间。如果你断定他有所企图，一定要让他的告别行动在门口完成。

6. 显示出你是有情有义的女人

与他手拉手，或把你的头倚在他的肩膀上，这样会使他感到自己身上的男性魅力。你们看电影的时候，轻轻地触摸他的腿，但不要挑逗他——这只意味着两个膝盖靠近。

7. 可以当众亲热

这样做通常相当安全，因为他不能有进一步的动作。

8. 不要犹豫不决

即使你真的在徘徊，也不要表现出来。如果你尚未准备好做什么事，就不要给他制造做这种事的机会。

9. 别相信类似"我们只是搂抱"的话

即使你们相识已久，即使他是一个有非凡克制力的地道绅士，也要如此。你此番的目的，并不是戏弄他。

事实上，如果他真的喜欢你，即使他会巧妙地给你施加压力，但在他的内心深处，仍希望你让他再等一等。他希望你是"与众不同"的。他想给你留下优雅、冷静与潇洒的印象。他希望你能领会他讲的笑话，并认为他是风趣的。这时候，你需要做得很简单，让他追求你，别太轻易交出你自己。

不要把整个糖果店都给他

著名侦探小说家阿加莎·克里斯蒂曾说：人生最大的不幸就是得到了想要得到的。侦探推理小说同样适用于男女之间的爱情，男人喜欢征服的过程，太快俘获芳心会有食之无味的感觉，结果不是分道扬镳就是感情破裂。要想长久地留住一个男人，就要不断地给他制造征服的欲望，不要竹筒倒豆子似的一次把甜蜜全给了他，而要"一次只给一块糖吃"，不断地吸引他，你才能在通往男人内心的那条路上蜿蜒前进，不慌不忙地欣赏沿途的风景。

苏秦与一个叫孟煌奇的男人在网上相识至少有3个多月的时间了，颇有惺惺相惜之感。一天，孟煌奇和苏秦约好了见面。尽管内心激动不已，苏秦还是按捺住了内心的雀跃，细心准备着和孟煌奇见面时的穿着，是自己舒服别人看着也很舒服那种，且恰到好处地部分露出性感线条：一段漂亮的锁骨和脖子、线条匀称的小腿。

尽管苏秦和孟煌奇在网上已十分熟络，但她和孟煌奇见面交谈的开始，苏秦还是故意挑选了一些轻松的话题，适当的时候，她还主动丢出两三个小笑话，整个约会中至少有一两次他们同时笑起来。放松的孟煌奇，开始不断地向她谈起自己，紧张的心情让他有些语无伦次。她明白这个男人被自己吸引了，但她回应得并不激烈，只是向男人回以友好的微笑。男人为展示自己的经济实力，大谈炒股常胜的话题，滔滔不绝之势不减，她巧妙利用去洗手间的小事儿给他做了暂停。

在整个约会中，她大多都在倾听和微笑，她并不主动打探孟煌奇的私生活，也不谈起任何自己的感情经历和观念。虽然孟煌奇主动向她提起自己过去的情人和女友，她虽然听得认真，却不并随意发表看法。她的感情世界，就像一块蕴藏很深的宝藏，吸引着这个男人愿意花费更多心思去一步一步探索。

约会后，孟煌奇一直没有联系苏秦，苏秦虽然很想知道原因，却还是按捺住了自己的好奇心，没有主动联系孟煌奇。一个星期以后，孟煌奇打来电话约苏秦出去，当时苏秦正和朋友逛街，就婉言谢绝了，说等有时间再说。当天晚上12点，孟煌奇打来电话，苏秦看时间太晚，没有接听，第二天苏秦礼貌地回话给孟煌奇，说当时自己已经休息了，所以没有接听电话。此时，孟煌奇感觉到自己以后要尊重苏秦的时间，又感知到了苏秦对他的尊重与真诚。在第二次约会的时候，他非常注意把握好时间。在苏秦看到孟煌奇为自己付出的心力时，她知道，孟煌奇这个男人已经真心喜欢上自己了。

好东西慢慢给，面对你心仪的优质男，要懂得“一次只给一块糖”的慢性吸引准则，让他每一次发现都是新的，每一次感动都是头一遭。要让男人知道，你不是一张即撕即弃的便利贴，而是一家琳琅满目的糖果店。一次、两次、三次，你每次都会给男人新发现，一生让男人寻求探索不止。

女人的“十不”恋爱准则

许多女人在恋爱中是盲目的，她们总是盲目地迎合着恋人的品位，而做一些自己不擅长的事情，搞得自己满脸狼狈，到头来没有拴住男人，还丢了自己的真性情。而“十不”女人在谈恋爱的时候总是那么从容不迫，越是这样，男人对她越是着迷。

（1）她相信爱情，但从不迷信爱情，更不会沦为爱情的奴隶。

（2）她拥有自己的工作和生活，她不会做整天依附在他怀里的小宠物。

（3）她的性感和妩媚是由内而外散发出来的，她不会刻意靠穿着暴露或浓妆艳抹去吸引他。

（4）她对他的各种付出深表谢意，从不会索求无度。

（5）她相信自己的魅力无与伦比，从不跟别的女人争风吃醋。

（6）她很享受二人世界，从不杞人忧天，患得患失。

（7）她对他的表现有所不满的时候，会适当地表示沉默或选择离开，从不会靠眼泪来博取他的同情，更不会丧失风度地大喊大叫。

（8）她始终做自己情绪的主人，不会一天到晚被他的情绪左右。

（9）她深深懂得美好的爱情来自双方的付出和相互的回报，她不会傻傻地一味付出，然后再痴痴地等待他的回报。

（10）除了约会，她的行踪总是让他难以把握，她从不会靠电话和短信来“围剿”他，如此“心不在焉”反倒让他牵肠挂肚、难以自持。

肖复兴说过一句这样的话："认识这个世界，男人靠的是头脑，女人靠的是血液；投入这个世界，男人用的是思考，女人用的是生命；和这个世界相联系，男人凭的是意志，女人凭的是感觉。女人的美丽，美在柔美。"但是，在情感的世界里，过于感性往往是女人的天敌。聪明的女人，知道把感性融入理性，然后再感性地抒发。在恋爱中的女人，如果不想因为你的感性而埋没了爱情，不妨多一点理性，学学女人这"十不"恋爱准则吧！

让遗憾扎根在他心底

对于任何一个男人来说，初恋的女孩都是一辈子不能忘记的。不是因为她多么美丽，亦不是因为他们之间有山盟海誓的爱情，更不是因为这个女孩子改变了男人的一生，而是这个女孩子让男人懂得了怦然心动的美好，更让男人感到两个人曾经在爱情懵懂时期相遇、最终却没有在一起的凄美。这样的爱情，是多么令人回味！

因为遗憾已经深深植入男人的心中，在任何一个不经意的瞬间，男人回忆起来，或许已经记不起他和这个女孩当年经历了什么，但是这种经年遗憾，却永远也忘不掉，这种永生的错过，已经成为男人心中一道最美丽的风景。不是因为男人还在爱这个女孩，而是男人爱这种遗憾。

遗憾对于男人来说，在潜意识当中是一件很美丽的事。除了爱情以外，很多事情也是如此，不管事情是大是小，只要是遗憾都会在男人的心中留下一定的位置，这也可能是大男子主义思想作祟的缘故。男人有的时候也有"怨妇"的情结，某一件工作上的小事没有成功，也会在遇到知音之时喋喋不休地叙说，自己是如何错过这样的机会的，这个机会对自己是多么的重要，失去这个机会对自己来说有多大的损失。即使这件事情对男人的影响并不是很大，他们也会习惯性地认为这件事情使得自己失去颇多。

因此，对于一个女人来说，如果真的对自己心爱的男人千依百顺，凡事都顺着男人的想法，并且毫无回报地对这个男人奉献，到最后未必能够得到这个男人的真心。在男人的心中，永远都有一个终极目标，那就是自己想找一个什么样的女人终身为伴，其他的女人对自己再好也只是一种感激，而不是感情。所以很多人才会感悟到“失去了，才知道应该珍惜”，也有人感叹“只是当时已惘然”。

也有很多时候，你爱上了一个男子，但你却不是这个男子的爱人。你每天都在想着他，想方设法要得到这个男人，想得到这个男人对你的爱，于是你不顾一切地付出着。不管你怎样努力，在他的心中似乎你的位置已经很明确，只能是谈得来的“兄弟”，更进一步也不过就是“红颜知己”罢了。即使比友谊多、比爱情少的位置，也很难企及。终于有一天你下定决心，甩一甩手离开他，离开那个不懂得珍惜你的男人。之后，在远方，你告诉他你曾经是多么爱他，为他付出却不图回报。之后，你们成了两条平行线，你想永远不与他相交。终于，有一天，他忆起了你，想到你种种的好、种种的付出，是现在女朋友所没有的。于是，他千方百计地找到了你，表明了他也爱你的心意。这样的故事，听起来或许已经滥俗，但是不管怎样，他因失去了你而懂得了珍惜你，因为你的离开让他意识到你曾经的存在。

有时带给男人这样的遗憾是必要的，因为，你的默默无闻使他将你化为空气，而你的离开却让你赢得了重新获得的机会，至少在他的心里，你已存在。

睁开双眼谈恋爱

女人为情而生，为爱而死。情与爱，是一个女人最不可或缺的精神食粮，是女人生命的支柱。然而，恋爱中的女人容易盲目，以为付出了真心，就能获得他天长地久的爱恋。实际上，男人一旦习惯了你的顺服，就容易感到乏味和厌倦，自然也就失去了“怜香惜玉”的闲情雅致。

爱，一种崇高而无私的人类关怀，就像纯正的巧克力一样，含在口里，慢慢地溶化、消失，不带半点杂质，它芬芳、甜美，悄无声息地渗透到人心的最深处。它是令人感动的、艳羡的。

爱情于女人来说，是生命中最华美的篇章，“执子之手，与子偕老”，是女人心中最深的期待，恋爱中的女人常常为了一份心跳的感觉而倾心付出自己的所有，即使偶尔感觉到了一些不妥，也会一往情深地迁就他、包容他，直到有一天男人狠心地辜负了自己，才惊觉自己付出了所有的一切，却甚至连他的真心都从未真正拥有过。这样的人生，女人又岂能真正释怀呢，只会空留一世遗憾、懊悔或辛酸罢了。

女人应该睁开双眼谈恋爱，跟着感觉走只会在甜腻的爱情中越走越远，丧失自我。在选择爱情的另一半时，更应该擦亮双眼，看看对方是否值得你真心投入，如果答案是否定的，那么就应该立刻从这段感情中抽身而出，免得受到更大的伤害。千万不要被一时的甜蜜冲昏了头脑，那样只会让你后悔莫及。

有多少或悲或喜的爱情故事，就有多少痴心女子的情泪。女人本不该让自己沦为爱情的奴隶，任人摆布，盲目地爱着，最后只能以痛苦结束。自怜自伤的女人多么可悲，早知今日，为何不在这段感情产生之时就理智地看清可能的后果，果断地选择放弃。

一个出色的女人，她的爱是理智的爱，但不缺乏激情；她的爱是执着的爱，但不做情感的俘虏。睁开双眼谈恋爱，找一个值得的人付出，才不会在情路上迷失自我，才能爱得自尊、甜蜜和潇洒。

放下猜忌才能看到阳光

英国诗人纪伯伦曾说：“恋爱和疑忌是永不交谈的。”用在婚姻上，也同样如此。猜疑是幸福婚姻的大忌，是扼杀婚姻的幽灵。疑人不嫁，嫁人不疑，既是对婚姻充满自信的表现，也是夫妻双方平等相待的表现。信任是婚姻大厦的基石，倘若彼此丧失了信任感，充满了猜测和怀疑，恐怕总有一天会走到婚姻破碎的地步。

100多年前，拿破仑三世，即巨人拿破仑的侄子，爱上了全欧洲最美丽的女人——特巴女伯爵马利亚·尤琴，并且和她结了婚。他们拥有财富、健康、权力、名声、爱情、尊敬。他的爱情从未像这一次燃烧得这么旺盛、狂热。

不过，这样的圣火很快就变得摇曳不定，热度也冷却了，只剩下灰烬。拿破仑三世可以使尤琴成为一位皇后，但不论是他爱的力量也好，帝王的权力也好，都无法阻止这位法兰西女人的猜疑和嫉妒。

她具有强烈的嫉妒心理，竟然藐视他的命令，甚至不给他一点私人的时间。当他处理国家大事的时候，她竟然冲入他的办公室；当他讨论最重要的事务时，她却干扰不休。她不让他单独一个人坐在办公室里，总是担心他会跟其他女人亲热。她常常跑到她姐姐那里，数落他的不好。她会不顾一切地冲进他的书房，不停地大声辱骂他。拿破仑三世虽然身为法国皇帝，拥有十几处华丽的皇宫，却找不到一个安静的地方。

尤琴这么做，能够得到什么呢？

莱哈特的巨著《拿破仑三世与尤琴：一个帝国的悲喜剧》中这样写道：“于是，拿破仑三世常常在夜间，从一处小侧门溜出去，头上的软帽盖着眼睛，在他的一位亲信陪同之下，去找一位等待着他的美丽女子，再不然就出去看看巴黎这座古城，放松一下自己经常受压抑的心情。”

的确，尤琴是坐在法国皇后的宝座上，也是世界上最美丽的女人。但在猜疑和嫉妒的毒害之下，她的尊贵和美丽，并不能保住她那甜蜜的爱情。

人们常说，恋爱中的人，智商趋近于零。恋人中最为常见的两种表现是嫉妒和猜忌过重，这两种心态，不仅影响爱情的顺利发展，还会直接损害一个人的自我形象，是有损于爱情生活的。因此，每一个处于恋爱中的人，都要警惕这两只咬噬爱情之树的蛀虫。

生活中一些事情常常是物极必反的：你越是想得到他的爱，越要他时时刻刻不与你分离，他越会远离你，背弃爱情。你想多大幅度地拉他向左，他则多大幅度地向右荡去。

爱人时常需要从捆在他脖子上的爱的锁链里挣脱出来。我们应当自信，真正的爱是可以超越时间、空间的。因此，作为婚姻的双方，要留给彼此一定的距离。这距离不仅仅包含空间的尺度，还包含心灵的尺度。保留你自己独特的性格，不要与他如影随形；留下你自己内心的隐私，不要让他感到你是曝光后苍白的底片；留下一份意味深长与朦胧的神秘……不要试图挽留他离去的脚步，不要幻想他的目光永远专注于你，一切都应是自然形成的，在你与他之间留下一段距离，让彼此都能够自由呼吸。

要爱情，更要爱自己

社会的不断发展，女性的社会地位也随之得到了进一步的提高，有许多女性甚至成了社会的佼佼者，成了支撑半边天的重要人物。这时，夫妻之间的相互依赖、相互支撑、相互帮助是夫妻关系和谐的象征。但仍有不少女性，将男人作为她可依可攀的树，作为她生活的全部。一旦身边没有男人，她便会无精打采；一旦话题离开男人，她就觉得索然无味。女人把丈夫当成自己的全部，爱的天平就会发生倾斜，这种倾斜会影响夫妻感情的正常发展，同时对女人危害甚深。

女性长期痛苦的另一个重要因素，就是让男性来决定其自身的价值。女性把丈夫当成自己的全部，完全依赖于男性，也会给男性带来沉重的压力，对他的工作、生活都是非常不利的。时间久了，婚姻的质量必然会受到影响。把丈夫或者孩子看成自己唯一的依靠的女性，会对他们付出自己全部的爱。有的时候这份爱便成了一种束缚，甚至让对方感到窒息。而付出爱的女性却因为没有看到回报的爱，变得更加偏执。她们实际上忘了先爱自己。怎样摆脱依赖，给自己一点爱，你可以这样做：

第一，要从思想上认识到过分依赖的危害，努力培养自己遇事多动脑的习惯。凡是拿不准的事情，自己要反复思考后，拿出解决问题的初步方案与丈夫商量，久而久之，就会积累些经验，为日后自己单独处理好问题奠定基础。

第二，要培养自己的自信心和独立意识。要明白过分依赖不是在加深或巩固丈夫对自己的爱情，而是在削弱自己在丈夫面前的吸引力，是在摧毁爱情。同时要加强自身修养，培养良好的生活习惯。

第三，要有勇气按照自己的愿望、意志行事，不要总是违心地讨好丈夫，而失去自我。遇事要有主张，而不是看丈夫的眼色行事。要知道，生活的真正实质在于独立，只有独立才会受到别人（包括丈夫）的尊敬。那些敢于独立思考、独立行事，并获得成功的人，才是最令人钦佩的。

给自己一点爱，就是多听听自己的心声，不要一味地遵从丈夫的意见。虽然你们因为神圣的婚姻结合在一起，但请记住你们仍然还是两个个体，各自都需要发展。完全依赖对方，失去了自我，对你的婚姻并没有好处。相反，你会成为对方的累赘，让他不厌其烦。所以，不如多多关注自己，与他构建更平等的婚姻关系。就像战友一样，平等、互相帮扶，共同对抗漫长岁月对感情的侵蚀。

爱情，不仅仅是一件华丽的外衣

现实中，女人在判断一个男人是否真心爱自己时，往往是看对方愿意为自己付出多少，牺牲到什么程度，事实上，爱情不是女人想象中的一件华丽的外衣，也不是男人的独角戏，而是两个人的互相付出。

爱情是一幅多彩的画，需要男女双方都付出自己的精力，去构思它、描绘它，只有这样才能看到它亮丽的真心。每个人在爱的旅程上，注定要体会一些快乐与折磨。一份美好的爱情，不仅是浪漫的，更是让人感动的，它能让人学会如何去真心付出。

很久很久以前，有个书生和未婚妻一起约好在某年某月某日结婚。然而到了那一天，他深爱的未婚妻却要嫁给另外一个人。这对书生来说，简直就是晴天霹雳。受到这个沉重的打击后，书生便一病不起。一家人看着他整日萎靡不振，便用尽各种办法去帮他，结果都是徒劳。

眼看他已经奄奄一息的时候，恰好一个游方的僧人路过，闻讯便决定帮他指点一下迷津。僧人看到躺在床上的书生，忍不住叹了口气。他走到书生的床前，从怀里掏出一面破旧的铜镜让书生看。这时候铜镜里出现了一个画面，茫茫的一片大海，一名遇害的女子一丝不挂地躺在海滩上。路过一个人，看了一眼，然后摇摇头，走了。接下来有一个秀才般模样的人路过，看到后便将自己的衣服脱下，盖在了女尸的身上，走了。接着又来了一个人，看到后连忙挖个坑，小心翼翼地把尸体掩埋了。

看完后书生煞是疑惑，而顷刻间画面又切换到了另一场景。书生惊讶地坐了起来，因为他看到了自己的未婚妻。洞房里红红的蜡烛，未婚妻正被她丈夫掀起盖头。

书生不明所以，用微弱的声音问道：“这是何意啊？”僧人解释道：“海滩上的那具女尸，就是你未婚妻的前世。而你就是第二个路过的人，那时你只舍得给她一件衣服。那么，她今生注定只是和你相恋。而她现在的丈夫却是第三个路过的人，他付出了更多。所以，他们今生注定要携手一生。你前世吝于付出更多，今生又怎么能换得她的真心呢？”

爱情路上注定有很多磨难，也许你只是暗恋着他，也许你们感情正有危机，也许你认为情况不会再有好转而有所懈怠、有所退缩。那么，在你那颗跳动的心火逐渐熄灭之时，你是否想过自己到底舍得为之付出多少真心吗？你是否真的认为要换得他的真心，只是等待就可以了？

爱情之所以为爱情，正是因为双方有爱又有情，而爱与情的体现就必须是你舍得将自己的真情付给对方！因为只有这样，你才会看到他的真情，才会拥有真正的爱情！

有付出才有收获，这个道理同样适用于爱情中。爱情是苗圃中盛开的花朵，需要你舍得用自己的爱心去呵护它、灌溉它，只有这样才能看到它娇艳的真心。爱情是一首美妙的诗，需要你舍得去体验生活，去丰富它、美化它，只有这样才能看到它感人的真心。

美国第32任总统富兰克林·德拉诺·罗斯福的妻子——安娜·埃莉诺·罗斯福是一位不同寻常的第一夫人，她不是以传统的白宫女主人的形象，而是作为杰出的社会活动家、政治家、外交家和作家被载入历史史册的。埃莉诺·罗斯福之所以取得这么大的成就，其关键因素之一是她与富兰克林·德拉诺·罗斯福的婚姻关系。

她是女性主义者，亦大力提倡保护人权。她做了12年的第一夫人，创了美国历史之最。埃莉诺·罗斯福是一位不平凡的第一夫人，她的政治和社会活动、独立意识、公开讲话及作家生涯都是其他第一夫人无法相比的（甚至在美国20世纪的妇女中都找不到与她相媲美的人）。

自从1905年与富兰克林结为夫妻后，埃莉诺就与政治结下了不解之缘。在富兰克林逐渐向政治权力巅峰努力期间，她对政治也产生了兴趣，并开始参与政治活动。对此，埃莉诺说："我总是从我应该做些什么这个角度来考虑一切事情，而很少根据我的个人愿望。因此，我对政治产生了兴趣。妻子的义务就是要与她丈夫的兴趣爱好保持一致，不管丈夫喜欢的是政治、书籍或某一种菜肴。"因此，作为一名政治家的妻子，埃莉诺全力支持丈夫的一切活动。

天有不测风云，富兰克林在1921年患上了脊髓炎，并一度陷入了绝望。她知道，唯一能让丈夫振作起来的办法就是让他继续留在政坛，于是，她改变自己的生活方式，充当罗斯福护理人的同时，还做他政治上的代言人。

1924年，埃莉诺作为民主党妇女部的负责人参加了艾尔弗雷德·史密斯竞选纽约州州长的活动。她在竞选中表现出来的组织和管理才能给职业政治家们留下了极为深刻的印象，以至于史密斯想借助她的力量为1928年总统竞选助选。这一系列活动的结果，使埃莉诺在丈夫接受民主党纽约州州长提名时，比她丈夫在民主党内更有影响力。

对这一段经历，埃莉诺后来回忆说："我丈夫的疾病迫使我最终要自力更生，这个病使我对于他的、我的和孩子们的生活态度发生了变化。"埃莉诺把1921年到1922年间的那个冬季描绘为对她生命的最严重的考验，她经受住了考验，并逐渐成为政坛上的一颗新星。

在1940年的总统竞选中，富兰克林参加了第三届总统竞选，但是许多代表反对他挑选的竞选伙伴亨利·华莱士。由于种种原因，富兰克林未能亲自去会场向代表们做说服工作，埃莉诺就被请去代表他讲话，总统候选人的妻子在全国代表大会上发表讲话，这在历史上还是第一次。

埃莉诺在会上说："你们不能把这次提名看成平常时期的平常提名。今天，美国人民必须意识到我们正在面临着一个极其严峻的局势。未来的四年对总统来说将是困难的，因此他需要一个他所信赖的，能协助他工作的人。这个人就是华莱士。"

埃莉诺的讲话扭转了大会的局势，最后华莱士获得了提名。埃莉诺在富兰克林的第三次竞选中发挥了关键性的作用，甚至有人认为，如果没有埃莉诺的帮助，富兰克林能否打破美国175年的历史传统还另当别论。埃莉诺为了爱情，甚至代替丈夫参加各种会议和政治活动，这就是她爱丈夫的方式。

真正的爱情，并不在于花前月下的卿卿我我、山盟海誓，也不在情人节时手握的一束玫瑰花，更多的在于褪去浪漫的外衣后，在平淡的日常生活中，你能否时刻为对方着想，付出你的真心。

有的女人在爱情中总是处于被动，不舍得付出一丁点儿的真心，生怕得不偿失，而只是一味地接受。这样吝于流露真心并不去做一点儿努力，只会造成对方长期单方面的付出。长此以往，不管你们的爱情之花开得多么灿烂，总有一天也会枯萎。当他对你的真心付出不抱任何希望时，就会放弃自己没有回报的付出！你不舍得付出真心，你的爱情就注定不会长久，总有一天会走到尽头。

真正的爱情是两颗心的相互碰撞，是两颗心的给予和收获。真正处于爱情中的男人和女人都是期待回报的，对对方的付出不加珍惜，不思回报的人，是不值得对方深爱的。期待着爱人的爱，也回报爱人的爱，这样做并不是否认爱情，而是爱情进程中的必然。

每一位在爱情围墙里的女人都应该知道，要想抓住对方的真心，就请舍得付出、勇敢付出。永远不要计较对方能为你付出多少，更永远不要吝于付出你的真心！切记：爱，不是被爱也不是等待，爱是舍得把自己交出去，然后才能得到更多。

宁愿此爱，淡如绿茶

我们都想要自己的爱情轰轰烈烈，刻骨铭心；希望和相爱的人相濡以沫，幸福终老；我们想把朝朝暮暮当作天长地久，把缱绻一时当作共度一生。既是轰轰烈烈，也具有毁灭性的一面；有时像燃烧的火炬，再激烈再疯狂，过后都会归于平淡。

我们都曾为爱痴狂，可是幸福是易碎的水晶，当爱情遭遇生命的代价，我们是否还能够一生牵手看过细水长流？爱，有时像春雨，润物细无声，等你觉醒，它已根深叶茂。我们情愿爱是一杯淡淡的绿茶，品味过后，余香饶舌，缠绕心头，便已足够。

我们不要乞求爱情的热烈，因为爱得越热烈，很可能走得越急，消失得越快。往往是一种淡淡的想念，一种淡淡的爱情，一种若有若无的感觉，更能让爱情长久。

他们刚刚开始交往的时候，总是保持着一种淡淡的感觉，没有年轻恋人们特有的热烈。尽管她是一位小有名气的舞蹈演员，收获着无数的掌声与鲜花；虽然他已经成为一个年轻有为的大学教师。

他们的爱情不张扬，不炫耀。他去单位接她，从不把耀眼的名车停在单位门口，而是人站在门口，车放在一个不惹眼的地方，然后牵着她的手走一段，再送她回家。

她住的那条街的路灯坏了，一个人走着害怕。他每次都是下车来，陪她走过这一段，然后送到家门口，因为她说她喜欢两个人牵手走这条幽静的小径。

有一天，刚到街口的时候，他们眼前一片混乱，原来是一辆运送建筑材料的货车不慎翻倒，棱角分明的小石头散了一地。他看了一眼她的脚，然后一下子就将她抱了起来。等她定下神，已到了街的对面。

她抬起头，用从未有过的认真凝视着他。“见你穿着布鞋，怕石头扎坏了你的脚，这样你就没法跳舞了！”放下她的时候，他挠着头，有些不好意思地说。她的脸上也满是羞涩，她在心里对自己默念，今生我一定要嫁给他。

时间久了，她觉得自己的爱情好像没了感觉，淡得如茶一般，没有了多大滋味。她开始怀疑这是不是自己想要的爱情。虽然他依旧像以前一样待她好，但她却感觉这样的爱情似乎少了点激情。

她几乎每天晚上都有演出，他也依然天天不知疲惫地去接她。只是现在他可以和她一起回家，他已经被家人认可了。到家之后，他总是让她先坐在沙发上休息一会儿，再去打来洗脚水，然后蹲下身子，认真地为她洗脚。她低着头幸福地盯着他那头浓密的黑发，心想："嫁给这样的男人，我应该会幸福吧！"

一年的光阴悄悄地滑过。在一次训练中，她不慎弄伤了脚，只得含泪放弃心中的那个舞台。

没有了台上的光环，也没有观众的掌声和鲜花，她有些失落。幸好还有他给予的一份淡淡的爱，她心里才不至于绝望。

他没有说什么安慰的语言，只是要她嫁给他。可真正到了下决心把自己嫁出去的时候，她有点犹豫了。这样的男人真的能给自己幸福吗？况且自己的事业又陷入了低谷。她说自己最近情绪不高，想去旅行，旅行回来再告诉他自己的决定。

他送她登机，依然没有所谓的甜言蜜语，她也是礼貌地道别，但心里却充满了落寞。也许这个男人真的不懂自己。下了飞机，原本是阳春三月的季节却突然飘起了雪花。怎么办？没带棉衣。

先去酒店再说，不行先去买件厚衣服。到了房间，打开行李才发现，那件自己最喜欢的外套安静地躺在那里，心中一阵温暖。

穿上衣服，手习惯地放到口袋里，却又摸出一个纸袋。打开一看是一叠钱和一个纸条。纸条上写着："亲爱的，我查了当地的天气有雪，怕你不信，就偷偷地把棉衣塞到行李箱里，这些钱数目不多，只是希望你用钱买一张回来的机票，我在等你。"

看到这里，她泪如泉涌，没想到最爱的人就在自己身边，这种淡淡的爱情却是最贴心、最温暖人心的。第二天，她就买了一张返程机票，然后他们举行了结婚仪式。

婚后的他们，依然过着平淡的日子，他们的爱情依然是不浓不烈，淡淡的。她自己旅行完全忽视的细节，却被他洞察。可见这个男子在这段感情里有多么用心，虽然他没有为她做出多大的牺牲，也没有豪言壮语，但她依然选择了他。因为她愿意此生拥有平淡如茶的爱，只要是他给的。

生活中，爱情也许是激扬的舞蹈，也许是缤纷的彩虹；爱的世界可能开满鲜花；爱人之间海誓山盟，柔情蜜意，一日不见如隔三秋。其实也有一种爱情像花香一样，越是清淡，越能长久。

如果要爱，不如就淡一点的好，不要束缚，不要缠绕，不要占有，如清风拂水面；不黏不滞，如细雨微扬，清清爽爽；就让爱如绿茶，清清淡淡，却永远沁人心扉。

爱人之间最美的距离

男女双方交往，热恋的时候恨不得两个人天天黏在一起不要分开，可是交往是一个长期的过程，如果每天都是一样的模式，迟早有人会心生倦意，感情会出问题。所以双方拥有独立的空间很重要。

《论语》中说："事君数，斯辱矣；朋友数，斯疏矣。"意思是说，如果你整天跟在国君（领导）旁边，虽然表示亲近，但离自己招致羞辱就不远了。婚姻中更是如此，如果你天天黏着爱人，他去哪儿你跟到哪儿，他打个电话你查问是谁，他花钱就要向你报账，那么你们的感情早晚也会因距离太近产生"审美疲劳"。

燕子是某大学的美学专业研究生，天生浪漫的她遇到一个体贴细腻的男友。男友大可是一个报社的记者，平时对燕子也是呵护有加。热恋时，大可每天都打电话，下班就赶往学校找燕子，陪她吃了饭再返回住处。

前不久，两人见了双方家长，并顺应家人的意思订了婚。眼看燕子六月份就要毕业，大可工作又忙，就让燕子搬了过来，两人 正式过上了小夫妻的生活。

燕子的毕业论文早已准备好，学校也不再上课，她就一直在他们的小家守着，每天等着大可下班回来。自从认识了大可，燕子几乎与以前的朋友都断了联系，心中只有大可一人。时间久了，她觉得特别无聊，就老想着让大可陪她。

可大可工作实在太忙了，就算不忙也不能总待在家什么都不做吧！燕子见大可一心只顾工作顾不自己，她想不如去报社找他，反正自己又没事，这样不仅能看到心爱的人，还不影响他的工作。

这天，大可刚进单位，她就跟着进了他的办公室。大可看到问："你怎么来了？""我来看看你，看看你工作的环境。"大可只好安排她坐下，看到大可忙碌的样子，燕子坐不住了，赶紧过去说："有什么需要的，我可以帮你。"大可无奈地摇了摇头说："不用，你坐着就好。"

午饭时间到了，同事都还没离开，燕子就说："大可，你陪我去吃麦当劳好不好？""我们公司附近没有。"大可说。"不嘛，我就要吃，你就带我去远一点的地方吃。"燕子当众撒起娇来了，同事们都在偷偷笑。

大可无奈之下，只好带燕子出去找麦当劳。吃完饭，大可说下午要外出采访，让燕子先回家，当燕子听说与大可一同去采访的还有一个女记者，说什么也不愿意回家，非要跟着一起去。

大可只好又任其跟在身后，采访进展不太顺利，一直到晚上。燕子在旁边不停催促大可回家，大可想发火又忍下了。

第二天一大早，燕子又收拾停当准备跟着大可去上班。大可这次可生气了，坚决不让燕子到自己单位去。燕子很委屈，觉得自己又没有影响他的工作，凭什么不让去。难道他跟某位女同事之间有什么事？

燕子一想到这里，就越发怀疑，开始跟大可闹起来。大可觉得她不可理喻，就直接走了。这下，燕子人是不去报社了，却偷偷在报社门口的一个咖啡店坐着，一边看大可有没有外出，一边电话打个不停，一会说家里的电视看不清了，一会儿说让大可带饭回来，一会儿问大可在跟谁一起工作……总之，她总能找到理由打电话。

一天下来，大可净是接电话了，根本没有心思写稿子，工作没能及时完成，还被领导批评了，心里特别窝火。大可回到家，燕子倒是做好了饭，忙让大可先洗手，却趁机翻看大可的电话，查看有没有除了自己以外的电话，如果有就一定要问清楚是谁打的。

开始大可还不以为然，随便应付几句，心想只要她不去单位就行。可时间一长，燕子处处控制自己，不是打电话就是跟踪。大可向燕子提出分开一段时间，燕子这下才傻眼了。

但是大可已经提出这样的要求，燕子心想不如就先搬回学校，冷静一下也好。

燕子回到学校正好开始准备毕业答辩，她忙碌起来，和同学一起照毕业照，积极参加招聘会，考虑就业的问题。当然，大可也会打电话给她，她也会发信息给大可，周末两人还会一起约会、出去吃饭。

一个多月的时间过去了，两人都感觉他们又回到恋爱初期的美好。他们明白了，距离太近会产生审美疲劳，感情再好也不能天天黏在一起。

燕子要离校了，签到一个高中做教师。大可又把她接了回来，还问燕子要不要跟他去报社，燕子不好意思地说："我不去，我有自己的工作要做。"

两人又和好如初，白天各忙各的工作，保持着各自的生活空间，下班后一起享受二人世界。

爱情中的两个人，不要一个把另一个完全"吃掉"，或者说完全覆盖。两个人要有交叉，不能是同心圆，因为同心圆要么是互相重叠，要么是一个把另一个完全包容。一个人若把另外一个人完全覆盖，就没有了神秘感，不值得探究了。而人是有好奇心的，所以要有各自的空间，拥有这些自由的空间才不至于让爱窒息。

一位哲人谈爱情时曾说过这样的话："近了，会厌倦；远了，会陌生。不要走近我，也不要离我远去……"禅宗上非常推崇的一个境界，叫作"花未全开月未圆"。花一旦全开，马上就要凋谢了；月一旦全圆，马上就要缺损了。而未全开，未全圆，仍使你的内心有所期待，有所憧憬。

做一个
聪明、淡定、快乐的女人

下册

宿春礼 编著

哈爾濱工業大學出版社
HARBIN INSTITUTE OF TECHNOLOGY PRESS

爱不是完全依赖，爱也要独立

现实生活中，我们常常听到某个女孩伤心地说："男朋友要和我分手，我觉得自己的精神支柱突然倒塌了，我找不到自己，无所依靠，整天如行尸走肉般痛苦至极。"这样的女孩就患了情感依赖症。我们的爱情不要完全依赖对方，爱要独立，才能长久。

当一个女人把自己的男人描述成精神支柱的时候，那个女人就已经成为该男人的情感寄生虫。如果某一天，那个男人将她从自己身上剥离的时候，女人便会觉得自己没有了依靠，因无所依附而迷失、消沉，这个女人将不知所措！

通常情况下，有了爱情的女人，往往放弃了曾经的社交圈，把所有情感和快乐都寄托在一个男人身上，处处以他为主，完全没有自我，时间一长，就会陷入一种焦虑不安的情绪中。对于被依赖的人来说，常常会有不堪重负的感觉。这种情况如果发生在婚姻生活中，对两个人的感情会产生负面影响。

达南在大学毕业前夕，爱上了一个比他小3岁的大一女孩。那是一个身材小巧玲珑，性格内向温和，看起来比较腼腆的女孩。都要毕业离校了，朋友们都笑他是"黄昏恋"，还说他也算幸运，找了一个如此温柔的女朋友。达南自己心里对这个女孩也是比较满意的，她符合自己对未来另一半的所有的要求，长发飘飘，温柔似水，小鸟依人。

毕业了，达南的父母在老家为他安排了一份稳定的工作，但女朋友还在学校，他不能离开。为了爱情，他拒绝了家人的好意，执意留了下来。得知儿子为了一个女孩而放弃了那么好的工作，达南的父母并不接受他们的爱情，坚决反对他们的交往。

然而，达南是铁了心要和女友在一起，他冒着脱离父子关系的危险，义无反顾地留了下来。当达南决定留下时，女孩很感动，就从学校搬出来，和他生活在一起。

平时，女孩如果不去学校上课，就在他们租住的小屋里收拾家务，洗衣做饭，然后等达南下班。这样的日子，不紧不慢地过了6年。

6年的时间，任何一个人都可以做很多事情，尤其是二十来岁如此美好的年华。6年的时间足以让一个人奠定事业的基础，至少也可以找一份自己喜欢的工作，就算工作不顺心，也能跳几次槽，哪怕学习一些专业知识，也可以为自己的就业拓宽方向。然而，这个女孩只做了一件事，那就是一直守候在达南的身旁。

刚毕业时，她也找过工作，但由于在校时专业课学得不太好，找了一段时间没有合适的，也就不了了之。接着，达南建议她进入一个学习班，学习电脑技术，学了几天她就不去了，她说她自己对电脑不感兴趣，根本学不进去。

之后，达南的职位得以晋升，被调到另一个城市工作，她马上一同前往。这时，达南又建议她去考个会计证，她说平生最讨厌的就是数字了，她不想做什么女强人，只想留在他的身边，做他心爱的小女人，每天看着他早上出去工作，等着他晚上回家吃饭、睡觉。

大学同学听说那个女孩一直跟着他，都羡慕他找对了人，此生有一个如此贤淑的贤内助是多么幸福，如今的女孩可是大多不愿做家庭主妇的。达南只是苦笑了一下，谁又能了解他心中的苦闷。

几年过去了，他们早已享受完恋爱的激情，如今剩下的只有工作的压力和现实的疲惫。两个人生活上的开销还有这份情感上的负担让他越来越想逃避。

她一直静静守候，他一直努力承受。家人始终不同意他们的婚事，而且要买房还需要来自父母的支持，可达南的这些压力只能独自承受。就算结婚了，他一个人以后要支撑一家的生活，只会更辛苦。

所有这一切，达南想想都恐怖。6年后的某一天，他实在承受不了现实的压力和父母的压力，向她提出了分手。

她怎么也不相信，交往了6年的这个男人会突然提出分手，这个消息对她来说简直是五雷轰顶。她追问他为什么？他说：“太累了，放开我吧！”

女孩看到达南绝望的表情，知道他们的情感再也无法挽回，于是，一个人离开了。但她没有去找工作，也没有回家。自己毕业这么多年，一直没有工作，感情也弄丢了。她觉得自己实在是走投无路了，选择了跳河自杀。

后来，她被人救起，但在这个城市她只有达南一个熟人。于是，电话又打给他。

他去见了她，又帮她付了住院费。

但女孩醒来后，却完全像个陌生人。她与达南翻脸，要求达南做出赔偿。她说自己跟了他这么多年，为他付出了整个青春，必须得到“青春损失费”。否则，她会找他的公司，让他臭名远扬，让大家都知道他是一个忘恩负义的小人。

达南都不敢想象，曾经那个温顺如小绵羊般的女孩怎么能说出如此疯狂的话。他现在真不知道拿她怎么办了。付出6年的青春，没有独立的思想，没有独立的工作，也没有独立的情感，一个女人把所有的希望都寄托在一个男人身上，而忘记了自我。结果她得到的只是一些空白的回忆，以及一个虚度青春后的自己。

当初温柔似水的女孩向一个曾经相爱的人讨要“青春损失费”，也许是她曾经对爱情寄予了全部的希望。其实，浪费她青春的是她本人，而不是别人。如果她开始不那么依赖身边这个男人，努力撑起自己头上的那片天空，如今也不会沦落至此。

在爱情中，当我们把自己完全交付给一个人，在生活和情感上完全依赖一个人，有一天，如果这个枷锁太重，你的爱成了他的恨，他会毫不犹豫地砍断枷锁。其实，距离和独立是一种对人格的尊重，这种尊重即使在最亲近的人之间也必不可少。

爱人之间留一点分寸，留一点余地，才会海阔天空。

因此，作为婚姻的一方，请留给对方一些空间，这些空间不仅包含现实中的距离，同样包含心灵上的独立：留下你自己独立的空间，不要与他如影随形，以免让人心生厌倦；留下自己内心的隐私，给他一份意味深长与朦胧的神秘……不要试图挽留他离去的脚步，不要幻想他的目光永远专注于你，一切都应是自然形成的。在你们之间留下一段距离，让彼此能够自由呼吸。

最浪漫的事，就是一起慢慢变老

恋爱中的男女总是在不断追求浪漫的最高形式，为了博得美人一笑，人们通过各种各样的方式来表达爱情，鲜花礼物是常用的道具，有人当众表白，有人写浪漫情书……事实上，爱情中最浪漫的不过是一生牵手，走过人生的风风雨雨，顺境时共享甜美生活，逆境时共同承担，相互扶持。

正如一首歌中唱道："我能想到最浪漫的事，就是和你一起慢慢变老，一路上收藏点点滴滴的欢笑，留到以后坐着摇椅慢慢聊……"试想一下如此美好的场景：多年以后，当岁月幻化风霜雨露，唯有白头携手相伴远行，我们依然手牵着手，一起走过风雨。

春暖花开的季节，某城市举办一场"牵手一生美好婚姻庆典"活动，许多人给予支持并踊跃参与。活动现场到处是幸福的笑脸，整个氛围都洋溢着甜蜜，现场100对夫妇参与，参与者要宣誓牵手一生，永远不离不弃。

当天上午，"新人"们在庄严的婚礼进行曲中手挽着手，踏上红地毯、穿过幸福门时，礼花四起，掌声雷动，百对夫妻幸福相拥……夫妻首先放飞梦想气球，然后是共栽"同心树"，接下来是宣读誓言，最后是真情倾诉。整个场面很是感人。

尤其是在真情倾诉环节中，参与者纷纷表达对爱人的真诚感谢。57岁的艾先生因腿脚不便拄着拐杖，妻子则一路搀扶着他。他在台上深情地对妻子说："你就是我最大的幸福，如果没有你，就没有现在的我。”

8年前，艾先生因骑摩托车发生事故，左边身体受伤，左边身体体温比右边身体低，左手要比右手凉。这些年来，妻子专心照料毫无怨言。如今他们结婚已有30年，育有两子，家庭和睦，生活幸福。

听完两人的故事，台下欢声一片。夫妻俩紧扣双手，妻子深情地望着丈夫微笑着说：“假如是我们来做‘凭手认人’的游戏的话，我们一定是第一个找到对方的，我们只要一触到手就会知道‘就是你’！”

在这次活动中，还有一对婚龄长达60年的老夫妇相互搀扶着走上了礼台。老夫妇伴着音乐走到台前，布满岁月痕迹的脸庞洋溢着幸福的笑容。台上贺老介绍：“我们是童年由父母做主，媒人做媒订下了娃娃亲。17岁按旧习俗结婚，婚前互不认识，是先结婚后相爱。”老人爽朗的开场白顿时引起台下阵阵掌声。

这时有观众向老人提出他们的爱情会不会有浪漫的事情。老人微笑着说：“浪漫是年轻人的事情，我们的浪漫早就融入了生活的琐碎小事之中。如果非要找最浪漫的事，恐怕就是我们携手走了60年，慢慢变老，直到走完余生这件事了。”

岁月留痕，真爱不老，老夫妇相互搀扶着走下台时，现场迸发的掌声经久不息。

诚然，正如老人所说：婚姻中再浪漫的事，也抵不过两个人牵手慢慢到老，直到走完人生。古人云：“死生契阔，与子成说；执子之手，与子偕老。”相爱的两个人，无论生死都要在一起，这是当初早已说好的约定。今生拉着他的手永结美好，与他永不分离白头到老。再也没有比这更温暖、更美好的了。

相爱的人一路相伴，当你成功时，他不肯锦上添花；当你失落时蓦然回首，却发现他的呵护从未远离。爱情就是有一个人，在漫漫人生路上，无论何时何地，一路上都会紧紧地牵着你的手。

她从小娇生惯养，很少做家务。结婚后，他总是抢着做饭，收拾屋子。但每次去公婆家，她总得表现一下，难免会有些笨手笨脚的，不是菜炒咸了，就是油放少了。

看着婆婆皱起眉头、难以下咽的样子，她更加手足无措。这时，他总是把她烧的菜端到自己这边，狼吞虎咽，吃得干干净净。

她业余喜欢写东西，几年下来，文章发表在全国各地的杂志上。有人开始找她约稿，她接着又出了几本书，甚至有了很多的“粉丝”，稿费更是越来越多。她有些得意，但他却不多夸一句。

有一段时间，她的文思枯竭了，写不出东西的她整日郁闷。他却建议她去旅行，并跑去给她报名，让她去看海，去散心。

她犹豫着说：“万一我以后再也写不出好作品呢？”

他拥她入怀，轻轻地说：“傻瓜，我不管你能不能写出作品，发表了多少，挣多少钱，而只想你做我最快乐的妻子。”

她从小体弱，特别怕冷，一到冬天，他就会早早地准备好热水袋，这样，每天无论多晚休息，被子里总是热乎乎的。

她特别喜欢雨，下雨了，她总会心血来潮地跑去淋雨。他也追了出去，陪着她一起，在雨天里，边走边唱。

在相爱之人的心里，他们不离不弃。也许不能相伴看透世间风景，但付出的真心就如绿茶清香四溢，弥漫在心田。一路上收藏点点滴滴的美好，才能保留住那份最美的记忆，保留住爱情的单纯，倍感生活的幸福和甜蜜。

现实生活中，相爱的人也难免有磕磕绊绊，只要两人心里有对方，什么困难都可以一起走过。婚姻中只有相互理解，相互尊重，才能携手相伴美好人生，并一直到老。珍惜身边的人，紧紧牵着他的手，从此一起慢慢变老，直到老到哪儿也去不了。

爱能留是福，爱难守该悟

现代生活中，多数感性的女人在面对婚姻危机时往往表现出两个极端。一个是已经无法弥补的感情，却死死抓住不放，让自己和对方都折腾得身心疲惫；另一个是本来有机会挽回的感情，却冲动地甩手丢开，然后后悔不已。正确的做法是，当婚姻出现问题时，能留则留，不能留也要反思。

一段感情，当两个人都是主角的时候，我们要努力扮演好各自的角色，尽情享受爱情的甜蜜；当婚姻出现问题时，我们要尽量挽回；如果爱情已经到了无法继续的程度，适时的放手后，请别忘记反思，总结上段感情失败的原因，从而避免再犯下此类错误。

刘苹和老公是通过相亲认识的，那时，她还有一年才大学毕业，他也才工作一年。她长相清秀，他外形阳光，两个人对彼此都比较满意。

在家长的认可下，他们开始了正式的交往。他工作的地方和她上学的地方不是同一个城市，两个人只能通过电话联系，平时难得见上一面。但两人的交往还算顺利。

一年后，她毕业了，顺理成章地结婚了。婚后她去他工作的城市，找了一份工作。过起了小日子，两个人的世界还算甜蜜。第二年，有了儿子，她一直在家照顾儿子。

不久，他的父亲病了，很重。他们把自己所有的积蓄都拿出来给父亲看病，但是依然不够。

他的压力很大，除了在公司做事，还经常接一些私活赚些外快。有自己的小家，还要负担父亲的巨额医疗费。他变了，变得不再善解人意，变得不再关注儿子和她。她觉得很伤心，就经常使个小性子，可他却懒得去哄她。

她开始觉得无法忍受，但又觉得自己的婚姻并没有出现原则性问题，只是两个人的感情到了瓶颈期，自己要努力改变这种状态。

她先是把3岁的儿子送到托儿所，然后又去找了工作。

每天早上做一家三口的饭，先送儿子再去上班，下班先接儿子再买菜做饭。

他看她忙工作、忙孩子还要忙家务，嘴上不说但疼在心里。于是，他有空的时候也做饭；她做饭的时候，他就陪儿子玩。她看他又回到了从前的模样，关心自己和儿子，心里乐开了花。一家三口又回到最初的甜蜜了。

刘苹是一个智慧的女人，及时挽回了索然无味、没了激情的婚姻。一个女人的人生意义，不光是结婚、生子，她应该有她自己的生活方式和追求，有她对爱情的理解。两个人在一起不可能永远有爱情，但可以永远有爱。一个好女人，不光要善解人意，还要有自己的个性和魅力。

爱能留是福，如果最终不能共度人生，不能陪伴他一起看日出日落，不能和他一起面对锅碗瓢盆的生活时，女人应该进行反思，想想明白，你们的问题到底出在哪里？只有清楚了，弄明白了，才能从容地面对下一段爱情。

如果爱情已经无法挽回，我们也不要执拗地牵拽着对方去继续已经没有结果的事情。因为筋疲力尽的牵拽甚至可能让你变得疯狂，越加没有理性，做出一些过激的行为，从而使自尊丧失，甚至想回头都悔之晚矣。早知如此，何不及时放手做出新的选择。洒脱地爱，洒脱地放手，才能拥有真正的爱情。

30岁的张莉和男友经历了8年抗战式的恋爱长跑，其间有过无数次的争争吵吵、分分合合，可最后两个人还是坚持在一起。就在两个人决定结婚的前一个月，因为一些生活习惯的问题再次爆发了激烈的争吵。

以前数次的争吵，总是过几天就会重归于好，当然，多数是张莉主动示弱。因为男友比自己小，还有点大男子主义。可是这一次，张莉不想再妥协了，她想借机冷静地思考两个人之间到底出了什么问题，能不能解决。

张莉和男友都属于个性极强、性格暴躁的人，遇到一点事，只要一个人发火，另外一个人的情绪立即被点爆。男友认为自己年龄小，张莉应该让他，而张莉总觉得男友是男人，应学会体谅自己。就这样，两个人互不相让，多数时候是张莉心软，安慰小男友而告别两人的僵持状态。

张莉想，如果结婚以后遇到矛盾谁忍让呢？难道结婚以后也一直这么吵下去吗？她已经对这种周而复始的争吵厌倦了。她曾经在书上看过一句话说，婚姻就像鞋子，合不合适只有自己最清楚。她马上就联想起自己曾经买的一双鞋子。那双鞋子看上去很漂亮，简直像一件精致的工艺品。就是因为太喜欢那双鞋子了，当初试穿时虽然左脚有些挤脚，但是店里没有第二双了，她还是坚持买了下来，以为多穿几次就会适应了。

可后来，每次出门穿上它，都得忍受疼痛，回到家左脚的脚趾都会红肿。她忍着疼痛穿了好几次，最终还是不合脚。张莉只好把这双鞋子一直放在鞋柜里。但每次换鞋时看到它，都只能遗憾地抚摸一下它精致的鞋面。

张莉又想到现在的男友，其实与这双鞋子的感觉差不多。当初两个人决定在一起时，只是出于对他的爱慕，但并不了解男友的性格和生活习惯，至于是否适合她根本就没考虑，只是觉得有感情就够了，感觉好自然就合适。

事实完全不是这样。随着交往的加深，她才发现两个人的性格确实不合适，但这时候两个人在一起已经太久了，觉得离开对方心会痛，谁也不忍轻易放弃，其实维系两人关系的只是一种不舍的心情。

漫长的8年时间，并没有让两个人磨合好，尽管相处不太和谐，但彼此内心的依恋却很深。就这样两人走到现在这个地步，既不忍分开又相处不来。只要两个人在一起，就不免摩擦得血迹斑斑，然而时间越长，就越不舍，于是两个人在伤口愈合后，又开始彼此之间新的伤害。

想到这里，张莉明白了，她和男友无论在一起多久，不合适的终究不合适，就像那双鞋子，多穿一次，并不能让它更合脚一些，而只是让自己多经受一次痛苦。于是，她理智地向男友提出了分手，重新期待下一段感情，期待下一个合适的人。

张莉与男友尽管有8年的感情基础，但不合适总归不合适，尽管割舍掉很痛，她还是放弃了。因为，她醒悟了。因此，当你发现自己喜欢的鞋子并不合脚的时候，应该果断地把它丢弃。

如果想要拥有一份真正的爱情，就需要我们像买东西一样精心挑选。如若出现了什么问题，我们一样也要退换，不要在抱怨声中滞留。如果你的另一半已经品性不端，或者三心二意、对你冷漠的时候，很显然，你们的爱情已经无法补救。这时硬在一起也没有好结果，甚至容易因爱生恨。那么我们为什么不去做新的选择，放爱一条生路呢？

当然，睿智的女人在放手的同时，不忘及时醒悟并反思，从失败中总结教训。只有这样，你才可能得到下一个幸福的婚姻。

握不住的沙，那就扬了它

能够相爱是幸福的，但我们总会看到一些以悲伤结束的爱情。要培养一份清净无染的爱，在感情上不要有得失心，不要想得到回报，就不会有烦恼。我们都要学着洒脱，学着接受，“爱过，就是慈悲”，爱一个人最大的幸福不是得到对方，而是让对方得到幸福。

爱情面前，女人总是因为爱得太深，所以放不下，甚至弄疼了自己也不想放手，直到失去更多。爱情不是盛开在天堂里的花朵，在这个纷繁复杂的社会里，爱情也常常会受到各类“病毒”的侵袭，遭遇一些或大或小的冲突。

当爱情越是危机四伏时，我们就越是想牢牢地抓住。但爱情就像手中的沙，抓得越紧沙子越往下掉。因此，如果真的到了“爱到尽头，覆水难收”的地步，勉强维持没有爱情的关系也没有意义，不如放手扬了它。

有时候，放手也是一种明智。就算暂时不想失去对方，最终也未必能一直走到老。可是，人们往往因为占有欲太强，而做出各种不理智的事情。

倩倩今年20岁了，正在上大二。妈妈曾经给她讲过妈妈和爸爸之间的爱情故事，很美、很浪漫，她为此感到自豪，爸爸妈妈是因为爱而结婚的！在她眼中，她以为他们会一直相爱到白头。可一年前的一天却击破了她的美好想法。

去年冬天，一个清晨，她被爸妈的争吵声惊醒。她走出房门，见爸爸弯腰换了鞋子，然后又抓起大衣，似乎要出门的样子。

“爸爸，外面很冷，这么早你要去哪儿？”她问正要走出去的爸爸。

“这个家已经没有我的容身之地了！”爸爸大吼着冲了出去。

妈妈倒在沙发上，无声地抽泣着。

从此以后，爸妈天天吵，大大小小的事都争吵不休。无奈的倩倩只得两边劝，但她的力量根本无法平息他们的战火。如此持续了几个月，大家都已经筋疲力尽了。

突然有一段日子，他们不再吵了，而是变得异常安静，甚至懒得说话，谁都懒得多看对方一眼。爸爸总是晚归，有时整夜都不回家。妈妈虽然照常做饭洗衣，但一直郁郁寡欢，难得一笑。

倩倩夹在中间，感觉到家里的气氛很是压抑。有一天，她实在忍不住了，对父母说：“你们与其这样耗着，不如离婚吧！别因为顾及我而迟迟不做决定。我已经上大二了，没有你们想的那么脆弱。既然不再相爱，何苦硬是凑在一起？离了婚，我也仍然是你们两个人的女儿。”

妈妈哭了，爸爸竟然也流下了眼泪。半个月之后，爸爸搬出了他们曾经共有的家。倩倩现在生活得很自在，爸爸妈妈也过得很快乐。

如果这份爱已走到尽头，没有挽回的余地，那就放手吧，不要让爱成为你幸福人生的牵绊。爱过知情重，如果实在难以割舍，就告诉自己，放手也是因为太爱他，然后，将这份情深深地埋在心里，等待时间告诉你结果——那就是，生活并不需要无谓的执着，没有什么不能被真正割舍。

丽芳是一名职业医师，参加工作有好几年了，由于平时一心钻研业务知识，把个人的终身大事耽误了。眼看着都快三十岁了，还没有找到合适的人。

前不久，有人给她介绍了一个当教师的男人，丽芳对此人相当满意。交往了半年的时间，那人却因为进修而去了另外一个城市，临走时向她提出了分手。失恋的丽芳痛不欲生，那人都已经走了，她却还是无法割舍和放弃那份情感。

好友看她很伤心，就打电话约她周末去海边转转。夏天的海边，游玩的人真多。人们赤脚走到沙滩上，慢悠悠散步，也有人穿着泳衣在浅水处游泳。好友看丽芳依旧情绪不高，就拉着她的手，把她带到一个沙子较厚的地方。然后用手抓起一把沙，紧紧地握住，可是她越是使劲沙子就漏得越多。

几分钟后，好友手里竟然只剩下很少的沙子。丽芳这时开口说：“你为什么握那么紧，其实你刚开始轻轻一把抓起的沙子真不少。”

好友回答说：“这沙子就像是感情，当你越是想控制不想失去时，它就会离你越远。如果注定把握不住这份感情，不如放手。像我手里剩下的沙子一样，索性扬掉它。”

丽芳这才明白朋友的良苦用心，随后又轻轻长舒了一口气，紧皱了多日的眉头也缓缓舒展，神色明显平和多了……

当爱情已经走到了“灰飞烟灭”的尽头，无论你如何费尽心力去维持它，都于事无补。爱是一种自然的感觉，爱散了、淡了、完了，就随它去吧，何必“死缠烂打”“寻死觅活”呢？对于一个已经不爱你的人，坚持又有什么意义呢？

人生的美丽有很多，有时，放弃抓不牢的，寻找更适合自己的也是一种美丽。如果他只是你生命中的过客，并非那个注定要为你驻留的人，又何必太在意他的离去呢？生命中总会有人与你擦肩而过，有人为你停留，何必让自己在一棵树上吊死呢？倒不如放手，给他也是给自己一片广阔的蓝天，这样你的生活才能过得更好。

不必把分手看成世界末日，当两个人选择各奔东西，这时候，若能放下心结，去重新认识自己或者别人，未尝不是一件好事。失去，不一定不再拥有；得到，也不一定是最好的。该放手时就放手，让对方自由，也让自己自由。

给爱情一颗淡定的心

现代人的爱情已经充满了浮躁和刻意，很多人看重的是物质基础是否足够丰厚。正如有人“宁愿坐在宝马车中哭，也不愿坐在自行车后面笑”，他们在乎的是除了情感之外的一切有形的利益。

爱情在这个时代似乎成了一种奢侈品，令我们可望而不可即。事实上，我们却忽视了一个简单的道理：最经典、最浪漫、最深情不渝的爱情永远来自平淡的生活、淡定的心态。我们也许会羡慕别人华丽的爱情，但过于绚丽的爱情往往只是昙花一现，不能长久。爱的最高境界是要经得起平淡的流年。

方鹏和赵倩是大学同学，但他比妻子大两届。毕业后，他进入了一个保险公司，妻子却顺利进了一个学校做教师。他们原本是一对甜蜜的小夫妻，共同负担一套小户型的房子。每天上班下班，日子倒也过得温馨。这种平淡的生活却因为妻子赵倩参加了一次同学聚会而打破了。

一个周末，赵倩高高兴兴去赴大学同学会，出门前还与老公吻别，并因聚会没能陪老公过周末而道歉。可晚上回来后，方鹏发现妻子赵倩像变了个人，没有像平常一样兴奋地给老公讲聚会上发生的趣事，一脸的心事，直接洗洗就睡了。

当时，老公以为妻子太累了，并没有在意她的情绪发生了变化。直到第二天早上，方鹏做好饭叫赵倩吃饭，才发现妻子两眼红红的，看来是哭过了。无论方鹏怎么哄怎么问，妻子就是不说话。

更让方鹏意想不到的是，第二天早上准备出门上班时，赵倩竟拿出一份离婚协议书，要他签字离婚。“为什么要离？赵倩，你从同学会回来就不对头，是不是和哪位男同学好上了？”赵鹏冲动得口无遮拦。见丈夫这样质问自己，赵倩情绪十分激动，甩门进卧室，翻出行李箱收拾衣服，打算离家。弄得他只有丢下句“你别走，我走还不成吗”，离开家。

冷战了几天，方鹏总住单位也不是回事。他想回家看看妻子的态度好些没，没想到一进家门，妻子又重提离婚的事。方鹏实在弄不懂了，这日子过得好好的，自己也没有做错什么，妻子为什么要离婚？

可赵倩就是不说，方鹏只得求助于妻子最好的朋友木子。木子见到方鹏就明白了来意。她对方鹏说：“其实这件事你们俩没错，错就错在她的那些同学混得都太好了。”方鹏还是不明白，示意木子进一步解释。事情原来是这样的。

在同学会上，赵倩看到那些在学校专业知识不如自己的同学个个都比她强。别人都是开名车、穿名牌，尤其是她那几个室友，个个都因嫁得好而过上奢华的生活，包包是LV、香奈儿，衣服是bcbg、范思哲，连手机都用苹果牌。甚至有个同学结了婚又离了再找，现在开着奔驰来同学会。

可一想到自己，和老公每个月只有6000多元的工资，除去房贷、日常开销，所剩无几。自从结婚，她甚至都没有买过一件像样的衣服。于是，她越想越觉得自己悲哀，活得窝囊。

聚会结束时，那个开着宝马的室友要送赵倩回家，赵倩拒绝了。她站在拥挤的公交车上，望着夜幕下的这个城市，她觉得自己真是委屈。想当初这些人都不如她，她在班上算得上数一数二的美女，成绩又好，怎么也不比人差，可4年过去，不如自己的同学找到了有钱的老公，比自己过得滋润得多。

到了家门口，赵倩打定了主意，别人可以离了婚再找，自己为何不趁年轻还有机会，离了婚再找，人生将会是另外的模样。但一想到，老公虽然挣钱不多，对自己可真是体贴有加，况且他又没做什么对不起自己的事情，所以，她决定什么也不说，只提出离婚。

方鹏听完妻子离婚的原因更加无措了，他确实不能给她奢华的物质生活，但他是真的爱她，况且还有可爱的儿子。

赵倩之所以想要离婚，主要是看到了别人的生活，禁不住物质方面的诱惑，于是，她的心开始焦躁不安了，以前的平淡日子再也感觉不到温馨，心也不再淡定了。事实上看到同学比自己过得好就想要离婚，说明她对婚姻的态度就不够严谨。

婚姻不是我们炫耀的资本，爱情也不是用物质的多少可以衡量的。在生活中可能还会遇到其他各种各样的诱惑，总不能因为靠一次次的离婚来换内心的虚荣吧！也许我们的爱情虽然算不上绚烂，可是平淡中不免感动！请给爱情一颗淡定的心。

人生是一个漫长的过程，我们应心态平和地看待婚姻和爱情，要用平常心看待别人的奢华，珍惜自己的生活，才不至于“人比人气死人”，因为光鲜的生活也有烦恼，也有压力，自己生活中的快乐也许是别人没有甚至渴望的。

因此，我们要细细去体会婚姻和爱情，只需淡淡地面对，静静地渗入彼此的生命，那份温暖淡定的爱将会永恒。如果女人想收获幸福，你的心灵就必须拥有一份淡定，唯有淡定，才能让你的内心安静下来，才能明白其实这也是生活万千滋味中的一种。

遗忘，才能更好

爱情会让人失去理智。两个人相爱时，处处充满着爱情的甜蜜与幸福；若一方松手，对方往往会陷入无边的痛苦之中，无法自拔。尤其女人更是常常无法承受情感失败的痛苦。事实上，爱情不是生活的全部，女人应当学会遗忘生活中那些痛苦和烦恼的事，只有这样，我们才能让自己过得快乐。

《列子·周穆王》里就记载了一个因记忆而苦，因遗忘而乐的故事：

宋国有个叫华子的人患了遗忘症，“朝取而夕忘，夕与而朝忘，在途则忘行，在室则忘坐，今不识先，后不识今”，“荡荡然不觉天地之有无”。后经一神医治好了病，使其把平生数十年的存亡得失、哀乐好恶都记忆起来，回到了现实的人生。但他又记得太牢，“忧忧万绪，须臾不忘”，以致怒而黜妻罚子，操戈逐人，弄得鸡犬不宁，还不如患遗忘症时活得开心。

一位哲人说：“爱情是一种美妙的精神毒药，可伤人，更养人。有时候，你牵挂的爱情会杳无音讯，消失得无影无踪，一天，两天，无数天。那是你的全世界，对你来说，那是极大的折磨，消失的一秒如一年。”

爱情是个感性的东西，我们甚至无法保证自己的爱永远不会发生变化，何况他人？爱情一旦失去，倒不如学会遗忘，将烦恼放逐，只有这样我们才能开心地生活。只有学会遗忘，方能将失望变成乐趣，将抑郁升华为一种欢悦。

对痛苦的记忆来说，时间是最好的医生。爱情亦同样，随着时间的流逝，有一天，我们也会忘记那段不属于自己的爱情。在这个世界上，没有谁少了谁不能活。有时候，我们不是忘不了那样的一个人，而是忘不了那一段爱情中的自己。我们要明白，除了爱情，生命中还有更多的精彩。著名演员舒淇曾经说：“如果我不开心，不会找人倾诉，就算有抑郁症的时候，我都是自己化解，因为失恋不是一两天的事，总有些期限，把一件事说完又说，很无聊！不快乐时可以做些任性的事，如喝酒、购物，但顶多‘堕落’几个月就够，总需要走出来，懂得放下才能得到解脱。”不是所有爱情都可以在天愿作比翼鸟，在地愿为连理枝。天长地久有时尽，此恨绵绵无绝期。所以，即便是唐明皇，最终也舍弃了他的爱妃杨玉环，任由上天结束那段千古传唱的悲剧。爱人，就等于爱自己。因此，我们要遵循着“爱时用心记得，分时忘记”的原则对待爱情。

当爱情离我们远去的时候，我们要尽力挽留；当我们无法挽留的时候，最好的处理方式，就是遗忘，忘掉以前的一切。因为任何好的或不好的回忆，对于失恋者都是一种灵魂的刺痛。

小文与相处了三年的男友分手了，原因是男友要去国外留学，只一个电话就扔下了正期待幸福生活的小文。如此突然的变卦，让小文一度崩溃。开始几天，小文总是恨男友的无情无义，后来，却慢慢地回忆起她和男友之间的种种美好。

有朋友得知她失恋的消息，不忍看她一个人痛苦，总会叫她出去走走，多参加朋友聚会等。但每当跟朋友们相处时，一看到某些景物，小文就会说："我记得跟他去过那里，那天天气晴朗，他背我走过了草地……"

吃到某个菜肴时，她会说："我记得他追我时，第一次为我做饭就炒了这道菜，我记得那次他不小心放多了盐，我们喝了一下午的开水……"说起这些，她一脸幸福。

小文记得的当然不止这些，她还记得他衣物的尺码、他爱吃的食物、他父母的生日、他的生日、他爱看的书、他爱听的歌曲……甚至他不经意说起爱看的某一部电影片名。总之，小文总在喋喋不休地诉说个不停。

这样的强加记忆，怎么可能遗忘，忘不掉过去，当然不可能开始下一段新的感情。朋友听得多了，也就不想再劝她了，甚至也不带她出来玩了。这时她才发现，从前的自己因为太爱他，不知从哪天起没了自我。那时她眼里整个世界都是他，只记得跟他有关的所有事情，却忘记了自己的爱好、自己的习性……

于是，小文决定遗忘上一段感情和那个已经远走高飞的人。她开始整理前男友送给自己的物件，该丢弃的丢弃，该收藏的就收藏起来。然后，她又删了前男友的电话号码、

QQ、MSN、邮箱等所有的联系方式。不是在刻意地与之决别，她只想尽快从失望的痛苦中走出来。

做完这一切，小文把主要精力放在工作上，偶尔还会主动联络朋友出来吃个饭，朋友都惊奇地发现，小文好像变了一个人，不再说前男友的种种，精神状态好多了。就这样，小文慢慢从失恋的阴影中走了出来。

几个月后，小文在一次聚会中认识了一个优秀的男孩，这个男孩欣赏小文乐观、坚强的心态，对她很是温柔体贴。小文也发现这是一个敢于担当的男人，于是，答应了他的追求，又开始了一段甜蜜的爱情。

再有人对她提起有关前男友的往事时，她会淡淡地笑着说："我不记得了，我忘记了……"

虽然这样说只是在自欺欺人，但至少她知道自己应该把记得的那些关于他的事都忘了，这样才能开始新的生活，走出那片痛苦的沼泽。

小文刚刚失恋时，无论人在哪里、跟谁在一起，想的、谈论的都是前男友，其实那是一种毫无意义的行为，既然已经失去，再反复想起，只是用旧甜蜜来刺激新伤口罢了。

恋爱时，我们需要用心记得对方的种种习性，然后用行动去关怀和照顾对方，那也是我们表达爱的一种方式。但失恋后，女人首先要学会的是遗忘，不要再让那些痛苦的记忆对我们纠缠不休。此时，女人一定要善待自己，学会爱自己，记得自己爱吃的食物、爱去的地方、爱做的事……忘记了对方，才能记得自己。

人生在世，爱情全仗缘分，缘来缘去，不一定需要追究谁对谁错。爱与不爱又有谁可以说得清？当爱着的时候只管尽情地去爱，当爱失去的时候，选择遗忘，恰是对这段感情最好的纪念，没必要在乎得与失、拥有与放弃、热恋与分离。

当女人学会了遗忘，才会真正的解脱，才会学会宽容。

有人说，经历了真正的爱之后，人才会成熟。不会遗忘，就不会体会到现在的美好，幸福不会因为你的“无法遗忘”而驻足，女人要勇敢地对自己说：一切其实都没有什么大不了的，如果无法放下，可以选择淡忘。

一起走过的日子就是幸福

年轻的时候，我们以爱的名义，想尽办法去追求单纯的爱情。我们会制造貌似漫不经心的“偶遇”；我们会花去一个月的生活费，不远千里到另一个城市，只为在对方过生日的时候送上一份祝福；我们节省下少得可怜的工资，买一沓沓的电话卡和手机充值卡；我们将聊天记录和短信都用小本子记录下来，一字不落地背过每一封 E-mail，看他喜欢看的书，听他喜欢听的歌……

我们发奋学习或者辞职流浪，甚至改变自己的人生规划，只为了消除地域上的距离，却最终跨越不过心与心之间的距离——这世界上最遥远的距离。当我们历尽千辛万苦终于清除了距离的障碍，但心灵的距离却越来越远。我们懊恼，我们伤心，甚至不惜责怪对方的移情别恋，其实现实中的每个人都在变化，能够有缘在一起走过一段日子就是幸福，我们要珍惜在一起的时光。

之前，在各大网站热播的电影《那些年，我们一起追过的女孩》深受众网友的喜爱。

柯景腾的一群好友，为了共同喜欢的沈佳宜，不约而同从精诚中学国中部直升到高中部，继续未完的“恋爱战斗”。

某天柯景腾因过度恶作剧被导师处罚，坐到好学生沈佳宜前面，由她代为监督。起先两人彼此抗拒，但柯景腾渐渐喜欢上逼他用功读书的沈佳宜，沈佳宜也受到柯景腾带来的迥异价值观的深深冲击，柯景腾展开了追求，沈佳宜则犹豫不决。

高中毕业后，原本可能在一起的柯景腾与沈佳宜，却因不理解对方的想法而渐走渐远。柯景腾为了赢得沈佳宜的芳心，决定以一种不同寻常的方式来证明自己的价值。于是，他在学校举办了一场自由格斗赛。而在沈佳宜看来，这种既伤身又出风头的行为简直太幼稚了。于是，两人大吵一架，遗憾分开。

几年过去了，大家各自在生活中忙碌。突然接到沈佳宜要结婚的消息，柯景腾和他的朋友们看着一起追过多年的女孩步入礼堂，成了别人的新娘子，才感觉青春的时光是多么美好。每个男孩都得到了各自的成长，也继续追寻各自的幸福。

《那些年，我们一起追过的女孩》是对青春的怀念，让人觉得伤感与怀旧，我们会替男主角感到有些惋惜。人生那么好的一次初恋竟然莫名其妙地错过了，可正是这种错过，才让人觉得曾经一起走过的日子就是幸福。

不是所有的事情都会有完满的结局，越年轻的恋爱越单纯，有时候喜欢上一个人只是因为他走路的样子好看，或者她的声音好听，而完全不会理智地分析对方有没有前途，是不是潜力股，能不能给自己带来好处，所以这时候的爱最单纯、最难忘。

百度贴吧有一个这样的帖子：“30 年了，曾经年轻过，曾经爱过，也一定曾经傻过吧！来说说自己所做的印象最深的傻事吧！”后面有长达几十页的跟帖：

“大二那年，我喜欢一个女生时，为了追到她，什么傻事都做过。每次下课都偷偷跟着她，看她喜欢去哪个餐厅吃饭，喜欢吃什么菜。上自习时，故意占好座位等她，就是为了和她说一句话。有一次，她说饿了，深夜两点多，我马上翻墙出去找饭馆给她炒饭。等送到她楼下的时候，她在短信里说：‘不想吃了，你拿回去吧。’”

“初二的时候，特喜欢本班一个女生，就偷偷弄坏她的车，然后载她回家，第二天去接她上学，太傻了。”

“为了在网上遇到她，在学习最紧张的时候整晚整晚泡在QQ上；在考研前夕，通宵给她写辅修课学期论文；后来，她毕业去了另外一个城市，为了能和她在一起，我又把学校选择到她在的那个城市，研究生毕业了，她却说我没有工作，选择和别的男人结婚了。”

“高中时，班里有一个男生，长得特别像我的一个偶像，我几乎是第一眼看到他就开始了为期10年的漫长的暗恋生涯。10年中，他对我一无所知，更别提什么了解，我却爱得刻骨铭心，自己哭得死去活来，对方还不知道有这样一个痴心人存在。

“10年后，一次很偶然的机会得到了他的电话，当我鼓起勇气打过去电话，满怀激动地想跟他告白，结果才刚说了几句话，就发现他的声音没有我想象中有磁性，甚至普通话都不标准，感觉对方跟我心目中暗恋的对象完全是两个人。

“当他知道我的身份后，甚至暗示我可以做他的红颜知己……我的美好的期待瞬间化为灰烬，梦也碎了。那天我挂了电话之后哭了一个晚上。

“第二天，这个霸占了我心房10年的人，竟然因为一个电话被强制迁出。”

那些年轻的日子，也许我们曾经爱上了一个不对路的人，也许正是因为他跟你的不同，反而增加了一些神秘感和魅力。我们曾经这样爱一个人，这样默默地、毫不计较地、卑微地、胆怯地爱一个人，这是我们一生中多么美好的感情。

如此想来，我们做这些傻事时一定是伤心的。可如今却是专属于我们的甜蜜的忧伤，他不过是这段美好感情的见证而已。当时，我们有时间和精力，如此投入真挚地对一个人好，我们已经比那些因伤害而止步不前的人幸福。即使已成遗憾，却同样动人。

现实中的爱情经过精打细算，反复比较权衡得失，虽然可能少了点极致的浪漫和奋不顾身，却能保证安稳，步步为营，直到成功。无论对当初还是现在，女人要心存美好地面对过往的甜蜜，更要用心珍惜当下的幸福。

最好的爱情是，因他，你更喜欢自己

无论生活中多么强大的女人，一旦面对爱情就会卑微到尘埃里，不相信对方，也不相信自己，明明相爱，偏偏背道而驰。现实生活中，有些女人在爱情中是极度自私或愚蠢的。她们爱别人，只是为了证明别人能够爱自己。她们甚至以爱的名义，要求对方为自己而改变，直到变得符合自己的要求，却让对方失去了自我。

事实上，最舒服的爱情是，因他，你更喜欢自己，且愿意为他，让自己变得更好。因为女人知道自己的一举手、一投足、一颦、一笑，都有这个男人注视的目光给予鼓励。因此，女人在人生的舞台上有了真正的观众，做了真正的女主角。然后，两人默然相爱，寂静欢喜。

她和班里别的女孩一样，喜欢着那个高高大大、一身阳光的男子，喜欢他奔跑在篮球场上的激情，还有那站在台上用心演唱情歌的低沉。但她不会像别的女孩跑到球场给他当拉拉队员，也不会在最接近舞台的地方高喊他的名字，以引起他的注意。

因为，她怕自己不小心泄露了内心深处对他的爱恋，而他对她自己却一无所知。凭什么自己为了这份摸不着的情感而低到尘埃里，这不是自己想要的爱情。

也许正是她的与众不同，正是她以一种“远离”的姿势远远地关注他，也许是两个人心有灵犀的感应，他没有看那些紧紧跟随的女孩，反而以别样的目光看到了远处的她。他出乎意料地选择了她。

在他用那深情的声音向她表白的时候，她仿佛听到花开的声音，迫不及待地低到尘埃里去了，忘了之前的一切信念，忘了骄傲，忘了矜持，满心欢喜地牵起他的手，说愿意与他在一起。

她没有出色的容貌，没有良好的家庭背景，没有任何张扬的理由，却因为他的光辉，也开始发出耀眼的光彩来。有人说她幸运，也有人说她配不上他。这些的议论中有祝福，有羡慕，有嫉妒。

也许是别人的议论干扰了她，总之，在因他带来的心醉里，她与他在一起也不无苦恼。她开始嫌自己不够漂亮，不够出色，甚至嫌自己的家庭不够显赫。

自卑的她，甚至不敢带他去自己的家。家里确实有些寒酸，父母没有文化，也没太见过世面。自己也不好意思去他的家，因为没有一件体面的衣服，羞涩的她更不知如何与他的家人相处，她怕自己丢了他的颜面，更怕他的家人对自己不满意。

和他在一起，她偷偷地嫌弃自己，越来越感觉不到快乐。

时间久了，两个人感觉淡了，这段美得像海市蜃楼一样的爱情越走越远了。

她最终嫁的那个男人是另外一个他。这个男人不够英俊，也没有那股风流倜傥的气质，甚至不爱运动，还五音不全，但让她有一种很温暖、很轻松的感觉。

她在他面前还是一个灰姑娘，不用她多说一句。他的眼神仿佛能洞悉她的一切想法。

他非常心疼她，心疼她在一个不太富裕的家庭成长的艰难，主动帮她支撑这个家；心疼她作为一个爱美女孩没有美丽的衣服带来的遗憾，悄悄地买来一件她心仪已久的衣服送到她手中。

她总是担心自己的家庭负担太大，拖累了他。他却总是淡淡地说："因为你，我才觉得身上有了更多的责任，一切都不要担心，有我在呢！"

跟他在一起，她变得非常自信。她知道，无论自己穿什么样的衣服，是不是漂亮，他都不会嫌弃自己。她知道自己的一举手、一投足、一颦、一笑，都有人重视，有人欣赏。

在人生的舞台上，她终于有了真正的观众，第一次做了真正的女主角。她才感觉到，最美的爱情是，因他，更喜欢自己。

几年后，他们有了一个可爱的孩子，她又去进修了自己的专业，回来开创了自己的事业。

跟他在一起，女人总是嫌自己不够优雅，不够美，甚至嫌自己的家庭不够显赫。好得不像真实的事，往往就不能长久。而跟另一个他在一起，女人却变得非常自信，工作、学习都很有起色。多年以后，一切你都已了然。原来，最好的爱情是：因为有他，你更欣赏自己，且愿意为他，努力让自己变得更好。

安妮宝贝在《最美的爱情》一文中写道：在路途上想起爱情来，觉得最好的爱情是两个人彼此做个伴。不要束缚，不要缠绕，不要占有，不要渴望从对方身上挖掘到意义，那是注定要落空的东西。而应该是我们两个人并排站在一起，看看这个落寞的人间。

的确，真正的爱情，往往无风无浪，一切都很自然。爱情不是委曲求全，不是担心扫了对方的颜面。而是在他面前，我们可以做最真实的自己。最舒服的爱情是：女人因为有了他，让自己变得更加自信，更喜欢自己，并且愿意为了对方，让自己变得更出色、优秀。

面对分手，留给对方一个昂然的背影

爱情，就像两个人在拉橡皮筋，疼的永远是后撒手的那个。女人，当爱情已经变味，当你深爱的男人甘当爱情的叛徒，何必执着？风过了就过了，他走了就走了，一切已经无法回头，又何必再想，何必苦苦哀求？更不要向他报复，要知道，你的幸福其实就已经是对他最大的报复。

爱情之所以是美丽的，正是因为它是自由选择的。他爱你的时候是真的爱你，他不爱你的时候也是真的不爱你。这是他的自由，这是他的选择。女人不必为他人的自由选择背负责任，你有你的自由，你有你的选择。当爱已远走，何必强留？

一个女人，静静坐在化妆台前细致地描绘自己的妆容，一个朋友风风火火地推门进来，满脸掩饰不住的惊慌：“你的丈夫和别的女人私奔了。”她脸色苍白，拿眉笔的手一抖，对着朋友挤出了一个坦然的微笑，接着画自己的眉毛。十几分钟后，她走上了舞台，精心妆饰过的脸上带着一如既往的灿烂微笑。在舞台上，她和观众互动，说着轻松的笑话，让观众十分开心。回到后台，她静静地卸下妆来，仍旧没有淌下一滴眼泪。这个女人，就是创立了羽西化妆品的靳羽西，婚变并没有击垮她的意志，反而激发了她的干劲，创造出无限精彩的人生。

爱情不是单行道，一个人的爱情不是爱情，爱情要在两个人的共同呵护下才能绽放出美丽的花朵。如果其中一人心生去意，就注定了这朵爱情之花的凋谢。女人，相较男人而言，更具有无私奉献的痴情精神，也更脆弱，更容易受伤害。但爱情这个东西，是无法解释的，也难以分辨对错。在爱情破产之后，女人再恒久地期盼和等待，也只能换来更深的痛苦和寂寞。既然心已走远，弥补和挽留又有何用，还是将目光望向未来吧，前面的路上还会有鲜花和希望。

当他离去，你不必一边哭泣，一边埋怨自己。“他不要我，只是我不够好”，这只是一句蠢话，并非事情的症结所在。或许正是你的好，让他备感压力，从而心生去意。他觉得与你在一起不能彰显他的强大，他感到了深深的疲惫，渴望挣脱你的阴影。

在感情的世界里，全身而进，也要全身而退。当爱情来临，不要怀疑，全身心地投入幸福的甜蜜之中，当爱情之花凋零，亦要坚决地抽身离去。别去恨他，因为恨也是一种变相的爱，证明你还留恋曾经的美好，证明你心中残存一丝纠结。恨也需要力气，对于一段无可挽回的往事，何必再耗费你的精力呢？不如潇洒地和过去挥一挥手，道一声别，留给对方一个昂然的背影。

失去的是恋情，得到的是成长

在爱情中，谁都不可能一次性跳级到博士后，成长也是需要付出代价的。

女人对于爱情往往比男人更加投入，到最后，即使没有在一起，也一定学到了什么。失恋是一件让人揪心的事，很多人尤其是初尝爱情的人总是觉得痛不欲生。但这份让你心痛难耐的情愫却可以成为你真正成熟的契机。一段恋情，哪怕是失败了，你也可以把它作为一面镜子，从中可以更加清楚地看清对方，也看清自己。经历过失恋，并且最终摆脱痛苦，才能让人以更加成熟和从容的态度对待感情。虽然不能让你以后的感情生活一帆风顺，但却能让你得到成长。

有人给米琪介绍男朋友，对方是一个个子很高的帅哥，可是性格上有一些内向。米琪跟他见了面，整个约会的过程，他们两人都没说上几句话，气氛显得有些尴尬。约会结束以后，米琪就明确地表态了：“我跟他不合适，绝对不能确立男女朋友关系。”朋友听后，都觉得惊讶，对方的条件那么好，怎么刚见了一面就觉得不合适呢？

米琪说：“我以前交了一个男朋友，性格跟他差不多，也很内向。我本身就不是一个爱说话的人，有什么想法也不想及时地表现出来，所以两个人在一起的时候，沟通很少。有时候，两个人的想法不一样，却因为大家都不说，常常会惹出很多的误解，闹出很多矛盾，后来不得不分手。那一次的感情虽然结束了，可是从那以后我就明白了，以我的性格，找男朋友不能找一个性格很内向的人，所以虽然这个男生条件很好，但我们在性格方面不合适。既然没办法好好相处，也不可能预见幸福，那么还不如及早结束。”

通过米琪的话，我们可以看出，以前一场失败的恋情，让米琪更加了解自己，也更明确了什么样的男生能够给自己幸福。可见，失恋并不一定就是损失，在经历了痛楚之后，我们更加了解自己，也更加懂得如何判断和珍惜新的恋情。

没错，失恋对我们来说是一种损失，可是我们失去的不过是一个不爱自己的人，而对方失去的，却是一个深爱他的人，相比之下，谁的损失更大呢？一个男人从我们的生命里消失了，后面会有更多的好男人来排队，等着装饰我们的生活。失恋虽然痛苦，但是不至于让我们悲观和绝望。因为失恋就好像是我们人生的必修课一样，只有经历过一次刻骨铭心的疼痛，才能懂得珍惜，才能让我们在以后的爱情中变得成熟起来。

在爱情的路上，女人最害怕面对的事情，就是失恋。可是，如果你一直沉浸在对以往爱情的美好回忆里，并且一直为了失去而感到难过，那么你的内心将会永远充满了悲伤。相反地，如果我们换个角度去想，也许我们的感受就会变得不一样了。失去了恋情，同时也获得了成长，以后的路上，我们会走得更好。

第七章

嫁得好，还要守得住

婚姻，只有通过不断的努力才会成功

男女之间的感情不是一成不变的，女人要想守住男人，必须“时刻准备着”。不要以为一场“世纪佳缘”就可以一劳永逸，得意于干得好不如嫁得好。嫁得好只是获得幸福人生的第一步，走进了婚姻的殿堂就像开启了女人的第二段人生，这段人生幸福与否还要看谁的心思巧妙。一个女人想要婚姻幸福，除了嫁对一个好老公外，还应该在婚姻的经营上多花时间，要不然这颗种子播种下去，得不到良好的照顾，接受不到阳光的照耀和雨露的滋润，就算是万里挑一的种子，也结不出丰硕的果实。婚姻这颗幸福的种子，需要精心的照料，才能茁壮成长。

要给婚姻加点肥料。电影《大内密探零零发》中，人们不仅仅欣赏周星驰饰演的零零发绝妙的发明创造，更羡慕他和刘嘉玲饰演的妻子之间的恩爱。面对这样一个思维超越常理的丈夫，零零发之妻没有抱怨，反而一如既往地支持他、鼓励他。在两人陷入激烈的争吵之时，零零发之妻总能巧妙地化解矛盾，令争吵变成一种甜蜜的幸福。她会在吵得特别凶的时候，突然一脸温柔地说："老公，你饿不饿？我煮面给你吃啊！"零零发张大嘴巴，一脸愕然，随后一把抱住妻子说："老婆，我爱你。"或者，在争吵后，她跑出去躲起来，而零零发总能轻车熟路地把她从桌子底下揪出来，并说："你每次都躲到桌子底下，拜托下次换个地方躲。""可是，我害怕换个地方你找不到我嘛！"当她一脸委屈地说出这样的话，任何男人也会如零零发一样心生爱怜，感动地拥她入怀，甘愿把全世界都给她。

要给婚姻添点阳光，在旁人面前"晒晒"你们的幸福。一段感情如果长期不见天日，会因为无法得到肯定而开始产生自我怀疑。现在越来越多的人在博客上"晒感情"，因为通过这样的方式，会让感情受到更多人的关注和祝福。同时，利用这样的方式提醒自己，这段感情对自己的重要意义，还会让夫妻因为受到众人的注视，而努力为爱多做一些事情，并且把感情更好地经营下去。无形之中，这会让两个人因为受到越来越多的肯定，而有越来越多的信心和动力，经营最美好的婚姻。

要给婚姻浇水。让两个人在婚姻中多一分清醒和理智。过于炙热的感情需要冷静，这时相互泼泼冷水，可以让两个人看到彼此之间还有差异存在，还需要磨合，还有进步的空间，避免激情一下子用完。当两人关系过于紧张、需要缓和的时候，也需要相互泼泼冷水，让彼此都冷静下来，回到各自的空间好好想想，心平气和地坐下来交流。

要给婚姻通风。再亲密的两个人也必须留有各自的空间。形影不离只会让两个人都感到透不过气。在结婚之后，两个人都应该保留自己的朋友圈子，花时间在各自的人际交往上，不仅是为家庭打造更好的人脉关系，也让夫妻之间保留一些新鲜感。

要给婚姻除虫。及时消除杂念，保持忠诚的信念，会更好地帮助我们维护婚姻。在感情的世界里，人们总难免遇到一些诱惑。金钱的诱惑、美色的诱惑、自由的诱惑，都会像一条条蛀虫啃噬掉人们看似牢固的信念，让外表看起来坚不可摧的感情内部千疮百孔，岌岌可危。所以及时地除虫，可以让这些欲望在对婚姻造成威胁之前就死亡、覆灭。要及时交流，并且相互给予鼓励，帮助对方战胜心魔，早日走出因为不满足而带来的不安和动摇。

要给婚姻松土。梳理两人关系中出现的问题，制订未来家庭发展的计划。旧的问题不解决，会越积越大，最终成为两人关系中的毒瘤，阻挠两人关系的改善和发展。旧的矛盾不解决，就会带来源源不断的麻烦。如果能越早在关键问题上达成一致，两人的关系就越容易得到进步。这些关键问题包括家务问题、财务问题、孩子教育问题和赡养老人问题等。正是这些琐碎又重要的细节才构成了婚姻的主体。如果你想要一个幸福美满的家庭，必须要多花时间在家庭的经营上。

做他人生旅途的伴侣，而不是他的行李

爱情中的女人多有那么一点依赖和任性，要求对方像自己的父母一样了解自己，要求他24小时都陪着自己，她像一只弱小的动物，希望眼前的这个男人可以保护自己，给自己依靠。其实，不管是爱情、婚姻，还是工作、办事，依赖导致的最终结果是失败。长久的爱情正如诗里所写，“以树的形象和你站在一起”，要做他人生旅途的伴侣，而不是他的行李，走到哪里，都得气喘吁吁地提着。这样做，要么是他累到不行干脆放手，要么他被累得再也没有力气来爱你、保护你。

我如果爱你，
绝不像攀援的凌霄花，
借你的高枝炫耀自己；
我如果爱你，
绝不学痴情的鸟儿，
为绿荫重复单调的歌曲；
也不止像泉源，
常年送来清凉的慰藉；
也不止像险峰，
增加你的高度，衬托你的威仪。
甚至日光。
甚至春雨。
不，这些都还不够！
我必须是你近旁的一株木棉，
作为树的形象和你站在一起。
……

舒婷的这首《致橡树》坦诚地表达了一个女人对于爱情的人格理想：比肩而立，各自以独立的姿态深情相对。

化妆品王国皇后靳羽西就曾说过，除了健康和美丽之外，女人最需要的魅力就是独立。她曾说："我现在可以从自己的口袋里掏钱买书、买我喜欢的衣服，这是女人最大的自由。现在许多年轻的女人，需要什么东西的时候就对她的男朋友或爱人说我喜欢这个我喜欢那个，她们是不自由的。我以前曾经嫁过一个很有钱的男人，可是他没有给我一毛钱。"

许多女人一心想要嫁入豪门，一夕之间飞上枝头变凤凰。然而，不是所有的麻雀都能成为凤凰，具备独立自主精神的麻雀才有变身凤凰的潜质。在豪门的荣华富贵面前，如果女人不能独立自主，就容易迷失自己，成为他人的心灵奴仆，逐渐抹杀了自身的闪光点，那么，他的背叛也是迟早的事。

女人要有独立自主的能力，才能让爱情平等，让幸福永恒。女人有了独立自主的能力，才能把握自己的梦想，才能驾驭自己拥有的一切，包括你的爱情。能够独当一面的女人，能让你心仪的他在日趋激烈的压力之下，享受一丝休闲的惬意，多一丝精力来读懂你的美丽。你可以这样培养自己的独立性：

第一，培养自己遇事多动脑的习惯。凡是拿不准的事情，自己反复思考后，拿出解决问题的初步方案与丈夫商量，久而久之，就会使自己积累些经验，为日后自己单独处理好问题奠定基础。

第二，要培养自己的自信心和独立意识。要明白过分依赖不是在加深或巩固丈夫对自己的爱情，而是在削弱自己在丈夫面前的吸引力，是在摧毁爱情。同时要加强自身修养，培养良好的生活习惯。

第三，要有勇气按照自己的愿望、意志行事，不要总是违心地讨好丈夫，而失去自我。遇事要有主张，而不是看丈夫的眼色行事，只有独立才会受到丈夫的尊敬。那些敢于独立思考、独立行事，并获得成功的人，才是最令人钦佩的。

虽然你们因为神圣的婚姻结合在一起，但请记住你们仍然还是两个个体，各自都需要发展。完全依赖对方，失去了自我，对你的婚姻并没有好处。相反，你会成为对方的累赘，让他不厌其烦。所以，不如多多关注自己，与他构建更平等的婚姻关系。就像战友一样，平等、互相扶持，共同对抗漫长岁月对感情的侵蚀。

女人追问男人的“实话”，是一种自断后路的做法

人都是一样，渴望了解真相，又往往接受不了真相。真相大白的时候，更是锥心刺骨的痛。很多时候，男人对女人

撒谎，是爱的象征，证明他还在乎你，这时候，女人不必也不要去逼问，要知道，实话一出口，恰恰是婚姻决裂的开始。

于莉和丈夫一直很恩爱，可最近她总是觉得丈夫怪怪的，好像有心事。

一天晚上丈夫回到家，对于莉说："明天吃晚饭别等我了，我要去见个老客户，做系统维护，挺急的。"

"没事，明天刚好我也加班，等你晚上回来一起吃吧！"

"你先吃吧，我晚上不回来了。工程比较复杂，要在那待一晚，后天才回来。"

"那也用不着一晚上不回家睡觉吧，你们那多大的工程我还不知道？"

"要等人家客户晚上到齐了一起研究解决，回来再去多麻烦。"

说完，丈夫倒头就睡了。

第二天晚上，丈夫果然没回家，于莉给丈夫打过几次电话，丈夫总是不接。于莉心里的猜疑更重了——他在外面有女人了。

于莉索性打电话给丈夫的同事，丈夫的同事说那天没有什么紧急的维护工程。思来想去，她决定问个清楚。

丈夫一回到家，于莉就开始不停地盘问。

"我都知道了，你们公司昨天根本没有什么紧急维护，说吧，你昨天到底去哪儿了？"

"你知道什么呀，紧急维护还得全公司通报吗？我累了一天，一晚上没合眼，你别闹了行不行？"

"昨晚上给你打电话为什么不接？"

"那不忙着呢吗？你又没什么重要的事。"

"行，我的事都不重要，你小情人的事最重要。"

"你别瞎猜，没什么小情人。"

"我瞎猜？我盯了你好久了，没有十足的把握，我也不会说这个话。你今天要不说实话，我跟你没完。"

……

于莉一步步紧逼之下，丈夫真的说出了一个女人的名字。

于莉的心一下就凉了，瘫在沙发上。其实，这件事情已经很长时间了，丈夫一直瞒着她，他还是很爱于莉的，也很爱他们的儿子，他这次出去一天，正是要和那个女人断绝关系。然而，事情到了这个地步，他们的婚姻也保不住了，一个星期以后，他们离婚了。

男人面对女人的逼问，往往认为，既然她已经知道了，那么就应该坦诚以对，交代清楚才能获得女人的信任。男人撒谎，也不见得是不爱你，恰恰是因为他在乎你，在乎这个家，不想让你受更大的伤害。

女人一成不变，男人就容易变心

“读你千遍也不厌倦，读你的感觉像三月。”一首经典老歌道出了男人心中完美女人的特质，变幻莫测，百看不厌。然而很多女人，温柔贤惠，几十年如一日。不管丈夫的情绪有怎样的波动，她永远都是不温不火地对待他；不管丈夫做了什么事情，她都会以一成不变的方式对待他。这似乎非常符合中国女人的传统美德。但是聪明的女人千万不要相信这是一种美德。这种连自己都觉得压抑的生活方式，怎能不让男人厌倦？

相信看过《爱情呼叫转移》的女人都会有所惊醒，老公想离婚，妻子让他给个理由，老公理直气壮的理由居然是：“你在家里面永远穿这件紫色的毛衣，我最烦紫色知道吗？我讨厌看见紫颜色。刷牙的杯子得放在格架的第二层，连个印儿都不能差。牙膏必须得从下往上挤，那我从当中挤怎么了？我愿意从当中挤怎么了？每星期四永远是炸酱面、电视剧、电视剧、炸酱面。还有，你吃面条的时候，能不能不要嘬着那个面条一直打转转？”

应该说，这部电影其实跟生活是非常贴近的。我们身边也会常常发生这样的事情：一个男人长年累月都处于一种稳定的关系之中，看起来他也是真心爱这个女人。然而，说不定哪天，他抛下一句“我认为我不适合结婚”便逃之夭夭。但随后，他也许会迅速开始一段新的恋情。为什么女人付出了这么多，却拴不住男人的心？对于这点，我们不得不说，有的时候传统的观念未必是对的，或许还害人不浅。不只是现在的人，连古人都是如此。

汉朝的班婕妤，是后宫少有的才女。因为美丽贤惠，得到了汉成帝的宠爱。但是她败就败在了太拘泥于一成不变的礼节。汉成帝为了能够时时刻刻与她形影不离，特地命人做了一辆较大的辇车，以便同车出游。但是她严词拒绝了，她说：“看古代留下的图画，圣贤之君，都有名臣在侧。夏、商、周三代的末主夏桀、商纣、周幽王，才有嬖幸的妃子在身侧坐，最后竟然落到国亡毁身的境地，我如果和你同车出进，那就跟他们很相似了，能不令人凛然而惊吗？”汉成帝便不再要求。当时的太后听后对她也非常欣赏，赞叹道：“古有樊姬，今有班婕妤。”

应该说，班婕妤非常有妇德。君王在爱意正浓的时候，夸她贤良，后宫也开始逢迎，仿佛她是那楚庄王的樊姬。可能连她自己也有些飘飘然了，以为君王的恩爱一直会这么持续下去。

但是，不久之后，她的克星来了。赵飞燕和她那更加妖艳的妹妹赵合德来了。所有的怜爱、宠幸，都随着那个身轻如燕的舞女随风而逝。“新制齐纨素，皎洁如霜雪。裁作合欢扇，团圆似明月。出入君怀袖，动摇微风发。常恐秋节至，凉意夺炎热。弃捐箧笥中，恩情中道绝。”她选择了去服侍太后，在成帝死后又去为他守陵，孤独终老。

比起赵飞燕姐妹，她美貌与才华皆俱，唯独太过于一成不变。没有飞燕起舞绕御帘的轻盈，亦没有合德入浴的妖娆妩媚。她太正经，搁不下身份来。

在他知错的时候给他一个台阶下

有人说："婚姻是活的，需要不断地浇灌、施肥，否则就会枯萎！"不错，婚姻需要双方的经营，在漫长的婚姻生活中，夫妻双方都不免犯错，在对方知道错的时候，放他一马，给他一个台阶下，婚姻生活才会获得幸福。

一个女人哭哭啼啼地跑去找律师写离婚协议。她对律师说："你是律师，你就帮我写一张离婚协议吧！他欺负人，他不理解女人。我每天上班下班，里里外外，鸡毛蒜皮样样管，每天忙得要死要活。可他倒好，一头钻在单位里，无论怎么说也不顾家，还有，我脾气不好，这是结婚前就打过招呼的。可现在呢，我说两句他回三句，老是叫人下不了台。还有，他去北京开会，不带我，反倒带上厂里的一位年轻寡妇……还有，今天早上，他还抽了我一个嘴巴。这回我是铁了心，非跟他离婚不可！"

"好吧好吧，你有这么多委屈，我答应帮你。只是你想一想，现在离婚，是你痛苦还是他痛苦？"律师对他说。

"那当然是我痛苦。他高兴还来不及呢！"

"这样你就吃亏了，又受气，又挨打，最后还落得个让他高兴地离婚，你太吃亏了。我想提醒你的是，该离婚时就要果断地离，只是，你要想想，你所说的这些事值不值得离呢？如果你在他做错了某件事的关键时刻放他一马，说不准你们的婚姻还会有转机呢！"

听了律师的话，这个女人先回家了。

两个月后，律师在半路上碰上了那个女人。

“准备好了吗？我明天就能帮你写离婚协议。”

“别，别，快别提那桩事了。现在我们的关系可好了，我回来后仔细想了想，觉得真是退一步海阔天空。既然他已经知道错了，我就顺水推舟，让他陪我去旅行，算是第二次度蜜月，他依然还是那么爱我，天天死缠着我，我再也不想离婚了！”

平淡的婚姻很容易遭遇风暴和激流，聪明的妻子不会失去理智，大吵大闹，而会以柔克刚，在关键时刻用宽容来系住男人的心，所以她获得了幸福的婚姻。生活就是这样的，当初一对男女结成夫妻开始过日子时，对未来的一切总是充满了渴望和幻想，哪会想到在一日复一日的柴米油盐的烦琐中，会感到厌倦，于是怨恨和争吵开始了。其实，在婚姻中出现的很多问题也并不一定是男人的错，如果你得饶人处且饶人，就会避免很多不必要的麻烦，你们的婚姻也不会走到无可挽回的地步。相反，如果你在关键时刻不能处理好矛盾和冲突，也许就会出现你不愿看到的婚姻悲剧。

女强人“吞并”了丈夫的世界

当今社会，“女性文化”所形成的独立、平等的价值取向正与传统的文化对女性的定位形式发生着激烈的冲突，现代女性不再单纯地依赖于爱情，对感情的需要不再仅仅是以前的婚姻家庭关系，她们更注重思想的共鸣与相互的理解；在婚姻中，她们不再安于一种从属的关系，而是追求一种朋友式的、互助式的关系。事业已成为现代女性实现自身价值的一个重要途径，是女人自立的根基。优秀的现代女性往往能够根据自己的能力来协调事业与婚姻之间的关系，调节自己在不同时间、不同场合的不同身份与角色。

你应该在意识上，在心灵深处始终给予丈夫一个无人替代的地位。你应该在干事业的同时，不要忽略丈夫的存在。你可以选择有充分自由的事业，可以适当调整工作的方式，也可以减少无关紧要的应酬，以保证你有足够多的时间去关心丈夫，照料丈夫，加强与丈夫的情感交流。不要等到你一觉醒来，枕边的丈夫已变成了遥远的陌生人。

在生活中，那些善于计划时间，并能在有效的时间内完成多件事的女人，多半是已婚的职业妇女，而不是家庭主妇。她们一只脚站在办公室，一只脚站在家里，虽然“脚踏两船”，却能二者兼顾，生活、工作都处理得很好。

李兰在大学期间认识了她的丈夫，他们的恋爱进展很快，毕业后，两个人进了不同的单位，刚够结婚年龄的他们，急不可待地踏上了婚姻的红地毯，走到了同一个屋檐下。婚后的生活温馨和谐，但李兰是一个不安于现状的女人，本来她有着常人难得的爱情，有着一个轻松体面的工作，如果换成别人，就会心满意足了，可李兰没有。

有一天李兰在当地的晚报上看到了一则合资企业的招聘启事。她把自己装扮一新面试去了，没想到一下子就成功了，于是她成了这家合资公司里的一名正式员工。李兰很有才华，随着进公司时间的增长，她一路顺利地走了过来，并且节节高升，由主管到部门经理。如今她的公司还配备专用的小轿车负责接送她上下班，她的收入也明显高过丈夫。

丈夫体恤李兰的辛苦，每天一下班，就帮她做家务。丈夫脾气很好，对她的无理取闹、撒娇都是笑脸相迎，常常还要看她脸色行事。这常常让李兰感到生活真是太幸福了。

李兰一味沉浸在自己的幸福之中，却忽略了丈夫的幸福。她的一切有丈夫包容，可丈夫的一切却无人包容，他只能自我调节，默默忍耐。这种长时间的克制与隐忍使丈夫日渐沉默寡言，李兰有所察觉，却不明其理。但丈夫这个样子却又令她十分心疼，她知道丈夫思念家乡，于是她向丈夫提议一起回老家看看，丈夫欣然同意。

婆婆看到他们归来，欣喜万分，急忙下厨做饭，一碟碟的美食佳肴端上桌来。吃饭时，婆婆从冰箱里拿出了儿子最爱吃的臭豆腐。丈夫看了李兰一眼，然后摇摇头，他知道妻子最烦那种气味。

“下次你一个人来时再吃吧，我给你留着，”婆婆似有所指地接着说，“男人在外跑，也很不容易啊！”这时，李兰察觉到丈夫的眼圈有点红。

李兰心有所动，突然发现自己在丈夫面前只是一味地索取，却从没有真正地付出，特别在自己的事业日渐高升的时候，更是忽略了对丈夫的关心体贴，忘却了一个为人妻应做的事情。于是，她决定尝试着去改变。

这一天，李兰特意提前下班，准备了一桌丰盛的饭菜，还把一瓶臭豆腐放在醒目的位置。丈夫回来后，她已给他准备好拖鞋和洗澡水。吃饭时，她忍着臭味，专注地看着丈夫有滋有味地吃着他最爱吃的臭豆腐。丈夫的眼圈又红了。从此，撒娇不再仅仅是李兰的专利，丈夫也不再刻意掩饰失意和哀愁。

随着社会的发展，女强人越来越多地涌现了出来，她们在社会中以“强”立足，但在家中却要忘掉“强”。因为家中需要的是妻子、母亲，不是经理、局长。所以当你踏入家门，你要记得你还是妻子，你要主动尽一个家庭主妇的责任，即使因为工作太忙，无暇顾家，也要耐心和丈夫说清，得到丈夫的谅解和支持。只有这样，你才能获得事业和家庭的“双赢”。

聪明女人善做男人的隐性谋士

一位在事业上取得成就并获得“发明奖”荣誉的总工程师满含深情地表白：

“我的荣誉不是我一个人的，所以，我在领奖时心里总怀有内疚。因为，我在这项课题攻关中，有很多数据是带回家计算的。说准确点，是我的一位老同学——如今我的妻子帮我计算的。如果没有她帮我这么大的忙，我的这项课题不知什么时候才能真正攻克。很多人认为女人不如男人，女人缺乏智慧，女人办不了大事，女人头发长、见识短，可是，今天，我要借此机会，用我妻子的例证向大家说，女人是男人的隐形谋士。男人没有女人做谋士，他的成功机会就会大大降低。

“我谢谢我的妻子，我要将所得的个人荣誉带回家和我的妻子分享。同时，也呼吁在座的各位男士，你们也有妻子，你们都能干大事，都有成功的机会，因为你们的妻子也都是你们的隐形谋士。当你们遇到困难，工作出现阻力时，找你们的妻子去，女人会给你们指点迷津的……”

这位总工程师说到这里时，会场掌声雷动，不少女人流下了激动的泪水。因为，女人“默默无闻”的价值，终于在这简短的发言和一片掌声中得到了应有的承认。

是啊，你能不承认女人是你的隐形谋士这个事实吗？

当你在单位受到领导的批评，或因与同事的关系搞僵而闷闷不乐时；当你被卷进领导层的权力斗争而败阵时；当你受了委屈时；当你走尽了直路又走弯路时；当你在是非善恶面前举棋不定时；当你因被人算计而吃了亏时；当你因工作阻力而一筹莫展时……你的好妻子就在你的身后。她用她的聪明智慧，帮你解决困难，给你出主意，让你抖擞精神、继续奋进。

生活告诉人们，一个家庭中，如果男人背后没有一个女人在支撑着，任何男人的“单打独斗”都不可能取得骄人的成就。

强子是个十足的工作狂，整天忙得晕头转向，除了公司里的事情，他对一切都不感兴趣。一年到头，强子几乎没有下了班就准时回家的时候，要么待在办公室里工作，要么陪客户出去吃饭，对妻子的热情与关心逐渐减少，耐心也逐渐丧失，回到家中，面对娇妻，已没有了往日甜蜜的爱抚与温存。家里的事他不闻不问，孩子经常见不到父亲，甚至生病也指望不上他，家对于他越来越像个旅馆。

妻子湘湘为此苦恼万分，而偶然发生的一件事，触动了湘湘敏感的神经。

那天，某公司的经理因需要购买一批强子的公司所代销的商品，于是便打电话到强子家里询问商品的性能。恰巧当时强子不在家，湘湘接了他的电话，告诉了他一些商品的性能，最后她又补充说：“对于这些产品，我的丈夫是个真正的专家，如果您能到他公司去看一看，他就可以向您推荐一种最适合您的产品，他最有发言权了！”

当那位经理到强子的公司时，他只是看了看，就与强子签下了协议。事后，那位经理对强子说：“正是你妻子对你的肯定加强了我对你的信心。”强子既意外又感动，回到家向湘湘讲述了事情的经过。

这次事使湘湘意识到，自己应该真正融入丈夫的事业中，减轻他的负担，使他有精力去做更有价值的工作。

有人说，一个成功的男人，后面必有为其做出奉献和牺牲的女人；一个男人的一次杰作，必有聪明女人的汗水在里面。这话说得很有道理。不过，有不少人却认为只有让男人放开手脚干，女人无怨无悔地承担起繁重的家务，才是真正地支持男人的工作。这种观点尽管在某种意义上承认了女人的功劳，但一个聪明女人的真正功劳远不止于此。在自觉与不自觉间，女人还是男人必不可少的隐形谋士。男人和女人在一起生活，少不了共同语言。共同语言基于共同的志趣、共同的爱好、共同的理想、共同的人生观和共同的生活习惯，等等。没有这些基础，是谈不上共同语言的；没有共同语言，怎么能幸福呢？

男人娶了妻子后，一心扑在工作和事业上，因此，妻子挑起家务的大梁，这是已成规律的中国家庭模式。男人下班回家，不管是愉快的还是不愉快的，总要将情绪带给妻子。妻子当然要想丈夫之所想，急丈夫之所急，妻子一想、一急，点子就出来了。妻子的点子是善意的，而且对丈夫也很有启发性。所谓“当局者迷，旁观者清”，妻子既是“旁观者”，自然“清”。看来，女人成为男人的隐形谋士，这已经被不少的男人证实过了。然而，女人的伟大之处就在于自己做参谋、出点子，让男人出头露面，去享受成功的荣耀。男人当然也会领悟到“成功的奖章”，有自己的一半，也有妻子的一半。

不能把丈夫的坏习惯当终身错误

有一位女士结婚前就知道丈夫喜欢酗酒，但她乐观地认为：“酗酒不过是一种小毛病，很容易克服。更何况，自己的丈夫很少饮酒过度。如果他很爱我，我想他会努力克制自己的。”然而，婚姻却使他的情绪更加紧张，他甚至比以前喝得更厉害了。

还有一位妻子，丈夫非常迷恋高尔夫球。结婚前她从来没有为这些事伤过脑筋，但是结婚后，丈夫照样每逢周末就和朋友们一起去玩球，而把她丢在家里不管，于是，妻子开始抱怨丈夫让她独守空房。

由于一些女性对于结婚、组建家庭、养育孩子有着强烈的向往，以致婚前她们会认为丈夫的不易觉察的缺点和小毛病算不了什么，态度有些盲目乐观。还有一些女人心中存在着一种幻想，相信“爱情可以改变一切”。但是，在很多情况下，只有正确健康的爱情观才能解决这些婚姻问题。“爱情需要耐心和友善”，因此健康、成熟的爱情少不了耐心的品质，不成熟的爱情达不到持久的效果。

不管怎样，都不要施展你指责、埋怨的本领，更不能强迫命令。你要明白，你批评的次数越多，丈夫就离你越远，哪怕你说的完全正确，也无法完全左右他。记住：“爱情能带来一切希望！”对于丈夫没完没了地喝酒、整日流连于高尔夫球场、专心致志地看电视，对于他完全不理会你、不记得你们的结婚纪念日，对于他的粗心大意、毫不讲理等缺点，如果你用发脾气的方式发泄出不满或者表现出受伤的态度，实际上都起不到任何效果。虽然，容忍这些难以接受的行为需要付出极大的耐心，但是，只有耐心才是建立美好婚姻的基础。

当然，有耐心并不意味着你没有表达自己观点的权利，你完全不必放弃自己的个性，变成一个忍气吞声的可怜虫。因为婚姻同样没有赋予你丈夫控制你的权利。也就是说，对他人具有耐心并不以我们丧失应属于自己的选择权利为代价。

世界上没有十全十美的人。对于爱人在婚后生活上呈现出来的缺点，应当冷静地进行分析，并帮助他克服。不能整天口角不断，那样不利于夫妻感情的培养；不能有意识地去“改造”对方，这样的努力十之八九会失败。只有通过婚后生活的潜移默化，才能使他的个性自然而然地发生变化。

让他帮忙的时候要“请”他，并“奖赏”他

“谢谢”“请”“对不起”……这些都是从小老师就开始教的基本礼貌用语，我们每天可能要说无数遍，这也是做人最基本的礼节。然而，每天下班回家后我们会说吗？

工作了一天，拖着疲惫的身体回到家，爱人帮你脱掉外套，换上拖鞋，然后递给你一杯清凉的饮料，多么惬意；因为工作上的事，与同事闹得不愉快，带着郁闷的心情回到家，绷着一张阴沉的脸，爱人知道你受了委屈，坐在身边听你慢慢倾诉；一杯热茶，一盆洗脚水，一次按摩……这些都体现了家庭的和谐。然而，当你接受这些服务时，是否对他们说了一声“谢谢”？

或许你会认为，都是一家人有什么好说的。的确，都是自家人，他也不会去计较，更何况这都是一些很细微的事情。有些人认为，夫妻之间说礼貌用语就表示生分，其实这样的观点是错误的。古时候就有人提出：夫妻之间应该“相敬如宾”。看似简单、细小的礼节，却更能体现出两人之间的和美。

夫妻之间的一声“谢谢”，并不是客气，而是一种爱的传递、爱的表示。夫妻之间的一声“谢谢”，也表示了夫妻之间那深深的爱恋，更是情感的另一种诠释。

晓玲一直想辞掉现在的工作，去开一家服装店，当她把这个打算告诉丈夫的时候，丈夫的反应先是惊讶后是反对，在劝说无效的情况下，他们激烈地争吵起来。丈夫反对的理由是：开店后就没有时间照顾家和孩子了，他忙了一天回到家看到的再也不是温馨的灯光和可口的饭菜，那样即使挣再多的钱又有什么意义？晓玲的理由是：我想干点自己喜欢的事有错吗？

两人争了很久之后，谁都说服不了对方。最后，晓玲想出一个折中的办法，她向丈夫承诺："任何时候都会把教育好孩子、照顾好家庭放在第一位。"丈夫这才不情不愿地同意晓玲开服装店的想法，试验期定为一年。

张罗了好久，服装店终于开张了。那时候晓玲才深深体会到"人在江湖，身不由己"这句话的含义。每天一大早就出门，经常要弄到晚上10点才能回家。到家已经是精疲力竭，常常连和儿子说话的力气都没有。儿子期中考试没考好，丈夫开始抱怨是晓玲开店疏忽了儿子的学习。刚开始的时候晓玲只抱以歉疚的笑容，因为是自己没能实现当初的承诺。但她心里很不服气："孩子是我自己一个人的吗？儿子的学习你就没有责任吗？"丈夫抱怨的次数越来越多，晓玲难免心生怨气，不免会发生口角争执，家里逐渐失去了往日的和谐与温馨。终于在又一次大吵之后，晓玲去了好朋友那儿，向她哭诉自己的委屈和不满。朋友问晓玲："他这段时间整天除了抱怨，别的什么也没为你做吗？"

晓玲听到朋友的话幡然醒悟。她开始回想："自开店以来，每天都是老公做好了晚饭等我回家；每次进货都是老公提前为我买好车票；无论是半夜还是凌晨，都是老公接我送我；出门在外，是老公的短信一遍遍叮嘱我'注意安全'，老公对我开店的牢骚、不满和抱怨，甚至有时候不讲道理的胡搅蛮缠，我为什么不可以理解为是他不愿意我吃苦受累？"晓玲忽然想通了，是啊，这样的丈夫，难道不应该感谢他吗？

隔天是他们儿子的生日，晚上他们一起去饭店吃饭，当着丈夫很多朋友的面，晓玲在饭桌上很真诚地说："感谢老公这些天来对我的支持和理解；感谢你在工作繁忙的情况下，推掉应酬回家做饭照顾孩子；困难总会过去的，家庭幸福永远都是我们心目中的第一。"朋友们集体鼓掌，晓玲看到丈夫的脸慢慢红了，满足地笑了，在他的眼睛里又出现了久违的柔情。

其实夫妻之间就是这样，一起生活，都在为彼此付出，却很少把“谢”字说出口，即使是心存感激，也觉得没有表达的必要。可是当遇到一点不如意或不顺心的事情时，抱怨、牢骚的话就倾囊而出，没完没了。人家都说女人靠“哄”，三句好话，当牛做马也愿意。同样地，男人也是，多说点好话给他听，真诚地对他说一声“谢谢”，矛盾和抱怨就会烟消云散。夫妻之间最重要的就是能够相互理解和彼此欣赏，只要彼此都能怀着一颗感恩的心生活，生活就会回报我们更多的快乐。

当他为你做了一件事，不管那是需要花很多时间的“大事”，或是很容易做的“举手之劳”，你都可以郑重地表示你的感激。一方面这是很好的习惯，表示别人对你好，你都放在心上；另一方面，这是绝佳的示范，让你的男人也学会将你点点滴滴的付出都放在心头。

如果一个男人带妻子到戏院过了一个愉快的晚上，如果他送给妻子一束玫瑰花，甚至他仅仅是每天早晨倒个垃圾，作为妻子都应该向他道谢。如果妻子将他所做的每件事情都视为理所当然，不用怀疑，这个丈夫很快就会停止做这些事来取悦妻子。我们不知道丈夫每天做了多少小事情，只因为我们已经习惯成自然了。

一位妻子曾这样说道：“以前我认为丈夫没有给我帮过什么忙——他不会给孩子换尿布，甚至不会拧紧一支漏水的水龙头，因此觉得让他倒杯水也是一件大事情。然而有个夏天，他去了欧洲，我才惊讶地发现，其实他每天都做了很多的琐事，可是我从来没有感谢过他，现在我只能亲自去做了。”

你可能没有这样的习惯，或不觉得它很重要。举些例子，你便可以举一反三：你的男人把碗洗好了，你拿一张擦手纸或一条毛巾给他，对着他甜甜一笑，说：“谢谢你，辛苦了！”你的男人为你拿来一杯茶，你马上说：“啊！谢谢！你怎么知道我正想喝？”

丈夫不是你的"私有财产"

如今，越来越多的女人把丈夫当成了一种"私有财产"。无论是青梅竹马一起走过来的，还是经月老牵红线走到一起的，女人一旦结婚，就感觉这个男人从头到脚都属于她了，因此从经济到感情，从肉体到灵魂，他的一切都必须掌控在她的手中。

有这样一个故事：

有个妻子在整理家务时，把一只破旧的小木马卖掉了，丈夫知道以后非常生气。因为这个小木马是他幼时的玩具，上面保留了他对童年的回忆，而这种感情只属于他自己。可做妻子的理解不了，她觉得："只要一起生活，你的就是我的，有什么我不能代你解决的！"

确实，很多女人都是这样，她们的心中涌动着"权力欲"，要统治丈夫的后半生，对男人的言行定有严格的"定律"：要丈夫怎样怎样，不许如何如何。凡是偏离她们"定律"的所作所为，一概视为对自己的不忠或背叛，继而产生失望、埋怨和牢骚。她们想不通的是：男人就不能心里只有自己吗，为什么不事事把自己摆在第一位呢？

这样的女人，要求男人的心里只能有她一个人，事事把她摆在第一位，以她为生活的绝对重心……她只想到男人是她的老公，而没想到他是一个独立的人，更忽略了他的其他身份：他是他父母的儿子，他兄弟姐妹的兄弟……她不许他自作主张去独立自由地面对谁，凡事都要经过她的批准，理由很冠冕堂皇：因为她爱他，所以事事"关心"他。

这样的女人，几个男人能够忍受得了呢？他是你的丈夫，但首先他是他自己的，对于女人而言，只要他扮演好了丈夫的角色，就够了。其实，最亲密的夫妇之间也需要各自的空间。这个空间就好像人在自己领域里拥有一间小房子，这间小房子虽然小，但只属于他自己，不受任何人侵扰。每个人都可以在这里，宣泄一些只属于自己的感情。

然而，这些道理男人都懂，女人却不懂，你和她讲，她可能又会疑神疑鬼，觉得你做了什么对不起她的事。所以，作为女人的你应该注意了，丈夫不是你的“私有财产”，要给他一定的空间。

对他的缺点不要妄图改正，要“管理”

很多女人，也许都曾经爱上过这样一个男人，他有像偶像剧男主角一样多的优点，阳光、俊朗、多情、幽默……可是，当我们带着无穷无尽的幸福幻想走进婚姻的殿堂时，才发现，原来他和偶像剧里的男主角还有那么多的不一样——他霸道、蛮横、任性、自私……一瞬间，所有的美梦都变成气泡，尽数破灭，残酷的现实使我们开始躲在角落里暗自神伤：面对这样一个“缺点丈夫”，应该如何是好呢？

每个人都是有缺点的，当你发现自己丈夫的缺点时，如何避开口舌之争，还能让他心甘情愿地为你做出改变呢？婚姻中光有爱是不够的，女人还要学会如何表达你的爱意。比如当你想引导你的丈夫改掉某些恶习时，最好以柔制刚，温柔地说出来，这样才能掌握主动，让婚姻在磨合的过程中更亲密、更融洽、更快乐。

其实，“缺点丈夫”也可以变成“好男人”，关键是，作为女主角的你，千万不要抱着“改造”丈夫的心态，而要懂得施展自己的小小手腕，“管理”他的缺点。

夏佳和男友是大学同学，男友内敛沉稳，是慢性子，而夏佳则心直口快是个急性子。夏佳看中的就是男友的踏实、稳重，所以男友追求她没多久，他们就在一起了。谈恋爱后，夏佳才发现男友身上有太多让她不满意的地方。男友很不爱干净，并且做事很拖拉，有时约好了7点去看电影，他7点半才慢悠悠地跑来。为了这个，她不知和男友吵过多少次，可每次吵完没多久男友又依然如故。好几次，夏佳都想放弃。

后来她想，与其生拉硬拽地改造男友，不如慢慢“融化”他的缺点。不是说温柔是对男人最厉害的武器吗？于是，每次当他约会迟到的时候，她撒着娇说已经等他很久了，并且一个人站在等候的地方很害怕……还有每次男友工作方面拖拉的时候，她也极尽温柔地提醒他。慢慢地，男友也被她感染了，做什么事也不像以前那样拖拉了，并且不爱干净的毛病也在她的细心“管理”下改变了。

无论什么人，如果总是被别人纠正错误，都会感到极大的挫败感，你越是想纠正他的行为，他反而越要坚持那样做。每个人都有自己的行为方式，很多时候并没有对错之分，只是由于对方的行为不符合我们的习惯，让我们感到不舒服，因此想要去纠正别人。这是一种以自我为中心的、自私的想法。况且，这样根本达不到预期的效果，自尊心极强的男人不会轻易低头、听从妻子的改造，而是产生抵触情绪，和你对着干。

从夏佳的经验，我们可以看出，对于男人的缺陷，硬生生地“改造”只会激起对方的反抗心理。切记要有耐心，有分寸，以柔克刚，缓慢渗透，对他的小进步要及时鼓励，对他的大自尊要小心维护，好男人是可以培养出来的。

家不是讲理的地方

俗话说：“清官难断家务事。”家庭中的很多矛盾是无法解释清楚的，如果凡事都想弄个黑白分明、清清楚楚恐怕是难于上青天。而且，倘若凡事都较真的话只怕会让自己和家人都陷入不愉快的境遇。有一个真实的故事最能体现持家的糊涂经。

唐代宗时期，郭子仪在扫平安史之乱中战功显赫，成为复兴唐室的元勋。因此唐代宗十分敬重他，并且将女儿升平公主嫁给郭子仪的儿子郭暧为妻。这小两口都自恃有老子做后台，互相不服软，因此免不了口角。

有一天，小两口因为一点小事拌起嘴来，郭暧看见妻子摆出一副臭架子，根本不把他这个丈夫放在眼里，愤懑不平地说："你有什么了不起的！实话告诉你吧，大唐的江山是我父亲打败了安禄山才保全的，我父亲因为瞧不起皇帝的宝座，所以才没当这个皇帝。"

在封建社会，皇帝唯我独尊，任何人想当皇帝，就可能遭满门抄斩的大祸。升平公主听到郭暧敢出此狂言，一下子找到了出气的机会和把柄，立刻奔回宫中，向唐代宗汇报了丈夫刚才这番"图谋造反"的话。她满以为，父皇会因此重惩郭暧，替她出口气。

唐代宗听完女儿的汇报，不动声色地说："你是个孩子，有许多事你还不懂得。我告诉你吧，你丈夫说的都是实情。天下是你公公郭子仪保全下来的，如果你公公想当皇帝，早就当上了，天下也早就不是咱李家所有了。"并且对女儿劝慰一番，叫女儿不要抓住丈夫的一句话，乱扣"谋反"的大帽子，小两口要和和气气地过日子。在皇上的耐心劝解下，公主消了气，自动回到了郭家。

这件事很快被郭子仪听到了，可把他吓坏了。他觉得，小两口打架不要紧，儿子口出狂言，几近谋反，这着实叫他恼火万分。郭子仪即刻令人把郭暧捆绑起来，并迅速到宫中面见皇上，要求皇上严厉治罪。

可是，唐代宗和颜悦色，一点儿也没有怪罪的意思，还劝慰说："小两口吵嘴，话说得过分点，咱们当老人的不要认真了，不是有句俗话'不痴不聋，不为家翁'，儿女们在闺房里讲的话，怎好当起真来。咱们做老人的听了，就把自己当成聋子和傻子，装作没听见就行了。"

听到老亲家这番合情入理的话，郭子仪的心里就像一块石头落了地，顿时感到轻松，眼见一场大祸化作芥蒂小事。

小两口关起门来吵嘴，在气头上，可能什么激烈的言辞都会冒出来。如果句句较真，就将家无宁日。杀人不过头点地，自己又能得到什么好处？唐代宗用"老人应当装聋作哑"，来对待小夫妻吵嘴，不因女婿讲了一句近似谋反的话而大动杀机，而是化灾祸为欢乐，使小两口重归于好。

生活总有一些解不开的小疙瘩，面对疙瘩，睁一只眼闭一只眼，糊涂一点，那么会避免很多麻烦。聪明的女性要懂得这一点，居家多念糊涂经，无须凡事都明白。

这样的禁区闯不得

有的时候，女人明明是满怀善意想通过沟通来解决问题的，但是因为方式不当，常常会一而再，再而三地犯同样的错误。有时她希望通过这种方式和男人保持一种密切关系，殊不知常令男人缄口不语、兴味索然。因为她不小心误闯了两性之间的沟通禁区，常见的有6种情景：

情景一：下班后，你仍然追问他的工作情况

本来两人正在一起愉快地交流，她却突然冒出一句"今天工作如何"，他只是嘟囔了一句"凑合吧"，就盯着体育节目不再说话了，而她怎么也搞不懂为什么自己被冷落了。因为刚下班后不是跟男人谈正事的好时机。女人以为下班后聊天是与男人增进感情的一个好方式，但男人却愿意只是与你在一起享受无言的宁静与温馨，不愿提及工作的事情。

情景二：女人说话时，死盯着男人的眼睛

男人和女人在跟同性谈话时，男女坐的位置和目光交流的方式是有所不同的。女人面对面坐着，倚靠在沙发上，眼睛直视对方；男人则肩并肩坐或对角坐，眼睛环视周围。对于女人来说，面对一个老是环顾四周的男人，她是很难敞开心扉的；而对于男人而言，谈话时有人盯着他，会让他局促不安，难以放松。

因此，女人只要不死盯着他的眼睛，他就会很舒适放松地与你进行交谈。

情景三：女人总期望和男人进行长时间的交谈

男人的谈话既实际又有目的性，所以当你进入闲聊状态时，男人会失去谈话的兴趣。男人是以音节为单位来思考和谈话的。这就是男女两性的基本差别之一。女人用谈话作为两人关系的柔和剂，她们对男人无所不谈以求密切关系。而男人则喜欢有既定目的的谈话。当你只是陶醉于有话可说的闲聊状态时，他却可能因为抓不住你的谈话要点而一头雾水、兴趣全无。这时男人可能会中止你的谈话。和男人交流千万不要只顾塞满男人每一个沉默的时刻，而是要有合适的话题、稳定的主题。谈话时间太长，会令男人厌烦。女人在沉默时感到不安，男人则不然。所以，如果你想打破沉默，也不要老是喋喋不休，这样反而会令男人有意避开你，缄口不言，结果适得其反。

情景四：女人企图通过不断提及她和男人的关系来保持两人关系的热度

很多的女人都会在不同场合问身边的男人："我们的关系好吗？你爱我吗？"但是，不断逼问男人类似的问题，会令他离你远去。女人总是在不断提到她与男人的关系时，才感到两人的关系正常与和谐，而男人则恰恰相反，如果他认为两人关系正常，就不会提及它。女人需要细心冷静地检查男人的行为，了解男人的特性，而不用逼迫他说出心中不想说的话。因为他可能不会直接告诉你，但是你可以通过他的一些无声的行为来判断他是否幸福。握着他的手、亲吻他、抚摸他，看他是否回应你的温情。男人更愿意通过行动而不是言语来表达感情。

情景五：诚实到不顾男人的感受

虽然说诚实和信任是维护两人关系的基础，但有时女人最好放弃“不告诉他会伤害他”这个观念。女人容易以为如果不告诉对方，就会或多或少地破坏两人的关系，但是男人却只在有确定必要的理由时，才会告诉你一些事实的真相。

女人诚实的全盘托出比保留一点无伤大雅的秘密，对男人的伤害反而大得多。所以说：“绝对的诚实也可能是很残忍的。”

情景六：女人用沉默来惩罚男人

很多时候男人惹恼了女人，女人总是装作冷若冰霜，沉默不语，她想让男人主动检讨一下发生问题的原因。“女人利用沉默战术，是因为她们认为在两人关系中男人多数处于主动地位，让他向你主动认错会使你感觉被重视。”

可是，女人的这种报复心理是白费心机：男人特别不擅长解读这些微妙的体态语言，这样做简直是于事无补。而且即使你的行为非常明显，最木讷的男人都能看出你的意图，他可能仍然一声不吭。男人认为沉默战术是一种无声的控制行为，男人的对策是：“如果她想要我干什么，她直截了当地说好了，摆什么谱！”遇到这种情况，女人千万不要控制不住自己的情绪把他大骂一顿，最好的方法是过一段时间，自己冷静下来之后告诉他，你对他哪儿不满，此时他会愉快地接受你的批评。

第八章

耐得住寂寞，守得住繁华

寂寞是人们无可逃避的症候群

我们赖以生存的这个时代，个体是不可能离开群体而单独存在的，因此，有人说寂寞是都市丛林里的人们想要逃避却又逃避不了的症候群。的确，如果我们细心观察，就可发现，寂寞女人的姿态和表情，无所不在。

无论是在喧闹的白天还是寂静的夜晚，无论是环境幽雅的咖啡厅还是都市拥挤的人群中，寂寞的女人随处可见。寂寞也存在于我们内心的每个角落，在某一个不经意的眼神、肢体动作或话语中。寂寞是一种无法排遣的情绪，即使有很多人在你周围喧嚣，如果没有人触摸到你的灵魂，你仍然会觉得寂寞。

周末的下午，晓晴兴冲冲地告诉爸爸，要和高中同学一起去聚会。爸爸看着她兴奋的样子，只叮嘱她别回来太晚。可晚上不到 9 点，晓晴就垂头丧气地从外面回来了，爸爸很惊讶，问她为什么不高兴，晓晴说其他的同学都玩得很起劲，只有她一个人待在那儿，心里很难受。

爸爸知道了晓晴为什么不高兴，本想安慰她几句，但当时他实在不知说什么好。如果告诉她，那很正常，在越是热闹的人群中可能越会感觉自己是孤独的，刚刚 20 岁的晓晴可能无法理解。于是，爸爸给晓晴讲了一段自己的经历：

几年前，爸爸与几个朋友在乡下路过一个小水塘，几位朋友提议要下水去摸鱼。爸爸说："你看这是死水，全是积的雨水，水又清澈见底，根本就没有鱼。"可是他们不听劝阻，纷纷卷起衣袖、挽起裤腿下了水，唯有他默默地坐在岸上看着他们。不一会儿，鱼没有摸到一条，衣服上倒沾了不少泥水，可是他们在水里摸来摸去，欢声笑语不断，而爸爸越来越感到孤寂。两三个小时过去了，他们才两手空空地上来，嘴里不停地调侃着。爸爸感到他们在这段时间过得很快活，而且他却独守着自己的那份孤单。

此后，尽管在生活中他又经历了不少类似的事，固执的他仍是一如既往地独守这份寂寞，因为他深知，很多情况下，寂寞是无法避免的，与其刻意逃避不如坦然接受，并把它当作享受生活的一种方式。

晓晴听了爸爸的一席话，似懂非懂地点点头，至少她明白这是成长过程中所必须经历的。

寂寞，是忧愁的伴侣，也是幸福的密友。布雷斯巴斯达曾经说过："所有人类的不幸，都是起始于无法一个人安静地坐在房间里。"洗尽尘俗，褪去铅华，在这喧嚣的尘世之中，要保持心灵的清静，必须学会享受孤独。

正像作家纪伯伦所说："孤独，是忧愁的伴侣，也是精神活动的密友。"体味寂寞时，我们默享的是一种难得的感觉。

此刻，轻轻地合上门和窗，隔去外面喧闹的世界，默默地坐在书架前，用粗糙的手掌爱抚地拂去书本上的灰尘，翻着书页嗅觉立刻又触到了久违的纸墨清香。寂寞，是女人的一种宿命，更是精神优秀者所必然选择的一种命运。

著名影星袁泉就是一个享受寂寞的女人，她在孤独中绽放得更美丽。虽然在热闹非凡的娱乐圈中，袁泉身上却有着一种挥之不去的孤独感。当一群人围在她身边时，她也无比显眼，那清冷的气息、少言寡语的样子就像隔离墙，把她和众人之间气质上的疏远，分得清清楚楚。你能感觉到她的某种不自在或惊慌，让人无法轻易接近她的内心世界。

这是一个让人想要用各种叙述和形容词来铺垫的女人，就像她从未大红也从未被观众忘却。生活中，她不施脂粉，一身简单的运动装，却散发着生人勿近的气息。她羞涩安静，与生人相处时可能会一天不说话。每当接受单独访问，她总是尽可能地少提及夏雨，她也有着属于自己的世界。

在星光灿烂的领奖台上，她干净清爽，甚至是与众不同地选择素颜示人，可以说这是一项奇迹，但袁泉就这样出现了，哪怕面对摄影记者。当她有时因某个话题笑出来时，你能清晰地看到眼角的细纹，然后想起她妈妈的身份，但又能感觉到她的笑也许只在表层，还没来得及延伸到心里，因为她的拇指紧紧扣住掌心，心理学家说：这叫紧张。

袁泉看起来并不喜欢与太多的人交流，她说："其实我可以交流，只是没那么强烈的欲望去让别人知道我，认同我的观点。虽然现在大家都玩微博，但我没这个欲望，我不想去知道别人什么，也不想去展示自己。"

脸庞宛如混血儿的女演员袁泉，由于有一种极具雕塑感的古典美而出演了一些旧时代的女孩儿，比如《简·爱》。她说身上的孤独感与经历有关，曾经她有着和《简·爱》中女主人公一样的自卑。

袁泉早在11岁时就一个人读戏校，由于环境陌生、年龄小，没有父母的呵护，她感觉特别孤独。所以她那时候特别喜欢看《简·爱》，知道自己要去演这样一个角色，她满心欢喜，因为她完全能理解女主人公所有的自卑。

《简·爱》女主人公的自卑很大一部分来自于她并不出色的外貌。袁泉也笑称自己这一点也与其极为相似，在她成长的过程中，很少有人认为她是漂亮女孩。所以即使在中戏读书后，她仍非常自卑。为了改变自己，她也曾像简·爱一样用努力改变人生。她上课特别认真，专业课都是最好的，她想用这个优势来弥补自卑。

袁泉说自己特别享受表演话剧。内心总感觉用第一人称说话时，特别不安全，但舞台上可以用其他身份说话，就不存在这个问题。舞台让她感到安全，角色和观众有距离，她也可以和他们同呼吸，也可以视他们不存在。她是个很多东西都需要慢慢回味的人，下意识就想慢点，千万别催她……在炒作盛行的娱乐圈里，袁泉是个例外，她孤独、低调，除了工作方面，她几乎什么也不愿意多谈。其实，袁泉比别人有着更多的娱乐资本，她那并不算丰富但精彩的感情生活，一直在吸引着人们的目光。她的每句话都字斟句酌，用字雅致而又优美，“小众文艺女青年”的她在孤独中静静地绽放着自己的灿烂。

波澜万丈的生活尽管激荡人心，让人心驰神往，但在人生的河流中，更多的则是平静，女人要学会一个人慢慢地享受人生，总会有那么一个时刻是孤独无助的，但不要害怕。当孤独来临时，去体味它、享受它，在欣赏完夏花的绚烂之后，不妨沉下心来，品读秋叶的静美。因为这本身就是人生给你的最高馈赠。

当然，寂寞永远都不是一个人的舞蹈，女人不要把自己的生命孤立。就好像燃烧的煤油灯一样，火焰虽小，却仍能产生出光亮和温暖来。只有这样，女人才能真正摆脱寂寞的困扰。

每个人都有自己的寂寞天堂

很多在都市生活的女人，内心总有一种挥之不去的寂寞，也许是忽略了与他人之间的关系，也许是职场竞争激烈，有着被人排挤的经历，抑或是内心深处的莫名空虚感，甚至是被社会遗弃的无奈，总之，这是一种长期内化出来的恐惧和不安。

寂寞来袭时，总是让女人无所适从。寂寞，不是感冒，用再多的消炎剂或特效药，都没有用。当你用药愈重，它的抗药性就愈强，反扑力也愈惊人。

唯一能救你的解决方案，就是用清醒的心，去观照它的虚幻不实，找到自己的寂寞天堂，它才会彻底消失不见。很多时候，我们无法排遣寂寞。所以，当寂寞来时，用微笑与之相伴。只有学会与之为舞的人，才能拥有一颗平和的心，才能更好地走出去，享受与人交往之乐。

独坐一隅，望着远处，天气很糟，云无力地飘浮着，似乎无法承受那灰暗的天空，仿佛要飘落下来。一阵风过，又有几片枯黄的树叶飘落下来，飘进了记忆的深处。片片落叶，仿佛都在述说着那曾经的缠绵，那遥远的往事……

王争是北京某个公关公司的经理，上班应付客户，下班周旋于餐桌应酬，每天说着言不由衷的话，做着于公于私有利的事，就是没有时间去关照自己的内心。最近，他感到特别疲惫，决定周末宅在家里。

但周六早上一醒来他就急着检查手机，看是否有朋友或客户的来电。

让他失望的是，手机没有任何未接来电，于是他开始了一天无所事事的生活。

没有洗漱，他直接打开冰箱，发现里面还是上周吃剩的饭菜，早就没了食欲，索性出去吃早餐，出门之时还不忘带上手机。

一个早饭期间，他的目光一直盯着手机。

手机依旧没有任何动静。既然没有朋友来约，不如回家翻翻书，清静一下。

王争想到这里，又返回家中。他打开门，翻开书，还是把手机放到手边，生怕漏掉一个电话，并且时不时地检查来电记录。

一个上午过去了，书没翻几页，手机也没有如他期待般地响起。他索性上网，看看有没有人在线聊几句。让他失落的是，线上也没人，也许是周末大家都有安排吧！

王争想到这里，决定主动出击，尽管他翻遍了通讯簿，打了许多电话或传了简讯，仍没有人响应。这个周末，他似乎不知如何安排自己。

整整一天，不管他到哪里，都紧抱着手机，因为，失去手机，他似乎就失去了和寂寞对抗的唯一武器，也失去了生存下去的勇气。

周日的早晨，王争不想一个人太无聊地打发时间了。突然之间，脑中浮现出去年和一群朋友去海边玩的画面，那种忘掉寂寞只剩下快乐的感觉顿时涌上心头，唤醒了全身的细胞，他决定开车出去走走。

一个小时后，王争驱车来到了海边，他下意识拿起手机，检查讯号强度，讯号良好，检查来电记录，仍是没有未接来电。在这一刹那，他的心苦到了极点，他大声嘶喊，用尽所有的力气。

喊过之后，王争发现内心平静了不少。他站在高耸的岸边，看着冷冽的浪花，在灰蒙蒙的空气中翻滚着。他突然感觉，人的心其实可以像大海一样宽阔，自己的烦恼与寂寞瞬间不见了。

王争在海边走着，看到嬉笑的孩子，便与之逗乐；遇到晒太阳的老人，就与之攀谈；看到甜蜜的情侣，就报之以微笑。这样一来，王争感觉生活原来是如此美好，心中也变得更加宁静了。他决定关掉手机，好好享受这难得的时光。

在密密麻麻的水泥丛林中，住着很多寂寞的人。寂寞无法避免，但并非无药可治。当寂寞来敲门，如果我们能保持清醒，勇敢地正视它，看穿它虚幻的外相，看清它的真面目，我们就可以在这红尘幻影中，优游自在地体验一切，远离苦恼和寂寞，自在无碍。

很多人都说，寂寞是人的天性。如果让寂寞吞噬你，这种寂寞，会带给你恐慌。每个人都有属于自己的寂寞天堂，解决寂寞的方法，自然就是快乐和悠然。一般来说，日常生活中，女人可以通过以下几种方式排解寂寞：

1. 静思

寂寞的时候，我们可以回味一下过去的事情，以明得失；也可以计划一下未来，以未雨绸缪。让寂寞像个沉默少言的朋友，在清静淡雅的房间里陪你静坐，虽然不会给我们谆谆教导，但却会引领我们反思生活的本质及生命的真谛。

2. 读书写字

寂寞的时候，我们也可以静下心来读点书，让书籍来滋养一下干枯的心田；喜欢写字的人，也可以在博客或空间写出自己的心声，让文字记录我们的心路历程，可以让它躺在记事本里默默地尘封，也可以时常翻看，激励自己。

3. 散步

散步可以使大脑皮层的兴奋、抑制和调节过程得到改善，从而收到消除疲劳、放松、镇静、清醒头脑的效果，所以很多人都喜欢用散步来调节精神。一个人散步时，我们可以仰望天空。无论是阳光明媚的春日还是凉爽的秋天。看云淡风轻，望长空飞雁。从而享受当下，更加珍惜现在的生活。

当然，我们也可以和家人一起去散散步，弥补一下缺失的情感；还可以和朋友聊聊天，古也谈谈，今也谈谈，不是神仙，胜似神仙。

把寂寞当作人生预约的美丽

许多女人每天都在抱怨生活的压力太大，感到内心烦躁，不得清闲。于是，追求清静成了许多女人的梦想，但却害怕寂寞。寂寞并不可怕，只要能暂时放下心中的惦念，真心体味，寂寞也是一种清静，而且比清静更有价值。

如果一个女人能把寂寞当作人生预约的美丽，怀着淡定从容的心态去面对世间烦琐，那么也就没有了真正意义上的寂寞了。一个人要想成功，必须能够忍受孤独。

纵观历史，但凡成就大业者在其创业初期，都是能耐得住寂寞的，古今中外，概莫能外。门捷列夫的化学元素周期表的诞生，居里夫人的镭元素的发现，陈景润在哥德巴赫猜想中摘取的桂冠等，都是他们在寂寞、单调中扎扎实实做学问、在反反复复地冷静思索和无数次实践中获得的成就。

季羡林先生也是一位懂得把寂寞当作人生预约的美丽的一个大师。20 世纪 30 年代，季先生独自一人前往德国求学，这一去就是 10 年，独在异乡的寂寞和对故乡及亲人的思念只能深埋心中。但他并没有被寂寞打垮，从最开始对人和环境的陌生，到慢慢适应，并潜下心来，钻研学术。

正是由于他能耐得住寂寞的考验，虚心向良师求教，学识大有长进，人生阅历也有所增多，只是身边少了亲人的陪伴。即使回国之后，由于工作原因，季先生很多时间也不能和家人在一起共享天伦之乐。直到1962年，妻子彭德华从济南搬到北京来，季老数十年的单身生活才算结束，“总算是有了一个家”。

季先生在散文《马缨花》一文中描绘了自己当年的寂寞：“曾经有很长的一段时间，我孤零零一个人住在一个很深的大院子里。从外面走进去，越走越静，自己的脚步声越听越清楚，仿佛从闹市走向深山。等到脚步声成为空谷足音的时候，我住的地方就到了。”当一个人把寂寞当作人生的馈赠时，心态就会淡然很多。季先生是一个懂得享受寂寞的人。

真正的大师，往往与寂寞同行。他们就像是武侠小说中的绝顶高手，唯有耐得住寂寞，才能在潜心修炼中练就绝世武功；唯有守住寂寞，才能在凝神之间习得抛却外界一切干扰的定力；唯有甘于寂寞，才能无欲无求，才能泰山压顶而自岿然不动。

对于芸芸众生中的我们，要挣脱寂寞的方法，就是要勇敢面对并接纳寂寞。生活中总会有这样、那样的挫折，会有这样、那样的机遇，然而只要你有一颗耐得住寂寞的心，用心去对待、去守望，成功就一定会属于你。

每个人一生中的际遇肯定不会相同，然而只要我们耐得住寂寞，不断充实、完善自己，当机遇向我们招手时，我们就能很好地把握，获得成功。

有“马班邮路上的忠诚信使”称号的王顺友就是这样一个甘于寂寞、耐得住寂寞的人。王顺友，是四川凉山彝族自治州木里藏族自治县的一位苗族邮递员。2005年被评选为“感动中国”十大人物。20年来在雪域高原跋涉了26万公里、相当于走了21趟二万五千里长征、绕地球赤道6圈。每年投递报纸8000多份、杂志700多份、函件1500多份、包裹600多件；投递准确率达到100%。

从1985年开始，王顺友就在大山里奔波送信。一个人、一匹马、一条路和一颗温暖的心。20年，他一个人跋山涉水、风餐露宿，按班准时地把一封封信件、一本本杂志、一张张报纸准确无误地送到每个用户手中。

木里地处青藏高原和云贵高原的接合部，这里除了山还是山，很难找到一块平地。因为地理和经济等条件限制，全县29个乡镇中，至今仍有23个乡镇不通电话，7个乡镇不通公路，16个乡镇没有电，但早在1976年2月，木里全部的乡镇都已通邮——邮政成为群众了解外界信息的重要途径和方式。邮递员步行给部分乡镇送信，邮件只能用马驮，被称为“马班邮路”。

在这条路上，没人能替他分担这近乎残酷的艰苦，他一肩挑、一人扛。当万家灯火、家人团圆的时候，王顺友只能一个人蜷缩在山洞、牛棚、树林里或露天雪地上，只有骡马与他相伴。冬天一身雪，夏天一身泥，饿了就啃几口糌粑面，渴了只能喝几口山泉水或吃几块冰。到了雨季，他几乎没有穿过一件干衣服。由于常年在野外风餐露宿，喝酒驱寒，王顺友的身体一堆毛病，胃病常年伴随着他，他的心脏、肝脏、关节也经常受到病痛的折磨。

王顺友视邮件为生命，忠诚履行着一个乡村邮递员的职业使命。1988年夏天，雅砻江上还没有吊桥，过河要使用溜索。当王顺友快到对岸的时候，钢绳突然断了，他重重地摔在沙滩上，裹在塑料布里的邮包落到江中。王顺友顾不上疼痛，随手抓起一根树枝，跳到江中，与激流搏斗了一个多钟头，终于将邮包拖上了岸，可他却累得瘫倒在岸边。

在恶劣的自然环境和艰苦的工作条件下，在马铃孤寂的叮当声中，王顺友以超乎常人的坚韧，日复一日，年复一年，工作在漫长的马班邮路上。在木里县邮政局的记录中，20年里，王顺友从来没有延误过一个班期，丢失过一份邮件。徒步在大山里孤身行走26万千米，每月至少要露宿6个晚上。

对越来越多的户外运动爱好者来说，这样的一次经历也许充满趣味，但每月都风雨无阻走上两趟，是不是难以想象？这个普通的苗族乡村邮递员却有着崇高的职业使命感，把寂寞当作人生预约的美丽，把这件事做了 20 年。

耐得住寂寞，是所有成就事业者共同遵循的一个原则。浮躁的人生是与之相悖的，它以历来不甘寂寞和一味追赶时髦为特征，被一种强烈的功利主义驱使。浮躁的向往，浮躁的追逐，只能产出浮躁的果实。这果实的表面或许是绚丽多彩的，却并不具有实用价值和交换价值。

但凡成就大业的人物，无不以踏实、厚重、沉思的姿态作为特征，以一种严谨的态度，追求着人生的目标。当这种目标价值得以实现时，仍不喜形于色，而是以更寂寞的人生态度去探求实现另一个奋斗目标的途径。

一位西方哲学家说：“世界上最强的人，也就是最孤独的人。只有最伟大的人，才能在孤独寂寞中完成他的使命。”所以，面对人生，女人要学会做精神上的“独行侠”，在孤独中寻求自我的价值，实现自我的价值。

真正的寂寞只存在于你的心里

在这个物欲横流的社会中，人心浮躁，越来越多的女人重视物质与金钱的分量，而忽视了身边最应该关注的一切。她们为满足内心的虚荣和欲望而奔波，完全成了物质的奴隶，几经周折，却只剩下一颗孤独而寂寞的女人心。

寂寞是一首情歌，是人与心灵的对唱。委婉的、悠扬的、浪漫的乐声打动着每一个时刻，激动着漫长的日子。寂寞又像是一朵花，开放在不泯的心灵里。孤独是既不爱人也不被人爱的一种失重状态，是处于不关心他人也不被他人关心的人生夹壁中，因此摆脱寂寞的唯一方式在于人而不在于物，只有在内心中彻底摆脱寂寞，才能感受到生活的美好。

5年前，卡儿失去了自己的丈夫，她悲痛欲绝。自那以后，她便陷入一种孤独与痛苦之中。“我该做些什么呢？”在她丈夫离开近一个月之后的一天晚上，她对朋友哭诉：“我将住到何处？我将怎样度过一个人寂寞的日子？”

朋友安慰她说：“你的孤独是因为自己身处不幸的遭遇之中，才50多岁便失去了自己生活的伴侣，自然令人悲痛异常，时间是治疗悲伤的最好的良药。时间久了，这些伤痛和寂寞便会慢慢减缓消失，你就会在痛苦的灰烬中建立起自己的幸福——开始新的生活。”

“不！”卡儿绝望地反驳道，“他永远离开了我，我怎么可能还会有什么幸福的生活？我已经不再年轻，孩子也都长大成人，成家立业。我孑然一身，还有什么乐趣可言呢？”

卡儿总是这么想，没有人能够说服她。由于心情长期抑郁、寂寞，卡儿得了严重的自闭症，而且不知道该如何治疗。好几年过去了，她的心情一直都没有好转。

有一天，一位好友忍不住对她说：“卡儿，如果你并不是要刻意引起别人的同情或怜悯，其实你是可以重新开始新生活的。去结交一些新朋友，培养新的兴趣，千万不要沉溺在往日的回忆里不可自拔。”

卡儿还是认为自己的余生只能与寂寞为伴了。她没有把朋友的话听进去，一直在为自己的孤独自怨自叹。后来，她觉得孩子们应该为她的幸福负责，便搬去与已经结婚的女儿同住。

但结果并不如愿，由于她的孤僻，让她和女儿都感觉痛苦不堪，甚至恶化到母女反目成仇。卡儿不得已只好又搬去与儿子同住，但也好不到哪里去。后来，孩子们只好共同买了一间公寓让她独住，但这更加重了她的寂寞。

她对朋友哭诉道，所有的家人都弃她而去，没有人要她这个老太婆。卡儿的确一直都没有再享受到快乐的生活，因为她认为全世界都在孤立她。她实在是既可怜，又可悲，虽然已年过半百了，但心理还是像小孩一样不成熟。

大多有寂寞感的女人，并不是自己情愿离群索居、孤身独守的。她们有的是在坎坷难行的人生路上遇到了伤人肺腑的痛苦，因而或嗟叹人生艰难，埋怨命运刻薄，或痛恨世态炎凉，咒骂人心虚伪；有的是感到自己怀才不遇，知音难觅，得不到别人的理解，因而也不愿去理解别人……境遇各有不同，其结果却大致差不多：把自己置身于孤独的控制之下，陷入无边的伤感之中。

人生，有时候就像一团总也解不开的乱麻，生活中的结千头万绪，无从下手，没有耐心的女人，通常到达不了幸福的彼岸。寂寞，就像是乱麻绳上沾染的尘土，在我们整理线头时，不知不觉间沾上了手，不用清水冲洗，便难掸去。取一捧心灵的净水，洗去那叫作寂寞的尘埃，人生才能在守候中开出最美的花朵。

有一首歌叫《享受寂寞》，一度曾在在网络上大肆流行，喜欢这首歌的听众很多，却很少有人了解这首歌的演唱者，广大的网友只是知道歌手夏鸣是一个生活在非洲小国多哥的中国人，事实上，夏鸣还是一个在国外开办企业的中国企业家。

从一个在非洲多哥开办企业的中国企业家到一名当红的网络歌手，我们不禁困惑，职业跨度如此之大，夏鸣究竟走过了怎样的心路历程，最终唱出了《享受寂寞》？

夏鸣出生于一个贫穷的家庭，小时候的他，家境特别不好，他曾经给人放过牛。也许是穷人的孩子早当家，这种生活环境造就了夏鸣坚强、乐观的性格。他立志要做出一番成就来改变自己和家庭。

他终于在多哥白手起家，创办了自己的工厂。其间的辛苦与要承受的寂寞，他自己都说不完。正是凭借着坚定的意志力和敏锐的判断力，夏鸣成了多哥当地最有名的中国企业家。夏鸣的事业取得巨大成功的同时，他也想起了小时候的梦想——当一名“歌唱家”。随着时间的流逝，这样的渴望也越发强烈。

2008年的夏天，夏鸣找到了国内的某知名音乐人，并向他诉说了自己的梦想和长久以来对祖国、对亲人的思念。根据夏鸣的意愿，该音乐人为夏鸣量身打造了单曲《享受寂寞》。寂寞是因为想念，想念的又何止是爱人，还有亲人，还有祖国！

歌曲《享受寂寞》通过一段段煽情的描述，把对亲人、对祖国的想念转化为音符，在音乐中升华。同时也告诉了我们一个真实的夏鸣，一个身处寂寞中又能享受寂寞的中国企业家夏鸣。

歌曲一经推出，迅速获得众网友的较高的点击率，一度成为各大视频音乐网站的重点推荐之歌。有网友说：“这首歌唱出了寂寞的真实滋味。”甚至有人说，若没有经历过极大的寂寞，是无法如此准确地唱出寂寞的真谛的。而夏鸣却淡淡地笑说：“我只是用心在唱。”真正的寂寞只存在于我们的心里。正如夏鸣对往日的艰辛与寂寞不说一句，只是用心在歌唱。他也许是不屑说，不想说。即便一句话也不说，人们从他的歌声中也可以感受得到，因为他是在用寂寞的灵魂在歌唱。

真正的寂寞不是从眼睛里看出来的，是从灵魂中看出来的。真正的寂寞，不是一个人的形单影只，而是心灵深处的孤寂。真正寂寞的人即使接触起来再亲切再好相处，也会在开怀大笑之后，马上恢复到冷漠的表情。

女人如果学会享受寂寞，其实不是一件坏事，更多的时候，寂寞可以让人学会回忆，学会沉思，学会享受当下的生活，学会自己去舔抚那无尽的伤痛。懂得享受寂寞的女人其实是最美的。所以女人们，学会享受寂寞吧！那一刻，你会发现其实自己真的是世界上最美的女人！

越寂寞越美丽

人生在世，谁都难免被寂寞所困。有的女人在寂寞中活得越发精彩、美丽；而有的女人却在寂寞中自怨自艾，心情抑郁。最主要的原因是她们处理寂寞的方式不同，对待寂寞的态度不同。如果我们能够把寂寞当作一剂清醒剂，可以把生活调节得有滋有味，就能越寂寞越美丽。

著名歌手刘若英是一个在寂寞中独自芬芳的女人，她从小一个人就学会了承受孤单，长大后一个人漂泊，常常会彻夜不眠。看似温暖而温和的她却承受了比别人更多的寂寞，如今她用歌声吟唱寂寞，在影视剧中传递温暖，在文字中诉说自己的心声。在刘若英小到甚至不记事的时候，父母离异。做船长的父亲带走了唯一的姐姐，两岁的她被送到阿姨家，小小的孩子却常挨打骂。爷爷奶奶去看孙女，看到了正舔着鼻涕吃棒冰的她，便决定带她回家，给她一个真正的家。

爷爷是将军，对她进行严格的家教。而奶奶对她的要求，也绝不比爷爷少。奶奶是大家闺秀，连出去开个门都会穿上丝袜。他们对刘若英要求十分严格，从小就得站有站相、坐有坐相。上学的时候，学校里常开“母姐会”（即家长会），但刘若英去的却只有奶奶。那时候的她真的很敏感，童年绝大多数时间里，她什么都不做，只是一个人坐在那里幻想，安静得像一只受伤的小兔。

那个时候，刘若英还很小。婆婆牵着她的手走到一台黝黑发亮有着黑白键盘的乐器前，把住她的小手在上面抚弄出了无数个音符，然后告诉她：“这是钢琴。”后来，奶奶几乎倾尽了自己的私房钱，为刘若英买了一台钢琴。在她称作是“被逼学琴”的那段岁月，她给自己的第一台钢琴取名“流浪”。

刘若英第一次问奶奶：“我为什么要学钢琴？”奶奶说：“如果有一天，你老公不要你了，你还可以有一技之长，可以养自己、养小孩。”7 岁的刘若英虽然还很懵懂，少不更事的她已经开始承受一个人的孤单，甚至开始学习亲人有可能会离开她的时候要去做的事情。

高中时的刘若英，曾经幻想自己可以成为一个作家，一如她喜爱的三毛和琼瑶，她发现自己起笔时选择的词句总是那样精准，永远可以恰到好处地表达自己当时的心情——与此同时她也悲哀地发现，她的语言机能退化了，她的嘴永远赶不及她的笔，不知道什么时候，她变成了一个孤僻、忧郁的人。

和所有患上“青春期忧郁症”的人一样，她曾经一度极端厌世，甚至想到过自杀。好在最后一刻突然醒悟过来，想到自己还有亲人，哪怕已经失去全世界，却不能再失去亲人。这种被需要的感觉，让她决定好好活下去。

一个意外的机会，刘若英签约进了陈升的公司。从此开始了一个人漂泊的路。她开始从助理做起，端茶倒水、洗厕所、买便当，像用人一样。但所有这些却让刘若英很有成就感，甚至这些成就感要比自己站在台上接受欢呼来得汹涌。当时，她最大的愿望就是在某张 CD 上印着“制作刘若英”几个字。

三年过去了，助理也做了三年，刘若英曾一度想放弃做歌手。但她一想自己是如此爱唱歌，又坚持了下来。她说：“没有一个工作是没有委屈的。起码我选择了一个我热爱的工作。在里面受点委屈，我觉得是应该的。”

刘若英幸运地遇到了张艾嘉，之后就有了让她崭露头角的《少女小渔》，但出演了《少女小渔》之后又有相当一段时间的沉寂。所有的一切还不能告诉奶奶，只能骗奶奶说自己很忙很忙，然后到处混，装作自己很忙。那时候，她常常彻夜不眠。她在《一个人的KTV》一书中写道：“躺在床上也不知道多久了，但就是睡不着，终于决定不再倔强，起来喝杯茉莉花茶。

“半夜收到公司同事的一封传真，恭喜我快出片了，我的思绪掉到了过去两年中无数一个人的日子里……

“看电影一个人，吃饭一个人，逛街一个人，挂急诊一个人，甚至一个人唱KTV。

“一个下午，算算自己已经四天没出门，突然很想唱歌。场景是东区热闹的KTV店。

“‘小姐，有订位吗？’

“‘小姐，有几位呢？’

“‘小姐你需要大包厢还是小包厢呢？’

“‘我，一个人。我需要小包厢。’

“我狠狠地唱了三个小时，像办了一场演唱会。唱自己的歌，想着这几年来我的改变。

“唱自己的歌，让那些日子一幕幕重现眼前。唱别人的歌，听听别人的心情，想象别人过的日子。最后嗓子沙哑了，泪水也终于布满了我的脸颊。可惜，只可惜这不是发生在布景壮阔的舞台上，也没有摆着精准的摄影机记录我发自内心的呐喊，我不过是一个人在KTV里扮演平凡女子的悲喜剧。

“埋了单，我以电影散场的心情走出KTV，天色已经是灰黑的了。下班时拥挤的东区，里头有一个这样的我。有歌唱还是好的，即使是自己唱给自己听。”

刘若英说自己是个活在当下的人，正是那些人生和事业的低谷，更让她懂得珍惜自己要面对的每一部戏和每一首歌。于是，她一度几乎变成工作狂，长期的疲劳和对身体的忽视让她累出了肾炎。对此，她依然微笑着说：“我常常会以为我能撑得住。”

生活中的刘若英，素面朝天；将越野车开得飞快；依旧很节省，只在有需求的时候才去逛街；依旧最喜欢待在家里，拆掉门铃，因为不愿被人打扰……台下她还是那个刘若英，一个也许永远不会被改变的刘若英。

她只想牛仔裤白衬衫，每天早上在同一家咖啡馆吃早餐，出门到诚品书店逛一圈。她只想要这样简单的生活。不工作的时候，她喜欢坐在屋子的角落，低头看着杯子，阳光透过落地窗洒进来，照在她肩上，还有她手里那杯奶茶。刘若英就是这样一个女子，因为寂寞更独立，因为独立更美丽。如今，刘若英找到了自己的幸福。越寂寞，越美丽。刘若英一直走在寂寞又幸福的路上。

当寂寞侵袭时，我们可以利用这样的情绪来沉淀自己。所以，寂寞可以是正面的，也可以是负面的，它本身不具任何意义，关键是我们对待寂寞的态度。寂寞本身是不可怕的，可怕的是我们对它的恐惧及不知所措。

每个女人其实都活在自己的世界里，这意味着我们永远不可能赶走寂寞。寂寞来了，就不走了，它要成为土壤，成为泉水，成为营养，如果女人了解它、善待它、爱它、享受它，它就会让自己怒放出最美丽、最芬芳的花。

倾听寂静，优雅吟唱

既然寂寞是现代都市丛林中的人们无法逃避的症候群，我们不妨坦然接纳寂寞，把它当作人生预约的一种美丽。当寂寞来袭时，女人应该坚定地活在自己的世界里，以最优雅的姿势喊出心中的迷茫和无奈，远远胜过在人群熙攘的大广场里游荡徘徊。学会享受寂寞便是爱自己、爱生命的一种表现。

人生只有一条路，且必须由你独自行走！在这条路上，我们也许会经历数不清的寂寞和清冷，也许会有枝枝蔓蔓阻碍前进的路。这时，淡定的女人会用快乐的音符驱除阻碍和寂寞，心情舒畅了，道路畅通了，前面路上才会铺满似锦繁花。耐得住寂寞的人才能获得一番成就。

有这样一个人终生过着寂寞的生活。

他出生在一个再平常不过的小村庄，父母都是地位低下的犹太人，没有任何背景。有人甚至说他没有父亲，他的母亲是一个农家女。而他小时候就没能在父母身边快乐地成长，却在另外一个小村庄里长大，在木匠店里工作。30岁后开始旅行布道3年之久。

一生中，他没写过一本书，没有担任过任何职务，甚至也没有一所属于自己的房屋，整日居无定所，没有自己的小家。

当然，他也没有机会接受大学教育，甚至不曾涉足过大城市。他足迹所到的地方，不过是离他的出生地不逾300公里的地方。他连一张证书也没有，他只有他自己。一切和伟大有密切关系的东西，他全没有。

年轻的时候，人们瞧不起他，鄙视他，反对他。就算他教过的学生也曾经抛弃他，甚至还有一个学生竟然出卖了他。当他被交到当时的统治者手中，受到审判，被人嘲笑、捉弄。后来，他竟然被残酷的当局者钉在一个木头十字架上，钉在两个强盗当中。他仅有的一件外衣也被士兵们抢去。生时如此寂寞不易，死后也未能有一个安身之地。死后的他，尽管被人从十字架上取下来，但没有一个属于他的坟墓。于是，他的一个朋友把为自己准备的坟墓让给了他，才使他有了一个葬身之地。

直到今天为止，世界上任何一个人都抵不过他的寂寞。有人说把全世界所有的陆军、海军，所有议会的议员，所有统治过人类的帝王都加起来，对地球上人类生活的影响力也远远不及这个孤独的人。

这个一生寂寞的人就是耶稣。正因为耶稣在长期困苦的一生中，不沉溺、不抱怨；在寂寞时埋头前进，优雅吟唱，从而成为全世界人敬仰的一个人。

现代社会中那些为生存而挣扎的人总会抱怨内心的空虚和人情的冷漠，哀诉人间的不公正。这样并没有任何意义，不如享受并歌唱寂寞。

其实，寂寞是一种难得的感受。当我们想要躲避它时，它已经深深存在于人们的心中。此时，不妨轻轻地关上门窗，隔去外界的喧闹，一个人细心品味寂寞的滋味。坐在桌前，焚一炉檀香，冲一杯咖啡，翻一本酷爱的图书，感受久违的纸墨清香。当然，如果你愿意，你也可以什么也不想，只是一个人静静地待上一会儿，让大脑暂时处于休眠状态。

此时，保留一点空间则可以使我们反思过往，展望远景，只有这样才能醒悟，摆脱寂寞。“过尽千帆皆不是，余晖脉脉水悠悠。”意在告诉人们，只要学会品味寂寞，那么寂寞的日子总会有尽头，漫长的等待总会有归期。并且会在寂寞的等待后，体会到绝美的心境，而这些是要有过这种望断千帆的经历的。

耐得住寂寞的女人往往拥有一种难得的品质，它不是与生俱来，也不是一成不变，它需要长期的艰苦磨炼和自我修养、完善。耐得住寂寞是一种有价值、有意义的积累，而耐不住寂寞是对宝贵人生的挥霍。

据说有一位美国的记者整日在外地取景采访，利用自己的职业捕捉生活中的真善美。尽管每天都过着漂泊不定的生活，但他却不觉得寂寞，因为他爱这个工作，并从中感到其他工作不能带来的快乐。

有一次，这个美国记者来到南美洲的一个原始部落采访。一路走来，他看到街道上只有很稀少的本地土著人守着自己的物产在等客，他们不叫卖，不招揽顾客，来来往往的行人也不多。美国记者心中很疑惑，为什么他们不去主动推销自己的物品呢？

走着看着，到了集市尽头。美国记者看见一个老太太在卖柠檬，完全不管有没有来客，只是自顾自地在小声吟唱。老太太的生意应该是不太好，好像一上午也没卖出去几个。这位记者动了恻隐之心，不如我把老太太的柠檬全部买下来，这样，她就能“高声唱着歌回家了”。

于是，记者走上前去，对老太太说：“你把这些柠檬都卖给我吧，这样你就能早早地回家，不用在这里寂寞地等待其他的客人了。”

老太太说：“我每天都这样，不觉得寂寞，我喜欢在没有顾客的时候歌唱。有客人时我就招呼客人，有没有客人来我都一样。如果我现在把柠檬都给了你，那我下午卖什么？”

记者闻听此言大吃一惊，是呀，老太太不觉得没有客人来光临自己的生意是一种寂寞，反而淡定地做着自己应该做的事情。而自己不也正是因为喜欢了这个在别人看来是一种寂寞的工作的记者职业吗？寂寞的时候，老太太依然如此淡定，依然把日子过得这样优雅。

人的一生中，繁华总会在某一天落幕，情感总会在某一个时刻变得空洞，那么，不如我们静静地享受寂寞。可以优雅地为自己跳一支舞，动情地唱一首歌，将春风拂面后的一刻温暖酝酿成一首美丽的诗篇，为一个瞬间的涌动留下一个美好的镜头。

当人的情绪处于低潮时，对任何事情都提不起兴趣，要学会转移注意力。有些事情既然已经成为事实，就尝试着去接受，去面对。一个人不可能改变世界，世界也不会因你而改变，淡定女人所能做的，就是适应世界，不钻牛角尖，优雅吟唱自己的生活，才会有自己的精彩。

纤尘不染，方解开天罗地网

生活中，人们总是牵挂得太多，太看重得失，所以情绪才会起伏。有些习惯被负面情绪牵着鼻子走的人，根本不可能活出洒脱的境界。

一个真正淡定的女人，在现实的世界中会抱着一种超然物外、游戏人间的心理看待生活。游戏人间不是玩世不恭，而是让自己的心境轻松，守住做人的本分和原则，从俗事中解脱，不被世事烦琐所累。

不管外面的世界多么喧嚣，但是被纷扰包裹的是我们心里的安静，正是我们心里在喧闹，这个世界在你看来才是一个喧闹到无法忍受的世界。正如我们捧着一本书，如果心不静，再好的书也读不进去，更不用说领会其中妙处了。

生活也是如此，只有安静下来，人的心灵和感官才是真正开放的，从而变得敏锐，与世界的万事万物处在一种最佳关系之中。当我们以出世的心做入世的事，不让世俗功利蒙蔽你的心灵，淡然面对得失，坦然接受成败，才能超脱物我，找到生命的真谛。

据说，古代有个皇帝感觉心情烦躁不安，怎么调节都不行，找了几个御医也没有效果。这时，有人提议，如果皇帝看了一种特别的画，就能让心情平静下来。

于是，皇帝提供了一份非常优厚的酬金，以此来激励能画出最平静的画的人，以便自己在心情烦躁时能拿来缓解情绪。许多画家都来尝试。皇帝看完所有的画，只有两幅他最喜欢。

其中一幅画是一个平静的湖，湖面如镜，倒映出周围的群山，上面点缀着如絮的白云。看到此画的大臣们都认为这是一幅描绘平静的最佳图画。

而另外一幅画也有山，但山路看起来是如此的崎岖，整个山上又不见丝毫草木，天空下着大雨，雷电交加。山边翻腾着一道涌起泡沫的瀑布，看来一点都不平静。

可是当皇帝看到第二幅画时，表情非常平静地说："就是这幅了，我看见瀑布后面有一个小树丛，其中有一个鸟巢。在如此嘈杂的环境下，这只鸟却平静地坐在它的巢里，人应该向鸟学习。"

最后，皇帝选择了后者，奖金给了画这幅画的画家。

内心的安静并不等于生活中不发生任何起伏，而是在世事纷乱中，心中仍然宁静。当一个人能够做到跳出了世俗生活的局限，站在一个"登泰山而小天下"的高度，观看世间百态，他就远离了世俗的功利与喧嚣，看淡了个人的成败与得失，过着宛若陶渊明笔下"心远地自偏"的宁静生活。

中国古代历史上，有许多人演绎出了纤尘不染的淡泊心境，解开了天罗地网的烦扰。唐朝的李泌便是其中之一，他睿智的处世态度充分显现了一位政治家、宗教家的高超智慧。该仕则仕，该隐则隐，无为之为，无可无不可。在著作《长歌行》中，李泌这样写道："天覆吾，地载吾，天地生吾有意无。不然绝粒升天衢，不然鸣珂游帝都。焉能不贵复不去，空作昂藏一丈夫。一丈夫兮一丈夫，千生气志是良图。请君看取百年事，业就扁舟泛五湖。"通过这几句话，他将内心对名利功绩的感受描绘得淋漓尽致。

李泌一生中曾因种种原因多次离开朝廷。玄宗天宝年间，当时隐居河南嵩山的李泌上书玄宗，议论时政，颇受重视，但却遭到杨国忠的嫉恨。杨国忠随后毁谤李泌以《感遇诗》讽喻朝政，李泌被送往蕲春郡安置，对此，他并没有抱怨朝廷，也没想着报复杨国忠。他索性"潜遁名山，以习隐自适"，大有既来之则安之的意思。

自从肃宗灵武即位起，李泌就一直在肃宗身边，为平叛出谋划策，虽未身担要职，却“权逾宰相”，这下又再次招来了其他权臣的猜忌。李泌自然明白自己当时的处境，灾难随时都可能发生。当收复京师后，李泌便功成身退，进衡山修道。

代宗即位，便强行将李泌召至京师，任命他为翰林学士，使其破戒入俗，李泌又一次进入朝廷做事。他依旧不拒绝，而是顺其自然地做着分内之事。他自己虽无意与人争名利，却无法阻止别人的想法。

当时的权相元载将其视作朝中潜在的威胁，寻找名目再次将李泌逐出朝廷。被逐出的李泌依然享受山野的生活，不留恋曾经的浮华。

后来，元载被诛，李泌又被召回，却受到权臣常衮的排斥，再次离京。建中年间，泾原兵变，身处危难的德宗又把李泌招至身边。

李泌屡蹶屡起的原因，在于其恰当的处世方法和豁达的心态，他已达到了顺应外物、无我无己的境界。当社稷有难时，义不容辞，视为理所当然；在国难平定后，全身而退，没有丝毫留恋。

当我们看透了人生的本质，便不会被繁华遮蔽双眼，人生不过是一杯水，用出世的心做入世的事，便能充分品味水的甘甜。人生最好的境界是安静。内心纤尘不染，方能解开世间的天罗地网。

爱默生曾解释过什么是成功：“笑口常开；赢得智者的尊重和孩子的热爱；获得评论家真诚的赞赏，并容忍假朋友的出卖；欣赏美的事物，发掘别人的优点；留给世界一些美好，无论是一位健康的孩子、一个小园地或一个获得改善的社会现状都可以；知道至少一人因你的存在而过得更快乐自在，这就是成功。”

淡定的女人总是心如止水，但是止水并不是死水，所谓静止只是相对的状态。人生往往是宁静里波涛汹涌，那些最平淡的事情里面往往酝酿着最为激烈的情感。一个女人如能做到在宁静中感悟奔腾，已到达心灵的至高境界。

有了这份平淡的处世心态，你就会在简简单单的生活中快乐地生活。当你忙里偷闲，与爱人、孩子一同去逛公园、去看电影、去野炊时，你会懂得，生活其实有很多内容。我们大可不必为了一个出国名额而彻夜不眠，大可不必为一次职位的晋升而寝食难安。

在平日忙碌而充实的生活中，忙碌便有所收获；你岗位平凡但你乐在其中；你斗室而居，但衣食自足。也许你是一个普通的女人，普普通通如一棵草；也许你是一个貌不惊人的女人，平平凡凡如一朵花，但你同样可以骄傲，默默绽放的花朵也会芳香宜人！

不随波逐流，闲庭信步品味人生

现代社会快节奏的工作和生活很难使生命保持一种舒缓有律的节奏，就像音乐中的中速与慢板。快节奏、高压力使人常感觉到活着很累，幸福感也会大大降低。但是有这样一种女人却让自己活得很惬意，她们把一切安排得有条不紊，又有情致，享受当下的闲适，品味生活中的美好。

生活节奏加快诚然是事实，但我们并不能被生活困住手脚，自由的心只有飞翔才能更快乐。“宠辱不惊，看庭前花开花落；去留无意，望天空云卷云舒。”心有多大，世界就有多大。

据说有一位行吟诗人，他永远都在路上，居无定所，一生都住在旅馆里。他看完了一个地方的风景，就转向另一个地方，不断地从一个地方到另一个地方。几乎每一天都在各种交通工具和旅馆中度过。当然这并不是因为他没有能力为自己买一座房子，他一路上观看风景，写下优美的文字，早就出版了几本诗集和专著，并且深受读者的喜欢。他说自己喜欢这种生活的方式，能够让自己感觉到生命的意义。

后来，他年龄越来越大了，政府鉴于他为文化艺术所做的贡献，决定免费为他提供住宅。这在别人看来无疑是天上掉下的馅饼，让人意外的是他竟然拒绝了。对此，他说："有房子就要置办东西，有了这些就会成为我的牵挂。我不想为了一个固定的住所而束缚了自己的内心。"就这样，这位特立独行的行吟诗人，在旅馆和路途中度过了自己的一生。

他死后，朋友为他整理遗物时发现，他一生的物质财富就是一个简单的行囊，行囊中只有用来写作的纸笔和简单的衣物；而在精神财富方面，他给世界留下了10多卷优美的诗歌和随笔作品。

这位诗人的生活是简单而富有意义的。他的人生是一种去繁就简的人生，没有太多不必要的干扰，没有太多欲望的压迫，是一种简单而又纯粹的人生。我们要在现实世界中享受如诗般的生活，需要在心中辟出一块田地，给自己一杯茶、一本书、一个阳光灿烂的下午……

我们要时常打理自己的心灵，因为它随时会杂草丛生，贪欲是最难耕除的杂草。贪图享受、贪图自由、贪图……一旦贪念生成，一切便染上了目的性和功利性，闲适也会随之远去。

素黑就是一个自在如女巫般的美女作家，行走在天地之间，过着诗意生活。提起素黑有一连串的头衔，中国香港著名心理及情感治疗师，文化研究硕士，注册临床催眠治疗师，专栏作家。已出版多本畅销的心灵著作，《放下·爱》《一个人不要怕》《在爱中修行》《两个人的孤独》《出走年代》等。

这个永远不能被定位的女子做过很多工作，包括艺术行政、文化编辑、网站高级管理、网上电视主持、情绪教育顾问，曾在香港多所大学担任客席讲师及客席演讲嘉宾。

素黑其实不大喜欢说话，不爱上镜头。四方八面的人却喜欢走近她，希望知道她的一切，聆听她的心灵指引。

素黑说生活常常只在一念之间，就看你自己是想找自在还是找不自在。她不关注物质，不穿名牌服饰，她喜欢自己做衣服，黑色的，一件可以穿十几二十多年。她只关注活着，自在地、自由地、有尊严地活着。

素黑创立的“黑洞治疗法”，就是从黑色里面去学习接受，接受自我，接受世界，去热爱自己，去热爱世界。休息也很重要，它是平衡和配合生活元素的重要一环。发脾气是没用的，我们不能只是爆发，而要花更多的心思去调节内在。平常要修行，遇到问题的时候自然会迎刃而解。

素黑到过很多地方，1997 年她曾抛下一切去往英国南部小镇布莱顿隐居，出走是她学习自爱和心灵净化的重要食粮，边写游记边感受生命和爱。

工作之余，她喜欢到海边、山林里行走，去英国出走的那段时间，在海滩上，她感觉那边的阳光、水，放下了所有的一切。让自己彻底回应自然和宇宙，完全融入其中，这是在都市里完全体会不到的。让人感觉自己变得越来越透明，越来越年轻……

吹“尺八”（一种乐器）也是素黑调节心情的方式之一。她说掌握尺八非常难，因为它太简单，反而需要很高的技巧和全部的心思来掌握微细的音调变化，使人与尺八合二为一。为了找到一个好的尺八，素黑会用日本的明竹自己学习制作尺八。这时，她会将自己最大的爱倾进去，专心地、纯粹地去做一件事，过程就相当于修行。素黑这个特立独行的女子，活得自在又洒脱，工作生活一样都没落下。她活在自己的选择中，对自己的选择负责，无怨无悔。

做能做的，量力而为。别忘记休息，保存正能量。觉知自己正在做的，随时调校质量。其实我们每个人都有不为人知的另一面，所以管理好自己的情绪最重要，只有这样，我们才能闲庭信步品味人生，不盲目跟随他人。

人生总是瞬息万变，计划赶不上变化，有多少巧合，又有多少错过？有多少偶然，又有多少如果？意外总是不期而至，而我们能做的只有保持一颗平常心！宠辱不惊，看庭前花开花落；去留无意，望天空云卷云舒。把握住当下能够把握住的东西，才是应对无常最好的方法！

最美的姿态——做你自己

生活中，有些女人总是习惯羡慕别人的生活是如何幸福、美满；看别人的工作多体面，而抱怨自己多年来依然没有任何晋升；看别的男人如此能干，而自己的老公却如此平庸……于是，我们埋怨生活的不公，命运的不济，结果只能让自己的状态更加不堪。事实上，女人最美的姿态就是做真实的自己，只有我们做好了自己，才能活得轻松，过得自在。

有一对孪生姐妹，由于父母同时死在一场事故中，姐妹两人分别被不同的人家收养。多年后重逢，个性活泼的妹妹则在乡下做了一名小学教师，过着清贫而恬淡的生活。个性安静的姐姐则在一个大都市里当了白领，过着富足却紧张的生活。

姐妹俩活得都不快乐，姐姐羡慕妹妹远离都市的繁杂，轻松自在，没有压力，相夫教子，幸福快乐；妹妹则羡慕姐姐生活在繁华的大都市，工作体面，环境优越。

一次，姐妹俩商量，不如相互调换一下，体会各自向往的生活。姐姐在乡下当一名小学教师，每到农忙，还要拼命干活，照顾一家人，累得半死挣不够自己一次美容的钱，丝毫享受不到生活的轻松与安逸；妹妹为了能够适应都市生活，每天出去找工作，好不容易找到了一份工作，却发现自己无法应付职场的人际关系，再也感觉不到都市的繁华，心里充满了压抑。姐妹俩这才发现，还是做自己最好，合适的才是最好的。

这个世界多姿多彩，每个人都有属于自己的位置，有自己的生活方式，有自己的幸福，何必去羡慕别人？安心享受自己的生活，享受自己的幸福，才是快乐之道。许多时候，人们往往对自己的幸福熟视无睹，总觉得别人的幸福很耀眼。他们想不到，别人的幸福也许对自己不适合。羡慕别人的时候不要忽视那双羡慕你的眼睛，自己做自己最好，活得惬意，体味幸福。

央视著名主持张越出生在北京一个普通的家庭，从小就胖嘟嘟的，有其他婴儿几倍重。人们都觉得小时候的她胖得可爱。

逐渐长大的张越，从人们看她的眼神里感觉到，胖其实不是什么好事。别人认为她又呆又笨，慢慢地，胖让她自卑。

于是，她开始拒绝去人多的地方，她害怕见到那些身材苗条的女孩；她看到别的女孩跳舞，也只有远远地站着，她不能也不敢喜欢跳舞；最害怕的还是体育课，她怕自己跑步的姿态成为别人的笑柄……

当时，张越最大的愿望是自己能有一身隐身衣，让所有的同学和老师都看不见她。后来，她听大人们说，深颜色的衣服可以显得瘦一些。从此，她只穿蓝色和黑色的衣服，只是希望把自己那不堪入目的胖隐藏一点，再隐藏一点。

就这样，她越来越自卑，甚至拒绝上体育课，宁愿一个人坐着发呆。

又一次体育课，她一个人坐在教室里，突发奇想：我要是变成某某某多好。可是，当她把班上所有同学都“扮演”了一遍之后，她发现变成了别人的“自己”虽然有很多优点，但她也发现每个人也都有很多缺点。这一刻，她释然了，还是做自己最好。

当她打开了心锁，不再自卑，跟不同的人交往，读各种书籍，在交往和阅读中，她汲取自己成长需要的大量营养。

一个偶然的机会，中央电视台想让她做节目主持人，却又怕观众不满她的长相，于是电视台一次又一次地把她作为嘉宾推到观众面前。但张越并不在意，依然充分地做着上镜前的各种准备。

就这样，张越成了中央电视台《半边天》栏目主持人，并获得了“中国电视主持人25年杰出贡献大奖”的荣誉。

有人问她：“身处电视台这种地方，女主持人更是美女如云，你会不会觉得自己被她们抢走了光彩？”面对这个似乎有点找茬的问题，张越笑得十分爽朗：“你直接说我不漂亮得了。无论漂亮与否，我只能做我自己。”只要是最适合自己的，便是最好的、最美的。张越深深明白，胖并没有错，因为她跟其他任何人一样，都是一个健康的人。胖，并没有让她的生活变得很糟，倒让她从跟自己找茬的青春期里明白了很多道理，学到了更多有用的东西。所以，她现在和别的美女主持一样光彩照人。

谁甘愿度过平庸的一生？谁没有过美好的憧憬？人和植物、动物的区别，重要的一点恰恰在于人会设计自己的愿望，有实现这一愿望的冲动。有理想、有追求是一种积极主动的活法，不被某一不切实际的理想或追求所折磨，调整选择的方位，更是积极主动的活法。

淡定的女人深知：一切生活都是值得好好去过的。须知任何一种生活都是生活，如果一个女人总是一味地去羡慕、模仿别人，最终可能什么都得不到，你也不可能找到适合自己的方式。所以，别忘了，做你自己才是最美的姿态。

不与百花争艳，笑看寒风乍起

在日常生活中，有些女人往往会为一些鸡毛蒜皮的小问题争得面红耳赤，谁也不让谁，较起真来，以致非得决出胜负才罢休。真正淡定的女人却不这样，她们如菊花般自若洒脱，不与百花争艳，笑看寒风乍起，独自承接季节的馈赠，波澜不惊，没有落英缤纷，却留傲然风骨。做女人就要像菊一样淡定而不随波逐流，淡定而坚守信仰，淡定而不断超脱。

很久很久以前，有个富人非常有钱，娶了好几个太太，有跟他始终相伴但已年老色衰的老夫人，也有年轻貌美的小太太。

富人老了，他感觉自己的身体越来越差了，就悄悄命人写下了遗嘱。

有一天，富人去世了，夫人们都关心这个遗嘱。令其他夫人生气的是，遗嘱中将所有的遗产都留给了那个最老的太太。

富人的这些太太以及他的众多子女们在老夫人面前吵吵嚷嚷、争论不休，都想分得一部分遗产。

沉痛的老夫人看到众人不是为逝去的人伤痛，而是为财产而争吵，便大声说：“别吵了，我什么都不要，你们都拿去吧！”

众人随之一惊，然后问及原因，她说：“在这个世界上，我最深爱的、最在乎的人都不在了，还有什么好争的。他走了，一切都没有意义了。”

听完这句话，所有的太太及子女们都傻了眼，他们羞愧得无地自容。

不争，是人生至境。在老夫人看来，再多的遗产都不及她与丈夫多年相伴的点滴，所有的财产也是因为丈夫而享受到的。人去了，富足的生活对她而言没有任何意义。淡定的女人永远知道自己最想要的，而不会随波逐流。哪怕是身在逆境，也不急不躁，坦然面对。

一个内心有风景的女人，她不会炫耀自己，不会解释自己，也不会轻视自己，她的内心是美好而富足的，所以她没有自卑感。一个内心有风景的女人，她的身上由内而外散发出一种静气，不为取悦众人，不与百花争艳，不动声色地悬于一隅，笑看寒风乍起，淡定自若，不争、不喧、不怨，在简单的生活中寻找芬芳。

这个世界有着数不清的吵闹、喧嚣、摩擦，这一切都是争的结果。有人明争暗斗，有人争大利益，有人喜欢占小便宜，往往弄得鸡飞狗跳、人仰马翻。争的结果不是快乐，不是幸福，不是心安，只是烦恼、痛苦、仇怨，以及疲倦至极的身心。

如果我们的心胸开阔一些，把得失看轻一些，名利看淡一些，自然也就争不起来了。其实，这个世界不会厚此薄彼。你没必要去争什么，生命，只在被欲望迷乱了的人心中，才一定要分出尊卑高下。

争强好胜者未必以全胜而告终，而谦和的人，原本就把出人头地看得很淡，更不屑一点小是小非的争论。有时候，我们越是有理，越要表现得谦和，这样，越能显示一个人胸襟坦荡、修养深厚。

麦金莱任美国总统时，特派某人为税务主任，但为许多政客所反对，他们派遣代表进谒总统，要求总统说出派那个人为税务主任的理由。为首的是一名国会议员，他身材矮小，脾气暴躁，说话粗声恶气，开口就给总统一顿难堪的讥骂。

面对那位议员的粗鲁与无理，麦金莱总统并没有气得暴跳如雷，反而视若无睹，不吭一声，任凭他骂得声嘶力竭。那位议员看麦金莱总统并没有像平常人那样气愤，反而泰然处之，非常不理解，他于是问："总统阁下，你难道没有听到我刚才的责骂和控诉吗？"麦金莱总统这才用极温和的口气说："现在，你的怒气应该可以平息了吧？照理你是没有权力这样责骂我的，但是，现在我仍愿详细解释给你听。"

议员听了这几句话，顿时低下头去，羞惭万分，但是总统不等他道歉，便和颜悦色地说："其实我也不能怪你。因为我想任何不明究竟的人，都会大怒若狂。"接着他把任命理由解释清楚了。

事实上，说到这里。议员已经被总统的宽容所折服。他在心中暗暗懊悔刚才不该用这样恶劣的态度责备一位和善的总统，他满脑子都在想自己的错，以至于压根没听进去总统任用那个税务主任的解释。因此，当他回去报告抗议的经过时，他只摇摇头说："我记不清总统的全盘解释，但有一点可以报告，那就是——总统并没有错。"

毫无疑问，在这次交锋中，麦金莱总统占了上风。为什么他能占上风？就是因为他的宽宏大量。做人首先要有一颗博大的心，这颗心的格局要大。心的格局有多大，人生的成就才有多大。不是有"海纳百川，有容乃大"这句话吗？这句话被许多人看成自己做人的准则，麦金莱就是其中之一。

法国作家雨果说："世界上最大的是海洋，比海洋大的是天空，比天空大的是胸怀。"不管什么是非都去计较的话，你一辈子就没有办法生活了。在我们生活的社会里，许多事情，尤其是小事情，如果看开一些，自己的心胸就会变得宽广。

老子说，夫唯不争，故天下莫能与之争。只要有一种看透一切的格局，就能做到豁达大度；把一切都看作"没什么”，才能在慌乱时，从容自如；忧愁时，增添几许欢乐；艰难时，顽强拼搏；得意时，言行如常；胜利时，不醉不昏。只有如此放得开的人，才是豁达大度之人。

做女人理当如此，身处浮华却不与事争，不与人争，不与世争，积极进取，做最好的自己。得之，我幸；失之，我命。只有如此，才能行走于繁花丛中不与百花争艳，身处逆境笑看寒风乍起。

与人为善，与己心安

一个善良的女人是让人喜爱的，善良是一种品德，善良更是一种美丽。一个善良的女人即使她的容貌不够美丽，她的品行也会让她焕发迷人的光彩。

古人云：“取诸人以为善，是与人为善者也。故君子莫大乎与人为善。”从历史上看，凡是君子都是吸取别人的优点、长处，自己来实行善事。君子的最高德行就是与人为善。

给予总比索取更令人开心。无论是植一棵树，还是做一件善事，抑或当一次义工，那种被人需要的感觉是无价的。如果我们能亲眼看到由于自己的一点点付出而让别人得到满足，那种发自内心的快乐真是难以言表。

善，一般是和“慈”字连在一起的。慈善，是一种值得敬重的美德。慈善事业，是一种美好的事业。慈者，就是爱的意思。

著名演员蒋勤勤就是一个胸怀博大、多次为慈善事业出力的人。蒋勤勤做了母亲之后，将自己最朴实无华的母性和博爱展现在大众面前，逐渐褪去娱乐圈明星的浮华。她甚至很少接戏，将自己的重心转为频繁地参加各种慈善公益活动。

2007年夏天，蒋勤勤因怀孕生子许久未在公众场合露面，却突然出现在重庆的壁山。当时，由于是大雨过后，山路泥泞不堪，蒋勤勤没走多远，身上、鞋子上都溅满了大块泥点。当有人提出要背她走时，身为重庆人的蒋勤勤因为对故乡的泥土有着一份难以割舍的依恋之情，执意自己走。

在贫困母婴家，蒋勤勤立即与她们亲切地攀谈起来，讲起了自己的育儿经，并把自己的宝贵经验一一分享给贫困母亲，甚至热情地进行现场指导，教年轻妈妈们学习如何科学合理地喂养。看到当地喝着米汤的婴儿，了解到贫困母婴家庭真实的生活条件和育儿的各种艰辛时，蒋勤勤忍不住泪洒现场，几度失控，浮华背后的那颗爱心让人感动。

汶川地震发生后第二天，蒋勤勤就和老公陈建斌以个人的名义向灾区捐款20万元，震后的第5天，灾区依然余震不断，蒋勤勤不顾个人安危，立即随“母爱在行动”特别行动小组抵达四川重灾区绵竹，并把从北京带来的价值10万元的奶粉亲自送到了灾区母亲和孩子们手上。在临时搭建的简易帐篷里，蒋勤勤跟地震中失去双亲的孩子们玩耍、聊天，为这些孩子进行心理咨询。几十个孩子同时喊她“妈妈”，她说，那一刻，声声妈妈叫得她的心都碎了。

在灾区的那几天，蒋勤勤以一个母亲的身份无微不至地关爱着灾区的孩子。从灾区回来后，她开始频繁地出现在跟赈灾有关的各种公益活动中，身体力行地呼吁社会给予灾区更多的关注和帮助。她多次在赈灾公益活动中说，灾区的人们尤其是孩子们比她想象的要坚强，但是地震对他们身心造成的创伤可能需要更长的时间去治愈。

随后，在顾长卫导演执导的赈灾短片《2008分之一》中，虽然当时蒋勤勤一直饱受皮肤过敏的痛苦，哪怕在短片中她没有正面的镜头，但她还是义不容辞地出演“短信妈妈”这一角色。

拍摄当日，蒋勤勤更是忍着高温，在废墟里足足坚持了6个小时。拍摄过程中，为了达到眼中有血丝的效果，她用烟熏眼睛。为了达到逼真的效果，她不惜形象被毁，脸上涂满了泥土和血浆。面对这一切，她全力配合，丝毫没有怨言。

如今，蒋勤勤的另一个身份是中国红基会志愿者真情基金的名誉理事。身为志愿者真情基金的名誉理事，蒋勤勤相信这是荣誉，更是责任，她希望能用自己的影响力为公益慈善做更多事情，她积极响应节目倡导的“一日捐”理念：呼吁每一个人都要在一年中最少拿出一天的时间做志愿者，把自己完全投入到公益活动中，用自己的行动带动社会的每一个人，支持公益，倡导公益。蒋勤勤说她所做的这一切，不仅是为了帮助他人，更重要的是内心也因此变得更加宁静、淡定，更能体味当下的幸福。如今，那个冷艳的不食人间烟火的女子已经离我们远去。现在的蒋勤勤热衷于公益，更愿意用自己的能力去帮助别人！从重庆山区到绵阳灾区，从爱心家庭到慈善拍卖！这位幸福妈妈用她心底最柔软的地方去温暖着更多的人！

这个世界因女人的善良而越来越美丽，她们是一道最亮丽的风景，这道风景总是给别人一种淡淡的温情，即使寒冬腊月，也会给我们最温暖的爱，让我们愉快地度过那冰冷的日子，让我们的生活总是沐浴在阳光灿烂中。

第九章

纳悦烦恼，永葆纯净心灵

全世界都跟你一样不完美

有户人家有两个儿子。两兄弟成年以后，父亲把他们叫到面前说：“在群山深处有绝世美玉，你们都成年了，应该做探险家，去寻求那绝世之宝，找不到就不要回来。”次日，两兄弟就出发了。

大哥是一个注重实际、不好高骛远的人。有时候，发现了一块有残缺的玉，或者是一块成色一般的玉，甚至是奇异的石头，他都统统装进行囊。过了几年，到了他和弟弟约定的回家时间。此时他的行囊已经满满的了，尽管没有父亲所说的绝世完美之玉，但造型各异、成色不等的众多玉石，在他看来也可以令父亲满意了。

后来弟弟来了，两手空空，一无所得。弟弟说：“你这些东西都不过是一般的珍宝，不是父亲要我们找的绝世珍品，拿回去父亲也不会满意的。”

弟弟又说：“我不回去，父亲说过，找不到绝世珍宝就不能回家，我要继续去更远更险的山中探寻，我一定要找到绝世美玉。”

哥哥带着他的那些东西回到了家中。父亲说：“你可以开一个玉石馆或一个奇石馆，那些玉石稍一加工，都是稀世之品，那些奇石也是一笔巨大的财富。”

短短几年，哥哥的玉石馆已经享誉八方，他寻找的玉石中，有一块经过加工，成为不可多得的美玉，被国王御用作了传国玉玺，哥哥因此也成了倾城之富。

哥哥回来的时候，父亲听了他介绍弟弟探宝的经历后说：“你弟弟不会回来了，他是一个不合格的探险家。如果他能中途感悟，明白至美是不存在的这个道理，是他的福气。如果他不能早悟，便只能以付出一生为代价了。”

很多年以后，父亲已经奄奄一息。哥哥对父亲说要派人去寻找弟弟。

父亲说，不要去找，如果经过了这么长的时间都不能顿悟，这样的人即便回来又能做成什么事情呢？世间没有纯美的玉，没有完美的人，没有绝对的事物，为追求这种东西而耗费生命的人，何其愚蠢啊！

世界上根本不存在任何完美的事物。若为了心中的一个梦偏执地追寻，全然不顾这个梦是否能实现，就会浪费掉许许多多的时间和精力，最终只能在光阴蹉跎中悔恨。

给自己的心留一条退路，不要因为一时之错而埋怨自己，看看那些活得幸福快乐的人，他们没有一个是十全十美的。

过度追求完美只会成为人生的负担，绷紧了完美的弦，它却可能发不出声来。那些懂得爱自己、宽容别人的人，才是生活中的智者，才更容易活得幸福。

解开你的心结，让“出丑”变得“出众”

每个人都想使自己显得聪明，都怕在众人面前出丑。这看上去似乎是截然对立的两件事，聪明人绝不会出丑，出丑的人必然是笨蛋。然而，实际生活并非如此，聪明的人有时简直如一个大傻瓜，他们当众出丑，却若无其事，他们被人嗤笑却自得其乐，他们就这样走向了成功。

罗茜读书时网球打得不好，老是害怕打输，不敢与人对垒，所以她的网球技术一直很蹩脚。罗茜有一个同班同学，她的网球比罗茜打得还差，但她不怕被人打下场，越是输越打，后来成了令人羡慕的大学网球代表队队员。

聪明是令人羡慕的，出丑总使人感到难堪。但是，聪明是无数次出丑练就的，不敢出丑，就很难聪明起来。

那些勇敢地去干他们想干的事的人是值得赞赏的，即使有时在众人面前出了丑，他们还是洒脱地说：“哦，这没什么！”就是这么一类人，他们还没学会反手球和正手球，就勇敢地走上网球场；他们还没学会基本舞步，就走下舞池寻找舞伴；他们甚至没有学会屈膝或控制滑板，就站在了滑道上。

艾米只会说几句法语，她却毅然飞往法国去做一次生意旅行。虽然人们曾告诫她：巴黎人看不起不会讲法语的人，但她坚持在展览馆、在咖啡店、在爱丽舍宫用法语与每个人交谈。她不害怕结结巴巴，不怕语塞傻笑、出丑吗？一点也不。艾米发现，当法国人对她使用的虚拟语气大为震惊之后，许多人都热情地向她伸出援手，为她的“生活之乐”所感染，从她对生活的努力态度中得到极大的乐趣。他们为艾米喝彩，为所有有勇气做一切事情而不怕出丑的人欢呼。

生活中有些女孩由于不愿成为初学者，总是拒绝学习新东西。她们因为害怕“出丑”，宁愿放弃自己的机会，限制自己的乐趣，禁锢自己的生活。

若要改变自己的生活位置，总要冒出丑的风险，除非你决心在一个地方、一个水平上“钉死”了。不要担心出丑，否则你会无所作为，而且更重要的是你同样不会心绪平静、生活愉快。你会受到囿于静止的生活而又时时渴望变化的愿望的痛苦煎熬。我们也许应该记住这一点，由于害怕出丑，也许我们会为失去许多生活机会而长久地感到后悔。我们应该记住法国的一句谚语：“一个从不出丑的人并不是一个他自己想象的聪明人。”

成熟者不会强迫自己做“完人”

表面上晶莹剔透的钻石，也会有瑕疵；表面上绚烂多姿的牡丹，也可能会有一两个虫眼。钻石不完美，牡丹不完美，人生也同样不完美。因此，成熟的人不会强迫自己做一个“完人”，他们允许自己犯错误，并且能采取适当的方式正确地对待自己的错误。

在这个世界上，谁都难免犯错误，“人要不犯错误，除非他什么事也不做，而这恰好是他最严重的错误”。

反省是一种美德。对自己做错了的事，知道因悔悟而责备自己，是敦品厉行的原动力。不反省不会知道自己的缺点和过失，不悔悟就无从改进。

但是，这种因悔悟而对自己的责备应该适可而止。在你已经知错、决定下次不再犯的时候，就是停止后悔最好的时机，之后，你就应该摆脱悔恨的纠缠，整理心情去做别的事。如果悔恨的心情一直无法摆脱，而你不停地苛责自己，懊恼不止，那就可能形成一种病态了。

你不能让病态的心情持续，你必须了解它是病态，一旦精神遭受太多折磨，有发生异状的可能，那就严重了。

所以，当你意识到悔恨与自责情绪产生的时候，要相信自己能够控制，告诉自己“赶快停止对自己的苛责，因为这是一种病态”。为避免病态具体化并加深，要尽量使自己摆脱它的困扰。这种自我控制的力量能否发挥，决定一个人的精神是否健康。

每个人都有缺点，而教育使我们有能力认识自己的缺点并加以改正，这就是进步。但在随时发现自己的缺点并随时改正之外，更要注意建立自信，维护自尊。

有人一旦犯了错误，就觉得自己样样不如人，由自责产生自卑，由于自卑而更容易受到打击。经不起小小的过失，受到了外界一点点轻侮或为任何一件小事都会痛苦不已。

一个人缺少了自信，就容易对环境产生怀疑与戒备，正所谓“天下本无事，庸人自扰之”。面对这种“无事自扰”的心境，最好的方法是努力进修，勤于做事，使自己因有进步而增加自信，因工作有成绩而增加对前途的希望，不再做无益的回顾。

进德与修业都能建立一个人的自信心和荣誉感，对自己偶尔的小错误、小疏忽就不会过分苛责，而应从悔恨中发挥积极的力量。

自尊心人人都有，但没有自信做基础，就会使人变为偏激狂傲或神经过敏，以致对环境产生敌意与不合作的态度。要满足自尊心，只有多充实自己，使自己减少“不如人”的可能性，从而增加对自己的信心。

做好人的愿望当然值得鼓励，但不必好到一切迁就别人，凡事委屈自己，更不能希望自己好到没有一丝缺点，一旦发现缺点就拼命“修理”自己。一个心态健康的好人应该是该做就做、想说就说，一切言行合情合理，如果自己偶有过失，也能潇潇洒洒地承认：“这次错了，下次改正就是。”不必把一个污点放大为全身的不是。

微笑着面对残缺的生活

汪国真有首诗："我微笑着面对生活，无论生活以什么方式回敬我。报我以平坦吗？我是一条欢快奔流的小河。报我以崎岖吗？我是一座大山庄严地思索……谁能说人生没有遗憾、没有失落，失落中若只伴随着忧郁，阳光将照不到你的生活；只有微笑着走向生活，才会发现原来沿途开满了花朵。"

体会了没有脚的痛楚，才明白因没有鞋子而哭泣是多么浅薄。经历过荆棘遍地的路，回眸时才发现这一路也不乏美丽风景。

没有人能够完全把握前路，但也没有理由因为残缺而否定生活。

古语云，甘瓜苦蒂，物不全美。从理念上讲，人们大都承认"金无足赤，人无完人"，正如世界上没有十全十美的东西一样，也不存在完美的人。但在认识自我、看待别人这一具体问题上，许多人仍然习惯于追求完美，求全责备。

任何人都是有优点和缺点的。俗话说"寸有所长，尺有所短"，"十个手指不一般齐"，长处再多的人，也不免有所短；缺点再多的人，也必定有所长。

美国大发明家爱迪生，有过一千多项发明，被誉为"发明大王"。但他在晚年却固执地反对交流输电，一味主张直流输电。电影艺术大师卓别林创造了深刻而鲜活的喜剧艺术形象，但他极力反对有声电影。创立了相对论的20世纪最伟大的科学家爱因斯坦，他的智慧带来了科学思想的革命，却不能处理好自己的家庭关系……奥地利圆舞曲大王约翰·施特劳斯逝世100周年时，一本新出版的传记以几百封从未曝光的书信为依据指出，创作了《蓝色多瑙河》等许多著名圆舞曲的施特劳斯，其实动作笨拙，不会跳舞。他还非常胆小，害怕黑暗，不敢独处，没有半点幽默感。真正的施特劳斯与众人想象中的活泼形象完全不同。

这些事实说明，大师、著名人物也都不是完人，不可能十全十美。但他们的缺点和失误比之于他们为人类做出的贡献，当然是次要的。通过这些事实，我们应当明白，人无完人，人生必有缺憾，这才是真实的。

维纳斯塑像的断臂，引得众多的学者、文人、工匠进行思考、论证、实验，人们想对她的断臂进行重新“安装”。可是，种种假设和计划均告失败。于是，围绕在维纳斯身上的神秘感越来越浓。作为爱神，断臂的维纳斯似乎更受人们的喜爱，也更能引起人们做种种的猜想和遐思。由此可见，缺憾之处从某种意义上看不也是一种美吗?

当缺憾也成为一种美的时候，面对生活中仅有的一些不顺利，我们最好的选择是恬淡接受、泰然处之。

人生因遗憾而愈加美丽

古人云:“达亦不足贵，穷亦不足悲。”陶渊明荷锄自种，嵇叔康树下苦修，虽为贫寒之士，但他们能于利不趋、于色不近、于失不馁、于得不骄。这样的生活，也不失为人生的一种极高境界。伟大的作家托尔斯泰曾讲过这样一个故事:

有一个人想得到一块土地，国王就对他说:“清早，你从这里往外跑，跑一段就插个旗杆，只要你在太阳落山前赶回来，插上旗杆的地都归你。”那人就拼命地跑，太阳偏西了还不知足。太阳落山前，他是跑回来了，但人已精疲力竭，摔个跟头就再没起来。有人挖了个坑，就地埋了他。牧师在给这个人做祈祷的时候说:“一个人要多少土地呢？就这么大。”

人生的许多沮丧都是因为得不到自己想要的东西，其实，辛辛苦苦地奔波劳碌，到达生命终点时什么也带不走。所以，人生中不管经历了什么，获得了什么，都要学会知足，学会放弃。

我们从来不想放弃任何好处，其实有时候，如果我们可以放弃一些固执、限制甚至是利益，反而可以得到更多。这里有很多关于取和舍的深层问题。

什么才是最难舍弃的，是一种道义，还是一段感情？为什么不能抛开和牺牲一些东西，而去获得另一些永恒？

《卧虎藏龙》里李慕白对师妹说了一句话："把手握紧，什么都没有，但把手张开，就可以拥有一切。"在人生的旅途中，需要我们放弃的东西很多。古人云，鱼和熊掌不可兼得，如果不是你应该拥有的，就要学会放弃。只有学会了放弃，才能拥有一份成熟，才会活得更加充实、坦然和轻松。

人生因为不能得尽才充满了乐趣，生活也因为遗憾的存在而愈发显得美丽。所以，要学会知足，学会在远处欣赏人生的美景。

不要陷入自己画的悲伤牢笼

在现实生活中，每个女孩都可能遭受这样或那样的打击和挫折：因为高考落榜而精神萎靡，因为失恋而忧伤，因为无法适应快节奏的工作而垂头丧气……这些心理多半是意志薄弱、心态不成熟的一种表现。而这些异常悲观的心理往往会使你的人生陷入痛苦之中，影响你对世界的正确看法。

悲观的女孩实际上是以自己悲观消极的心境来看待这个客观世界，在悲观者心中，现实或多或少地被丑化了。社会上许多人对未来和生活，往往持有一种悲观的迷茫心理，对自己的过去，无论辉煌与否，都一概加以否定，心里充满了自责与痛苦，口中有说不完的遗憾和悔恨。她们对未来缺乏信心，认为自己一无是处，什么事都干不好，否定自己的优势与能力，无限放大自己的缺陷。她们经常出现失眠多梦、嗜睡懒动等症状，或觉得自己比平时更敏感、更爱掉眼泪等，甚者自我意志消极，时常自怨自艾，或情绪低落、待人冷漠。

20世纪的女作家张爱玲的一生完整地诠释了悲观情绪给人带来的巨大的负面影响。

在张爱玲的身上我们可以看见很多矛盾，她是一个善于将艺术生活化、生活艺术化的享乐主义者，又是一个对生活充满悲观情绪的人；她是名门之后，贵族小姐，却宣称自己是一个自食其力的小市民；她悲天悯人，时时洞见芸芸众生“可笑”背后的“可怜”，在实际生活中却显得冷漠寡情；她通达人情世故，但她自己无论是待人还是穿衣均是我行我素，独标孤高。她在文章里同读者拉家常，却在生活中始终与人保持着距离，不让外人窥测她的内心；她在20世纪40年代的上海大红大紫，一时无二，然而几十年后，她在美国又深居简出，过着与世隔绝的生活。所以有人说：“只有张爱玲才可以同时承受灿烂夺目的喧闹与极度的孤寂。”这种生活态度的确不是普通人能够承受或者是理解的，但用现代心理学的眼光看，其实张爱玲的这种生活状态源于她始终抱持着一种悲观的心态，这种悲观的心态让她无法真正地深入生活，因此她总在两种生活状态里不停地徘徊。

张爱玲悲观苍凉的色调，深深地沉积在她的作品中，无处不在，产生了巨大而独特的艺术魅力。无论她用怎样流利俊俏的文字，写出怎样可笑或传奇的故事，终不免露出悲音。那种渗透着个人宿命感的悲剧意识，使她能与时代生活中的悲剧氛围相通，从而在更广阔的历史背景上臻于深广。

张爱玲所拥有的深刻的悲剧意识，并没有把她引向西方现代派文学那种对人生彻底绝望的境界。个人气质和文化底蕴最终决定了她只能回到传统文化的意境，且不免自伤自怜，因此在生活中，她时而沉浸在世俗的喧嚣中，时而又沉浸在极度的寂寞中，最后孤老死去。

张爱玲的悲剧人生让我们看到了悲观情绪对一个人的戕害，所以，年轻女孩要追求幸福的生活，就要让自己的心灵从悲观的冰河里挣脱出来。

那些生长在废墟之下的植物，它们被压在沉重的瓦砾之下，一年又一年，几乎已经丧失了生存的机会。然而，一旦它们见到阳光，就立刻恢复了勃勃生机，绽开一朵朵美丽的鲜花。

聪明的女孩同样如此，不管经受了多少苦难，一旦信念的阳光照耀在她身上，她就能获得蓬勃的力量，这力量会推动她去改变生活，拥抱幸福灿烂的明天。

下雪天，赏雪天

生活中，有很多女人过着别人看起来不错的生活，可如果问她们，十之八九都会说并不满意现在的生活。为什么有的女人总把自己陷入无边的苦恼和痛苦中？面对生活中的痛苦，如果一味沉浸在对命运的抱怨中，那么我们看到的只能是漫无边际的悲观和失望。

只有曾经失去的人才会真正懂得珍惜，只有痛过苦过才会觉得幸福和成功的甜美，没有烦恼你就不会觉得快乐有多美好。一位睿智的哲人说，烦恼是人驾驭不了自己而徒劳的叹息。的确，如果我们时刻保持一颗豁达的心，即使是在人生的风雪里，也只会当成是风景来观赏。

曼德拉因为领导反对白人种族隔离的政策而入狱，白人统治者把他关在荒凉的大西洋小岛罗本岛上27年。当时曼德拉年事已高，但看守他的狱警依然像对待年轻犯人一样对他进行残酷的虐待。

罗本岛上布满岩石，到处是海豹、蛇和其他动物。曼德拉被关在总集中营一个锌皮房，白天打石头，将采石场的大石块碎成石料。他有时要下到冰冷的海水里捞海带，有时干采石灰的活儿——每天早晨排队到采石场，然后被解开脚镣，在一个很大的石灰石场里，用尖镐和铁锹挖石灰石。因为曼德拉是要犯，看管他的看守就有3人。他们对他并不友好，总是寻找各种理由虐待他。

谁也没有想到，1991年曼德拉出狱当选总统以后，他在就职典礼上的一个举动震惊了整个世界。

总统就职仪式开始后，曼德拉起身致辞，欢迎来宾。他依次介绍了来自世界各国的政要，然后他说，能接待这么多尊贵的客人，他深感荣幸，但他最高兴的是，当初在罗本岛监狱看守他的3名狱警也能到场。随即他邀请他们起身，并把他们介绍给大家。

曼德拉的博大胸襟和宽容精神，令那些残酷虐待了他27年的白人汗颜，也让所有到场的人肃然起敬。看着年迈的曼德拉缓缓站起，恭敬地向3个曾关押他的看守致敬，在场的所有来宾以至整个世界，都静下来了。

后来，曼德拉向朋友们解释说，自己年轻时性子很急，脾气暴躁，正是狱中生活使他学会了控制情绪，因此才活了下来。牢狱岁月给了他时间与激励，也使他学会了如何处理自己遭遇的痛苦。他说，感恩与宽容常常源自痛苦与磨难，必须通过极强的毅力来训练。

获释当天，他的心情平静："当我迈过通往自由的监狱大门时，我已经清楚，自己若不能把悲痛与怨恨留在身后，那么我其实仍在狱中。"

没错，面对生活中的磨难，如果不能以豁达的心胸面对，那么我们只能一直生活在痛苦当中。在生活中，很多人都不能放下心中的痛苦，他们觉得是命运的薄待，让他们感受到了诸多痛苦。所以，他们愤恨，他们抱怨，甚至还会想到要报复。

可是，即便是我们把心中的痛苦都发泄出来，仍然没办法减轻自己心中的痛苦，因为我们不曾放下。所以，与其让别人加入我们的痛苦，不如我们自己释怀，看淡得失。

琳娜今年36岁，两年前离了婚，曾经流产两次。她现在对婚姻没有过多的期待，最渴望生小孩，她感到如果自己不能生一个孩子，她的生活就会有很大一部分的缺失，而这种让她遭受严重损失的感觉让她觉得生活“糟糕透了”。更让她苦恼的是，她一直都没能找到合适的对象。所以，她为此郁闷不已。

过了一段时间后，随着她找到合适对象的希望日益渺茫，她变得更加抑郁。遇人就诉说这种处境。事实上，琳娜明白，不能生小孩其实并不是她痛苦的根源，而她总是由此想到以前婚姻的不幸经历，她越发陷入痛苦中无法自拔，严重影响到了琳娜的工作和生活。

琳娜只好求助心理医生。医生设法让她明白：虽然她的情况确实让人难过，但是如果她过于强调这种悲伤的感受，就不得不陷入这种被痛苦反复折磨的日子。时间长了，将会给自己带来抑郁感。这对于生小孩或得到自己所想要的东西都没有任何好处。

通过心理医生的疏导，琳娜自己进行了心态调整，她明白了：只有放下痛苦，才有可能得到自己想要的一切。于是，琳娜开始不断告诉自己，“虽然我的悲伤仍会存在，但我不能再让自己生活在痛苦之中，并终日为此事烦恼不已”。

后来，琳娜逐渐消除了自己的抑郁感，她开始不断尝试，并希望能找到一个合适的伴侣，然后完成自己做母亲的心愿。

很多时候，事情的真相不是我们想象的那样，只有肯放下，才会得到。放下是认清了生命本质后的释然，也是一种对世界的了然和通透，是一种对人生的豁然开朗后的喜悦。老子在《道德经》中曾说过，空之用大矣哉，不空掉烦恼，就如一潭死水是一样的，没有了灵动的美丽。

让我们做个豁达的女人，保持一个平和宽容的心态，努力去感受生命中悲喜，生活中的苦乐。

最悲伤时，能哭且哭

生活中，有的女人总是以坚强自信的一面示人，即便是遇到极大的痛苦也是强打精神，以一张如花的笑脸面对，她们不愿在人前表露出自己内心的脆弱。再坚强的女人也有脆弱的时候，经常压抑自己的情绪，反而不利于坏情绪的宣泄。

美国生物化学家费雷认为，人在悲伤时不哭有害健康，属于慢性影响。他的调查发现，长期不哭的人，患病率比哭的人高一倍。为此我们有理由相信：哭是有益健康的。情感变化引起的哭是机体自然反应的过程，不必克制，尤其是心情抑郁时。所以，女性朋友们，别逞强，悲伤时，能够放声大哭，也是好的。

成慧在市中心一座高大又气派的写字楼里工作，是一家广告公司的策划部经理。平日里，她穿着得体，装扮精致，在属下眼中是一位精明能干的女性。

成慧从小在一个环境优越的家庭中长大，父母都是知识分子，培养了她，也给了她无尽的宠爱。长大后的她出落得越发漂亮，自大学毕业参加工作后，身边从不乏男人围绕。这么些年，一直有个男人执着地追求她，那就是她现在的丈夫。

丈夫是她众多追求者中的一员，虽不是成慧最满意的，但她相信如果不是真心爱自己，他根本不可能这些年坚持在她身边，最后她还是选择了他。婚后，丈夫的表现证明成慧是有眼光的。她越来越爱身边这个男人，在他身上散发出越来越多的男人魅力。

丈夫对家庭很有责任心，倍加关爱成慧和儿子，而且在事业上也做出不错的成就。不到40岁，他已经成为一家大型国有企业的总经理。但两年的一个意外打碎了这个美满的家庭。

那时，他们的新房子已经拿到了钥匙，开始准备装修。就是在两人去买装饰材料的路上，丈夫心脏病突发，还没到医院，就在她的怀里停止了呼吸。从丈夫的身体变得冰凉，到入土为安，在亲朋好友、公司领导同事等100多号人面前，漂亮的女人傻了，傻到不会哭。

处理完丈夫的后事之后，成慧还是把房子装修好了。她一个人照顾孩子、安慰老人，依然去上班。同事都说她是一个内心足够强大的女人。事实上，这种感受只有她自己清楚，内心的痛有多深。

成慧知道自己不能倒下，哭泣给谁看呢？不懂事的孩子？悲伤过度的老人？她的坚强是迫不得已的，她的生活过得非常压抑。一年过去了，到了丈夫去世的周年那天，成慧再也无法用所谓的坚强压抑自己痛苦的心情。

她在丈夫的墓前痛哭。“在我越来越爱你的时候，你却走了，你怎么忍心扔下我一个人独自支撑这个家？孩子很好，只是他的成长过程中需要你的陪伴；父母很好，但他们再也得不到你的关爱……”成慧一直哭着，哭出了一年来承受的所有委屈。

天黑了，当她站起身来，才发现心中轻松了，好像不那么痛了。成慧突然明白：生活总在继续的，总不能一直痛哭下去。逝去的丈夫生前最大的愿望就是希望她和儿子能够永远开心、快乐地生活！

女人不哭，只能是一种伪装的坚强，只能让压抑的情感更深地埋在心里，从而让感情的伤害演变成对感情和健康的双重伤害！故此，女人当哭就哭，让受伤的心找个宣泄的出口，在已极的痛楚中学会好好地爱自己！

生活中，当我们看到亲朋好友泪雨纷纷时，总是会安慰说：“别哭，要坚强。”谁说坚强的人就不能流泪？眼泪是一个人悲伤时的情感传达，也是释放悲伤的一种方式。所以，女人在悲伤时刻，不必强忍着自己的眼泪，哭泣并不丢脸。

有个小男孩问妈妈：“妈妈，你为什么在哭呢？”

妈妈说：“我就是想哭。”

小男孩说：“我不懂。”妈妈抱抱他，说：“是的，你永远不会懂的。”

之后，小男孩问爸爸：“为什么妈妈会无缘无故地就哭呢？”

爸爸回答上来的只有：“所有的女人都会无缘无故地哭。”

小男孩长大成了男人，但还是想不通女人为何而哭。

最后他决定打电话问上帝，他直接在电话中问：“上帝，为什么女人这么爱哭呢？”

上帝回答：“我所塑造的女人，必须是非常特别的。我让她的肩膀强壮得足以背负这个世界，但是又柔软得可以给人抚慰；我赐予她敏锐的心，让她不论在何种处境下，都会去爱她的孩子，即使孩子曾深深伤害过她；我赐予她力量，带领丈夫认识他犯的过错，让她扮演守护丈夫心灵的角色，一如肋骨保护心脏般……最后，我给了她眼泪，任何时刻可以自由运用的专属权利。”

女人的美丽不在于她穿的衣裳、外貌体态；她的美丽是在她的眼睛里，因为那是通往她心灵的入口——爱的栖息处。

太多太多的时候，女人喜欢用眼泪表达自己的情绪，眼泪是女人心情的晴雨表，感性又让人忍不住怜爱。

毕业典礼时，有人唱出“青青校树，萋萋庭草”时，女生往往会眼眶潮湿。“我们就要各奔西东了，祝你一帆风顺……”女生彼此抱抱肩膀，呜咽的声音此起彼落。

女儿出嫁时说：“爸爸、妈妈，谢谢你们的疼爱与照顾。我要走了。你们要保重啊……”说着，脸上淌下几滴清泪。

……

眼泪是女人最细腻的情感的表现。女人的一生堪称浸在泪水里——心里悲凄时，那没有话说；想不到喜事临门时，她们也要热泪涟涟。心理学上认为泪水有一种“净化作用”，不仅可滋润清洁眼球，还给人“心胸感到开朗”之感。

但凡真性情的女人，很少压抑自己的情绪，当哭则哭，得笑且笑。她们的眼泪绝不会流给不该看的人。她们只是在爱人面前，在最悲伤的时候，释放出自己的不舍，流下滴滴晶莹。

一生要学会的一种妥协

人的一生，并不是永远一往无前，其中少不了曲曲折折，离不开磕磕绊绊，更避免不了迂回的妥协。妥协有时候不是无能，而是一种智慧的表现。一名女作家说：“在婚姻中，最先低头的那个，往往是爱得深的那一个。”的确，婚姻中，懂得妥协的那个人往往是最有智慧的，他懂得包容爱人，明白用妥协可以换得宁静的生活。

很多女人缺少生活的历练，却对生活要求太高，任何事情都想要一个结果：朋友为什么会给自己“穿小鞋”？男友在外面交了些什么朋友？上司对同事为什么比自己好？但生活中的是是非非很多，我们无法对每件事都做一个清楚的交代。有时候，我们不必太较真，对某些不伤感情的问题，不妨试着妥协。

三八妇女节前夕，某市政府为了了解女性同志的幸福指数举办了一场讲座，并特意从外地请来一个著名婚恋专家为广大女市民解答婚姻中遇到的困扰。也许是宣传力度比较大，也许是广大女性比较关注自己的婚恋情况。总之，前来听讲的人很多。

讲座一开始，只见这个专家快步走进教室，把随手携带的一叠图表挂在黑板上，然后，他掀开挂图，上面用毛笔写着一行字：

婚姻的成功取决于两点：一是找个好人；二是自己做一个好人。

“这也太简单了。”台下的女性同志发出不以为然的嘘声。

专家说：“其实这也不简单，需要你们具有准确的识人术，万一遇人不淑，婚姻很可能失败。当然这是最主要的，至于其他的秘诀，也都是一些老生常谈的问题。”

台下坐着许多已经结了婚的女性，有着深切的体会。一时间，台下嗡嗡作响，开始议论纷纷。这时，有一位三十多岁的女子站了起来，说：“如果这两条没有做到呢？”

专家翻开挂图的第二张，说：“那就变成 4 条了。”

一、忍让，帮助，帮助不好仍然忍让。

二、使忍让变成一种习惯。

三、在习惯中养成宽容的品性。

四、做个宽容的人，并永远保持下去。

这位专家还未把这 4 条念完，台下就有人大声喧哗起来，有的说这怎么可能，这不是无能的表现吗？有人还说，一味纵容他，这根本做不到。

专家示意大家静下来，接着说：“忍让与宽容不是无能的表现，而是婚姻的一种智慧。如果你们做不到这 4 条，但又想有一个稳固的婚姻，那你们就得做到以下 16 条。”

接着专家翻开第三张挂图。

一、不同时发脾气。

二、除非有紧急事件，否则不要大声吼叫。

三、争执时，让对方赢。

……

专家念完，有些人笑了，有些人则叹起气来。听了大家的议论，专家又说："如果大家对这16条感到失望的话，那你只有做好下面的256条了。接着专家翻开挂图的第四页，这一页已不再是用毛笔书写，而是用钢笔，256条，密密麻麻。

专家说："婚姻到这一地步就已经很危险了。如果想经营好婚姻，一定要先学会妥协。婚姻中的两个人，如果遇到一点分歧矛盾就互不相让，争论不休，怎么可能会有幸福与快乐的日子。"这时台下响起了更大的喧哗声。

生活中，有些看似聪明的女人其实很愚蠢。她们总被生活牵着走，为了一点小事，就会歇斯底里，这种女人就会老得很快。如果能够"糊涂"一些，女人就会远离很多烦恼，活得更加快乐，不会被生活的琐碎吹皱脸上的纹理。

生活原本就是简单的，是我们自己太过计较了，所以变得越来越复杂。太过计较的人总是追着幸福跑，用尽全力也抓不住飘忽不定、转瞬即逝的幸福。每跨出一步，都要计较前面意味着什么，得到什么或失去什么，人未动心已远，何止一个"累"字了得。

婚姻中我们学会示弱，尤其是在一些细枝末节的问题上，不要揪着不放，得理不饶人。有人说，恋爱时要瞪大双眼，结婚后要学会闭上一只眼，也是这个道理。两个人在一起，成长环境、文化背景、生活习惯等都会有差异，学会容忍对方本身就是爱的体现。

有一对青梅竹马相依相爱的恋人，他们一直很好，并本着共同步入婚姻的目的而交往。某一天，由于两人发生了一点小口角，倔强的两个人互不相让。

女孩想：“还没结婚就对我这样，那以后是不是更不管不顾了？”男孩想：“我现在让了她，那结婚以后还不得处处妥协？那样我就没有自我了。”

于是，两个人都在等对方主动低头认错。最后，男孩去找了女孩，但到了女孩家门口敲了一下门，看女孩没开门，就以为无法挽回了，一气之下，远走他乡。

过了几年，两人在一个陌生的城市偶遇了。双方聊天得知，对方都各自结婚了，但彼此婚后的生活都不怎么幸福，时常怀念年轻时的那段初恋。

分别时，男人小心翼翼地问：“我想知道那天晚上我来敲你的门，你为什么不开门？难道你真的没有听到吗？”

女人羞涩地低吟着：“我听到了，其实我一直在门后等你。”

男人又不解地问：“等我？那为什么不给我开门啊？”

女人小声地答道：“我想等你多敲几下再开门，可是你只敲了一下就离开了。”

男人说：“当初我去找你，都是敲一下你就出来了。那次我以为你故意躲开我。”

女人说：“可是那次我们吵架了，你应该多敲两下的。”

当然，他们都为这事后悔了。她后悔自己过去执拗，她完全可以在他敲第一下的时候把门打开，或者在他离去时把他叫回来，这样她已经很有面子了。为什么非要坚持站在门后等他再敲一下门呢？

而男人现在才如梦初醒，原来那扇门并没有关死呀，是已经准备着为他打开的，可他为什么不继续敲下去呢？只要多敲一下，一切就完全是另外一种样子！

其实，很多时候，坚持还是妥协，往往是最艰难的抉择，也可能是最具有决定意义的抉择。爱人之间，有许多坚持往往是不必要的，给对方一个台阶，就能尽释前嫌。就像上文的故事一样，她就在门后等着呢，如果再多敲一下，幸福的门就会开启。

婚姻中，糊涂一番又何妨？只有想得开，放得下，朝前看，才有可能从琐事的纠缠中超脱出来。假如对生活中发生的每件事都寻根究底，去问一个为什么，那实在既无好处又无必要，而且破坏了生活的诗意。

无畏群星光彩，花自有花的芬芳

现实生活中，有的女人常常感到实际中的“我”离理想中的“我”太遥远了。一方面在为自己设想一条成功之路，另一方面又悲叹自己无力去实现……她们就是不明白，为什么那些和自己差不多的人活得如此精彩，而自己却碌碌无为？

其实关键问题不在一个人的天赋有多高，而在于她们常常看不清自己，难以认识自己所拥有的一切，她们总是用羡慕的目光仰视别人，但从来看不到自己的优势，比如外貌、才能、身高、人脉等，都是她们可以拿出来的资本。只是她们不能很好地利用这些资源，导致机会的错失。

罗琳太太是一家500强公司的清洁工，她手脚不是很勤快，但嘴巴却总是闲不住，经常与人搭讪，身边的手提电话也是天天响个不停，好像比公司的经理还要忙。

一天，公司的员工们聚在一起聊天，汤姆突然感叹道：“我们连罗琳太太都不如啊！”见到别人诧异，他又说：“你猜她每个月能赚多少钱？”

一个清洁工，薪水再高能高哪去？有人说500，有人说

800，但汤姆只是摇摇头，伸出了四个指头，于是有人就“大胆”地预测：“不会是4000吧，挺厉害的呀！”

“什么4000？是4万美元！她每个月至少可以赚4万！”

“不会吧？”大家惊讶得眼珠子都差点掉下来。

“是她自己跟我说的。”汤姆笑着说，“罗琳太太还说，做清洁工只是一个平台，我觉得她完全可以做一个CEO了！”

原来，罗琳太太借着到公司做清洁工，打听公司里谁需要找钟点工，谁需要租房子，然后就当起了中介，收取中介费。罗琳太太还自己买了一套房子，并以一万的月租把这套房子租给了一个大公司的总裁。

罗琳太太借清洁工这个平台延伸出的另一项业务是卖保险。公司里面有不少员工都已经向罗琳太太买了几万元的保险。罗琳太太虽然只是现实中一个社会底层的清洁工，但她的内心从不卑微，无畏周围人的光彩，运用自己所拥有的优势绽放出自己的芬芳。

我们每个人都可以做出惊人的成绩，如果将自身拥有的最突出的，上天赠予的不同于别人的优秀本能发掘出来，就离成功越来越近。而那些跟着他人眼光来去的女人，会逐渐失去自己的光彩。

西莉亚自幼学习艺术体操，身段匀称灵活。可很不幸的是，一次意外事故导致她下肢严重受伤，一条腿留下了后遗症——走路有一点瘸。为此，她十分懊丧，甚至不敢走上街去，因为害怕看见别人注视残腿的目光。作为一种逃避，西莉亚搬到了约克郡乡下。

一天，小镇上的雷诺兹老师领着一个女孩来向她学跳苏格兰舞。在他们诚恳的请求下，西莉亚勉为其难地答应了他们。为了不让他们察觉自己残疾的腿，西莉亚特意提早坐在一把藤椅上。可那个女孩偏偏天生笨拙，连起码的乐感和节奏感都没有。

当那个女孩再一次跳错时，西莉亚不由自主地站起来给对方示范那个要领——一个带旋转的交叉滑步动作。西莉亚一转身，便敏感地看见那个学生的目光正盯着自己的腿，一副惊讶的神情。她忽然意识到，自己一直刻意掩盖的残疾在刚才的瞬间已暴露无遗。这时，一种自卑让她无端地恼怒起来。西莉亚的行为伤害了女孩的自尊心，她难过地跑开了。

事后，西莉亚满心歉疚。过了两天，西莉亚亲自来到学校，和雷诺兹老师一起等候那个女孩。西莉亚说："如果把你训练成一名专业舞者恐怕不容易，但我保证，你一定会成为一个不错的领舞者。"

这一次，他们就在学校操场上跳，有不少学生好奇地围观。那个女孩笨手笨脚的舞姿不时招来同学们的嘲笑，她满脸通红，不断犯错，每跳一步，都如芒刺在背。西莉亚看在眼里，深深理解那种无奈的自卑感。她走过去，轻声对那个女孩说："假如一个舞者只盯着自己的脚，就无法享受跳舞的快乐，而且别人也会跟着注意你的脚，发现你的错误。现在你仰起脸，面带微笑地跳完这支舞曲，别管步伐是不是错的。"

说完，西莉亚和那个女孩面对面站好，朝雷诺兹老师示意了一下。悠扬的手风琴音乐响起，她们踏着拍子，愉快起舞。其实那个女孩的步伐还有些错误，而且动作不是很协调。但意外的效果出现了——那些旁观的学生被她们脸上的微笑所感染，也不再去关注舞蹈细节上的错误。渐渐地，有越来越多的学生情不自禁地加入到舞蹈中。大家尽情地跳啊，跳啊，直到太阳下山。

生活在别人的眼光里，总也找不到自己的路。一个人不论是什么样的，他身上总会有最闪光的地方，人身上的这种闪光点一旦被激发，即便在最卑微的生命中，也能像酵母一样，对身心起发酵净化作用，给人力量。

其实，同一个事物，每个人的眼光不同看出的效果也就不同。同是一个甜麦圈，悲观者看见的是一个空洞，而乐观者却品味到了它的香甜；同是“谁解其中味”的《红楼梦》，有人听到了封建制度的丧钟，有人看见了宝黛的深情，有人悟到了曹雪芹的用心良苦，也有人只津津乐道于故事本身……

苏轼曾说:“横看成岭侧成峰，远近高低各不同。”人生是一个多棱镜，总是以它变幻莫测的每一面反照生活中的每一个人。不必介意别人的流言蜚语，不必担心自我思维的偏差，坚信自己的眼睛、坚信自己的判断、执着于自我的感悟。用敏锐的眼光去审视这个世界，用心去聆听、抚摸这个多彩的人生，给自己一个富有个性的回答。

因此，不论生活处于什么样的困境，淡定的女人总是相信自己身上永远有一个最闪亮之处，并在生活中不断地发掘自身的潜力，认识自我，然后释放出人生的芬芳。

换个角度看人生

在生活中，经常会有一些这样的女人，她们对自己目前的工作不满意，认为职位低，赚钱少，比不上别人；埋怨自己的婚姻不幸福，感情不顺；她们整日为琐事忧心忡忡……她们总是对自己的生活状态不满意。如此一来，生活只能越来越乱，工作越来越糟，心中却充满了一系列的矛盾与烦恼。如果我们能换个角度看人生，会发现人生原来可以如此快乐。

人生的角度是可以选择的，你可以选择终日阴郁，你也可以选择每天阳光。快乐来自积极和主动，面对逆境尤其需要。拥有积极和乐观性格的人，在面对人生种种困难时，仍然可以屹立于人前，无往不利。

如果对于那些失去的我们确实无法挽回，那么我们就勇敢地接受现实，并且要用自己的双手开创出一片新的天地。

邰丽华没有因为自己身体的缺陷就放弃追求人生的价值，而是用心去感受生活、热爱生活，用一颗坚强、火热的心，创造生活。

邰丽华是中国唯一登上两大世界顶级艺术殿堂——美国纽约卡内基音乐厅和意大利斯卡拉大剧院的舞蹈演员，也许她并没有达到舞蹈的顶峰，但她却用自己的行动证明了一个残疾人只要通过努力一样可以取得了不起的成就。

在邰丽华两岁那年，她因高烧失去了听力，没过多久，甜美的歌喉也关闭了，她从此陷入了无声世界。她当时的寂寞与痛苦难以想象。当她快满 7 岁那年，父母决定将她送入市聋哑学校学习。在那里的一堂律动课改变了她的人生。聋哑学校的律动课是为了让学生通过震颤感受到节奏的变化。

当老师踏响木地板上的象脚鼓时，一种奇怪而自然的有节奏的振动刹那间传遍邰丽华的全身，她感到一种从未有过的对另一个世界新奇的感知。当别的同学表现出万分高兴的时候，她已经将整个身体匍匐在地板上，深深地投入到那充满幸福的律动之中了。

她激动，她兴奋，眸子闪亮，小脸通红，她感觉到这个世界从未有过的美丽，她指着自己的胸口，用三个手势告诉老师：我——喜——欢。她努力地感受不同的振动，娇小的身体随之摆动。她突然发现，这是一种属于她的语言。她比别人勤于思考，更善于琢磨用舞蹈来表达情感。从此她踏上了她的舞蹈之路。

在婀娜的舞姿背后，对于邰丽华，她要付出比常人多好几倍的辛苦努力。台上一分钟，台下十年功。她全身心地投入到她的舞蹈事业中，为了练舞，她将自己变成了一只旋转的陀螺，24 小时中除了吃饭和睡觉的时间，其他时间都是在练舞蹈。找不准节拍再练，动作不对再改，一次又一次摔倒，爬起，摔倒，爬起。练得身上青一块、紫一块，以致小腿上留下了一道又一道青黑的伤疤。

凭着执着的努力，她在15岁时，就随中国残疾人艺术团出国演出了。在很多次舞蹈比赛中，评委们根本没有发现她是一位双耳失聪的残疾人。邰丽华全身心地投入到了她热爱的舞蹈中，一曲《雀之灵》有多少节拍，她没有仔细计算过，但老师做过一次测试，邰丽华凭着感觉舞完这700多个节拍，竟丝丝入扣，没有一点差错。她唯一的方法就是记忆、重复、再记忆，到最后她心里已经有了一支永远随时为她响起的乐队。她觉得自己注定一生都要用身体的舞蹈和心中的音乐去膜拜生命。重新燃起的生命之火让邰丽华重新认识存在的意义。她爱上了舞蹈，虽然没有音乐，但是她用自己的心去伴奏。她“说”:“残疾不是缺陷，而是人类多元化的特点。残疾不是不幸，而是不便。残疾人，也有生命的价值。愈是残缺，愈要美丽！”舞蹈，对于邰丽华来说，是儿时的嬉戏，是精神的寄托，是感受这个世界的特定方式。她用行动告诉人们，她和正常人一样，和他们一样可以体验与创造这个世界的丰富多彩。

做一个快乐幸福的人，这是每个女人的追求。命运的孰好孰坏，是祸是福，关键在于自己审视人生的角度，如果你是妻子，请不要为丈夫没有时间陪你而生气，换个角度看，他出去应酬是为了你和这个家生活得更好，至少他不是不思进取，不务正业；如果你是母亲，请不要为儿女的成绩不好而生气，换个角度看，至少他们没有疾病，身心健康地成长……

换个角度看人生，你的生活其实有很多快乐的理由，就会发现扰乱美好的只是我们的心而已，当我们能认识到这一点之后，我们内心还有何结是解不开的呢？

第十章

聪明女人不抱怨

永远不要做个“怨妇”

在生活中，常有女性抱怨爱人不够体贴，孩子不听话；在工作中，埋怨上级不会领导、安排工作不合理，等等。总之，她们对生活永远是抱怨，而不是感激。她们只计较自己得到了什么，在自己和别人的得与失之间斤斤计较。殊不知，她们喋喋不休的抱怨，不仅不会带来任何改善，反而会让别人对她们产生不好的印象。

“烦死了，烦死了！”一大早就听张丽不停地抱怨，一位同事皱皱眉头，不高兴地嘀咕着：“本来心情好好的，被你一吵也烦了。”张丽现在是公司的行政助理，事务繁杂，可谁叫她是公司的管家呢，事无巨细，不找她找谁？

其实，张丽性格开朗，工作起来认真负责，虽说牢骚满腹，该做的事情一点也不曾拖延。设备维护、办公用品购买、交通信费、买机票、订客房……张丽整天忙得晕头转向，恨不得长出8只手来。刚交完电话费，财务部的小李来领胶水，张丽不高兴地说："昨天不是来过了吗？怎么就你事情多，不是领这个，就是领那个！"抽屉开得噼里啪啦，翻出一个胶棒，往桌子上一扔，说："以后东西一起领！"小李有些尴尬，又不好说什么，只得赔笑脸。

大家正笑着，销售部的王娜风风火火地冲进来，原来复印机卡纸了。张丽脸上立刻晴转多云，不耐烦地挥挥手："知道了。烦死了！和你说一百遍了，先填保修单。"单子一甩，"填一下，我去看看，"张丽边往外走边嘟囔，"综合部的人干什么去了，什么事情都找我！"对桌的小张气坏了："这叫什么话啊？我招你惹你了？"

态度虽然不好，可整个公司的正常运转真是离不开张丽。虽然有时候被她抢白得下不来台，也没有人说什么。怎么说呢？她不是应该做的都尽心尽力做好了吗？可是，那些"讨厌""烦死了""不是说过了吗"……实在是让人不舒服。

年末的时候公司选举先进工作者，领导们认为先进非张丽莫属，可一看投票结果，50多张选票，张丽只得12张。有人私下说："张丽是不错，就是嘴巴太厉害了。"张丽很委屈："我累死累活的，却没有人体谅……"

喜欢抱怨的人不见得不优秀，但常常不受欢迎。抱怨不仅伤了自身，也会影响其他人的情绪，让不明真相的人心里产生波动，也会破坏工作的氛围。谁都不愿靠近牢骚满腹的人，怕自己也受到传染。抱怨除了让你丧失勇气和朋友，于事无补。

如果你还有时间进行抱怨，那么你就有时间把工作做得更好；如果你已觉得抱怨无济于事，你就应该去寻找克服困难、改变环境的办法；如果你认为抱怨是一种坏习惯，你就应该化抱怨为抱负，变怨气为志气。

娜娜35岁了，过着平静、舒适的中产阶层的家庭生活。但是，最近她突然连遭四重厄运的打击。丈夫在一次事故中丧生，留下两个小孩。没过多久，一个女儿被烤面包的油脂烫伤了脸，医生告诉她孩子脸上的伤疤终生难消，她为此伤透了心。她在一家小商店找了份工作，可没过多久，这家商店就关门倒闭了。丈夫给她留下一份小额保险，但是她耽误了最后一次保费的续交期，因此保险公司拒绝支付保费。

碰到一连串不幸事件后，娜娜近于绝望。她左思右想，为了自救，她决定再做一次努力，尽力拿到保险补偿。在此之前，她一直与保险公司的下级员工打交道。当她想面见经理时，一位接待员告诉她经理出去了。她站在办公室门口无所适从，就在这时，接待员离开了办公桌，机遇来了。她毫不犹豫地走进里面的办公室，结果，看见经理独自一人在那里。经理很有礼貌地问候了她。她受到了鼓励，沉着镇静地讲述了索赔时碰到的难题。经理派人取来她的档案，经过再三思索，决定应当以德为先，给予赔偿，虽然从法律上讲，公司没有承担赔偿的义务。工作人员按照经理的决定为她办了赔偿手续。之后，经理欣赏她的果敢，又给她安排了很好的工作，并且爱上了她。

厄运不会长久持续下去。所以当遭遇不幸，与其以消极抱怨的心态待之，不如以积极的心态去化解。要相信，终有一天会雨过天晴，而且大雨过后天更蓝。

世界是美丽的，世界也是有缺陷的。人生是美丽的，人生也是有缺陷的。因为美丽，才值得我们活一回；因为有缺陷，才需要我们弥补，需要我们有所作为。

一位伟人曾说："有所作为是生活中的最高境界。而抱怨则是无所作为，是逃避责任，是放弃义务，是自甘沉沦。"

不抱怨，不仅是一种平和的心态，更是一种非凡的气度。

不论我们遭遇到的是什么境况，光是喋喋不休地抱怨不已，都注定于事无补，只会把事情弄得更糟，而这绝不是我们的初衷。

没有人欣赏好抱怨的女人，就是因为这不是有出息的行为，真有志气、有出息的女人从来不会抱怨。恐怕没有女人愿意做一个没有志气、没有出息的女人吧！那么，就把所有应该的和不应该的抱怨都一齐抛弃，开动脑筋，甩开臂膀，与其抱怨不如改变！

苦水，只会越吐越多

倾诉，是缓解痛苦的一种方式，但不是解决痛苦的方式。一味地吐苦水，最终只会把自己淹没在苦水之中。

柔弱无助的女人总是会引起别人的同情及保护欲望，但凡事都应有个限度。反复重复自己的不幸，反而如同一个自怨自艾的老妇人。或者，更形象一点地说，像“祥林嫂”，不停诉说自己的不幸遭遇，得到的只是看客悲剧心理的满足、饭后的谈资以及别人对你的厌烦。

电视剧《好想好想谈恋爱》中有这样一段，女主人公谭艾琳和男朋友伍岳峰分手之后，巨大的伤痛让她几乎崩溃，她将自己所有的情绪都用来抱怨：

“你现在打死伍岳峰他也不会明白，其实最受损失的是他，而不是我。我是他生命中唯一的一次爱情机会，他错失了，他以后再也没有机会了，他以为他的天底下有几个谭艾琳？他真是有眼无珠，他以后只有哭的分儿了，这就叫过了这村就没这店了，他肠子都得悔青了。

“有的男人对我来说重如泰山，有的轻如鸿毛。伍岳峰就是鸿毛。我像扔个酒瓶似的把他彻底打碎了，他根本不懂女人，离开他是我的幸运和解脱，他将永远处处碰壁，对，碰壁，碰得头破血流。而我经过历练，炉火纯青，笑到最后的是我。他完蛋了，他会一蹶不振，追悔莫及，太好了。”

诸如此类的抱怨她几乎如同潮水一样地倾倒给自己所有的朋友，直到有一天，朋友实在忍受不住她的抱怨：“你已经唠叨了一个星期了。说实话我听得已经有点儿头晕耳鸣了，再听下去我会疯掉的。”于是，在之后的日子中，她与同样失恋的男人章月明一起倾诉自己的不幸，在章月明的不断抱怨中，谭艾琳自己渐渐开始沉默，直到有一天她也听够了，大喊道：“别说了，太无聊了，一个男人或一个女人一辈子愤怒的是爱情、谩骂的是爱情、得意的是爱情、沮丧的还是爱情，一辈子就忙活爱情吗？你别再跟我唠叨了，我受够了。别人没有义务承担你感情的后果，这是你应该自己解决的问题，你爱一个人就是愿打愿挨的事，没有人逼你，知道吗？敢做就得敢当。”

相信很多人小时候都有这样的经历：在跌跌撞撞地学走路时，无数次跌倒。孩子对于疼痛是无法忍耐的，跌倒时每个孩子都会失声痛哭。如果这时你的父母匆忙赶过来，将你抱起，焦虑地检查你身上的伤口，宠溺地哄劝，本来已经声势渐竭的抽噎，又重新鼓足了力量。因为父母的悉心呵护让你觉得更加委屈，不自觉地软弱，用哭声向父母撒娇。但如果父母只是轻轻走过，对你说声：“站起来。”你的委屈也没有了什么理由，也会重新迈步走路。

我们已经不再是小孩子了，早就该消除这种孩子气。别把自己的苦水吐尽，向别人撒娇，让自己的失意不断扩散。

自认倒霉的女人总是会倒霉

“福无双降，祸不单行”，越是倒霉的时候，越容易遇上更多的倒霉事，其实都是自己的心理在作祟。越是把“倒霉”

二字挂在嘴边的女人，越不容易走出倒霉的怪圈。因为倒霉的女人思考问题总是朝负面、消极的方向去想，这也就为下一步的倒霉铺好了道路。就好比我们心情不好的时候更容易跟人吵架，更容易看孩子不顺眼一样，这样一来事情肯定会越做越砸。

电视剧大结局的时候正好遇上停电；天天带着伞，只要一天没带就下雨；电脑一死机总会丢失重要文件；上班赶时间却总是遇到红灯；面包掉到地上总是有奶酪的那面着地；银行排队好不容易轮到自己了却刚好下班；闲置了很久的东西决定丢掉，可刚一丢掉就又要用到；没自己姿色好的女人都嫁了好男人，自家的那个却没什么本事；别人家的孩子样样都好，而自己的孩子却哪门功课都不理想……

还有更糟糕的：好不容易跟别人学了炒股，没想到刚入市就碰上股市大跌；看着房子在涨价就赶紧买了房子准备投资，没想到刚买不久房价却跌了；把钱都存在银行里吧，结果出现了负利率，存钱反而赔钱了；孩子生了病住院花了不少钱准备去保险公司理赔，结果又碰上不明条款人家不赔。发生这样的事实在让人郁闷？可也没办法，只能自认倒霉了，谁让咱运气不好呢？

一时间，倒霉的事情接踵而来，仿佛天底下的倒霉都落在自己一个人身上了。

不少女人都会发出这样的感叹，倒霉的事情就像一个恶性循环，不断地找上门来。这是老天爷在跟我们开玩笑，还是真的“倒霉事都让我承包了”？

现代心理学家发现，坏事总是比好事更能引起我们的兴趣，更能使我们无法忘怀，于是我们就更容易记住那些不愉快的经历，从而发出“喝口凉水都塞牙”的感慨。倒霉的人总是觉得自己倒霉，是因为他们看问题的方式和幸运的人不一样。

已经28岁的芬妮就是个倒霉的女人，遇到的男人都是铁公鸡一样一毛不拔，从没有为她花过一分钱。芬妮不是个贪心的女人，但男人请自己吃顿饭总可以的吧？可巧碰到了那么一个肯花钱为自己买东西的，却还是骗子，根本无心长期交往！

芬妮跟好友倾诉："真是倒霉啊！我怎么这么不顺，不能个个男人见了我都这样吧？我这一辈子没亏欠过任何人，连媒人见了面都会送她个小礼物，可有些媒人就是骗子！上次说介绍个老板给我，结果大饭店狂扫一顿都是我买单！是不是串通好了？真是倒八辈子霉了！"

刚说完自己情场不顺，芬妮又开始艳羡公司的两个女同事："人家命好啊，经理帮她们介绍了对象，有一对成了，有一个现在升职了，得宠得不得了。而我，也没得罪谁，可换了个经理就是跟我过不去，让他的小秘享受，却把我发配到环境恶劣的地方去工作。这个账我一定要算！"芬妮义愤填膺，"算那个经理倒霉，要是他不让我干了，那我把上辈子受的苦全发在他身上，我拼了老命也要把他从经理位子上拉下来！"

芬妮不仅自认倒霉，甚至还产生了报复心理，遇上这样的女人，谁的背脊不发凉。其实，从来没有谁比谁倒霉，也没有谁比谁幸运，任何事物都是相对的。像芬妮，为什么非要想着报复别人呢？为什么口口声声说自己倒霉呢？为什么不去主动努力工作获得别人认可，情场不得意是不是应该先检查一下自己性格或行事方式不太妥当？

其实，许多"倒霉事儿"都是因为自己的疏忽大意造成的，并非老天爷一定要和自己作对。如果平时经常进行一下电脑维护，清除垃圾并安装较安全的防病毒软件，就可以预防电脑死机、崩溃；抽空收拾屋子，暂时不用的东西可以用收纳盒收起来以防万一而不是随手扔掉；投资的时候不要光想能赚多少，而应该想到可能会赔多少，要有风险意识；买保险前把条款看清楚，不明白的地方一定要询问清楚，或者向身边有经验的朋友请教，省得出问题了处理起来麻烦；好孩子是夸出来的，应该多鼓励自己的孩子，而不是考砸了就责备孩子。

不如意的事在所难免，但应该带着好心情去对待它。遇事不顺要积极去找原因以避免再次发生，而不是坐在那里悲天悯人，像个怨妇一样怨天怨地，那样不仅害了自己，连朋友都不敢再靠近你。所以，快为自己解开倒霉的魔咒，做个能给自己和别人带来快乐的幸福女神！

快乐永远属于自找快乐的女人

这世上最快乐的人不是那些生下来就富有的人，也不是那些天生就聪明的人，而是懂得自己去寻找快乐、自娱自乐、苦中作乐的人。想要收获快乐，就要收起女人悲悲戚戚、哀哀怨怨的习惯。

人们通常都不了解，爱和友情是不会像礼物一样包装得漂漂亮亮地送到你手上的。一个人需要努力去让别人喜欢，但却不能将爱、友情和美好时光当作合同来签订。

让我们面对现实！丈夫死了，妻子死了，但是法律没有限制还活着的妻子或丈夫寻求快乐的权利。只是，他必须了解，不能将快乐视为救济金或施舍品一样理所当然，我们得让自己更可爱、更受欢迎才行。

一艘在地中海碧波中航行的客轮上，许多快乐的夫妇在船上度假，还有一些热恋中的年轻人；穿梭在欢乐的游客之中，有一位60多岁、一人独旅的笑容满面的母亲。

这是她第一次在海上掌握了快乐的窍门。她失去了丈夫，曾经也非常悲伤，但有一天早上醒来，她便将悲伤的外衣丢掉，投身新生活之中。这是她经过深思和计划而做出的决定。她的丈夫一直是她的爱和生命，但如今这一切已成过去。她原有的第二兴趣——绘画，本来是一项爱好，如今成了她生活中最重要的活动。它不仅陪伴她度过了那段悲伤的日子，而且还给了她一个最大的报偿——独立的事业。

有段时间，她不愿抛头露面且羞于见人，因为长久以来，她丈夫一直是她的伴侣和力量。她长得不美，也不富裕，在那段怀疑和绝望的日子里，她问自己能做什么，要怎么样人们才会接受她，并愿与她为伴。

答案终于出来了——她必须让自己被他人接受，她要付出她自己，而不是指望别人的付出。

她擦干眼泪换上微笑；她忙着画画；她去拜访老朋友，提醒自己表现出欢乐的样子；她谈笑风生，从不在朋友家停留过久。不久，朋友们就都争相邀请她去参加晚宴了，而且她还应邀到社区活动中心去开画展。

几个月后，她登上了地中海这艘客轮。很显然，她是船上最受欢迎的游客，她跟每一个人都表示出友好，但是保持超然，不陷入任何私人恩怨中，也绝不依附于任何人。轮船靠岸的前一天晚上，船上最快乐的一次聚会是在她的舱房里举行的，她以谦逊的方式回报旅程中他人的邀请。

此后，这位女士又做了几次这样的旅行。她已经知道如果想要得到别人的友情，自己必须关心生活和奉献自己。不管走到哪里，她都能创造出友好的气氛，很受大家欢迎。

快乐永远属于自找快乐的女人。任何时候，我们都有争取快乐的权利，除了你自己，谁也无法剥夺。聪明的女人应该学会好好使用你这项珍贵的权利，尽情享受生活的快乐。

别让自己成了祥林嫂

有一些女人看世界永远看最糟糕的一面，想问题永远想最难解的症结。别人可以一笑了之的事情，在女人那里，就是天塌下来的大事。从社会风气到生活环境，从家庭纠纷到同事朋友的纷争，从马路塞车到刚买的衣服打了折等，无事不可生怨。心生怨气，不仅拿别人的错误折磨自己，同时也拿自己的错误折磨别人，扰乱别人的生活节拍。抱怨太多，不仅会吞噬自己的生命之光，还会吞没友谊的绿树，吞没爱情的鲜花，吞没自己建造的乐园。无穷的抱怨会把快乐拒之门外，错过了身边的时光，辜负了宝贵的生命。

一位公认的好男人离婚了，问其原因，男人痛入骨髓地说:“怨妇猛于虎啊！”他做了个形象的比喻：比如，看夜空，我看的是满天星斗，她的眼里却是沉沉黑夜，还要对黑夜进行喋喋不休的抱怨。怨气就像锋利的双刃剑，刺得双方痛苦不堪，只好以分手了断。女人含嗔带怨的幽怨就像古代闺怨体诗词，让男人顿生怜香惜玉之意。然而，一旦看什么都不顺眼，做什么都不称心，幽怨过了头，就会如同祥林嫂让男人望而生畏、退避三舍了。

怨妇的主要症结是对生命和生活缺乏感恩之心。想一想人生多么短暂，生命那么宝贵，还有什么理由为生活中的一地鸡毛而怨恨呢？生活是那样的多彩，即使有酷夏也会有阳春，即使有寒冬也会有金秋，相信走运和倒霉都不可能持续很久，何必要杞人忧天呢？

再说，抱怨昨天，并不能改变过去；抱怨明天，同样不能对未来有益。与其徒劳无功地浪费时间，不如转变心态，化解怨气，采取积极的行动，做一些行之有效的努力。要知道影响人生的绝不仅仅是环境，心态控制了个人的行动和思想，心态也决定了自己的爱情、家庭、事业和成就。

再没有比一个唠唠叨叨、成天抱怨不休的女人更让男人头痛不已的了。那么，女人如何才能改掉抱怨、唠叨的坏毛病呢？

每次开口抱怨之前，先问一问自己，值不值得抱怨。抱怨男人冥顽不化，却不知他很可能做事极有恒心和毅力；抱怨男人粗心大意，不拘小节，却不知他很可能天真率直，随和易处；抱怨男人自以为是，却不知他很可能真的聪明能干。上帝待人很公平，他给你优点的同时也给了你缺点。你要得到他的好，就得容忍他的不足。女人左右不了男人的性格，只能左右自己对他们的看法。想抱怨的时候，就朝好的方面想一想，便会释然。

想一想他听了你的抱怨能改变多少。人的性格与生俱来，很难为自己左右，更别说伴侣及其他人了。

有位太太抱怨她先生心胸狭窄，对人冷漠，但看他年纪轻轻，一直都顺顺利利，得到过很多人无私的帮助，真让人搞不明白，这究竟该怎么解释。让我们尽力改造能改造的，平静地接受不能改造的，并且多从生活中学习经验和总结教训。

如果你的抱怨非说不可，那也要慎重地选择时机和地点。

（1）如果女人天天抱怨，那么男人就很容易把你的话当耳边风。所以，你要么不抱怨，要么就大“抱”一通，而且得是你真正要抱怨的。

（2）要切记，在人前或孩子面前抱怨丈夫，绝对是大大的失算。中国人的面子总是比什么都重要的。若伤了他的面子，他非但不改，很可能还怀恨在心，没有多少自信心的男人尤其如此。

（3）当他因为别的事心情不好，或者工作很忙的时候也不必抱怨，他是听不进的。你也许会说：不当场指出来，过一会儿就忘了。能让你很快就忘的，那一定不值得小题大做。要抱怨，挑有空又安静的时候，逐条将你的不满说出来，希望他能改，并且告诉他不改的话，后果会怎样，你会说到做到的。

（4）还有一个抱怨的好时机，就是他心情好，想为你做点什么事的时候。

第十一章

积极豁达，快乐自然如影随形

苦乐旅途：放淡悲苦，从容应对

生活中，有些女人总是不能从容地面对遇到的伤悲和痛苦。失业时，她们就仿佛失去了生活的支柱，无法生存于世；失恋时，她们会痛哭欲绝，仿佛对爱情彻底绝望；哪怕遇到一个很小的问题，她们就会牢骚满腹，抱怨连天。事实上，她们不过是放大了痛苦，事情并没有糟糕到她们所说的程度。

人生的旅途中，难免会经历痛苦和挫折，淡定的女人总是淡化痛苦，积极想出解决的方法，从容地走出逆境。如果痛苦是一勺盐，我们用什么容器来盛，是水杯，是盆，还是池塘、河流，决定了痛苦带给我们的感觉。

从前有一位大师，他有一位徒弟每天都愁眉苦脸、喋喋不休地抱怨。一天，他看到徒弟又是一脸苦瓜相，就让他去取一些盐回来。当徒弟很不情愿地把盐取回来后，大师就让徒弟把盐倒进一个水杯里，搅拌使其溶化，然后喝一口。徒弟喝了一口立即吐了出来，皱着眉说：“咸死了。”

大师笑着让徒弟带一些盐和自己一起去湖边。来到湖边后，大师让徒弟把盐撒进湖水里，又对徒弟说：“现在你喝点湖水。”徒弟喝了口湖水。大师问：“有什么味道？”徒弟回答：“很清凉。”大师问：“尝到咸味了吗？”徒弟说：“没有。”

于是，大师坐在这个喜欢自怨自艾的徒弟身边，意味深长地说：“其实人生的苦痛和悲伤就如同这些数量有限的盐，而这些痛苦和悲伤的程度取决于我们承受痛苦和悲伤的容积的大小。所以当你感到痛苦和悲伤时，就把你承受的容积放大些，不是一杯水，而是一个湖的时候，你就不觉得痛苦和悲伤了。”

的确，很多时候，人们陷入痛苦不能自拔不是因为痛苦本身有多大，而是因为我们盛放它的心胸太小了，无意中放大了痛苦。可以说，心胸与痛苦的大小是成反比的，如果一个人能够做到心胸宽广，那么他心里的痛苦就显得很渺小了；如果他的心胸狭窄，那么在他心里就会有许多的想不通，许多的抱怨，痛苦的折磨感就会随之变大。

有人曾经对于“职场女性痛苦指数”做了一个调查，得出职场女性的痛苦指数高达67.19分。女人的痛苦指数之所以如此高，不能以乐观的心态面对挫折是重要原因之一。因此，女性要想过得快乐，就要学会淡化痛苦，放大胸怀。

女人，你经历了风霜苦难，深知生的宝贵、爱的弥珍；女人，你游遍了苦乐旅途，所以你能卸下悲苦，从容笑看人生逆境。

朱安是一个典型的传统女性，她不识字，但识礼节懂礼仪，性格宽厚温和。

29岁时，经亲戚斡旋，朱安许配给了小她三岁的鲁迅。当时，鲁迅正在东洋留学，被一封母亲虚报急病的电报骗回来成亲。婚礼第四天，鲁迅便和二弟周作人启程东渡日本，一去就是3年。

可以想到，新嫁娘朱安是多么的尴尬而不安，难堪又无地自容，她不知所措，只有独守新房。作为一个没有文化的旧式女人，在婚姻中一直就处于最被动的地位，嫁入周门的朱安，却遭遇如此难测、难解的境遇，估计是她怎么也预料不到的。至此，她永生的苦命注定了。

3年后，独守空房的朱安似乎盼到了希望，看到一点光明，她的丈夫回国了，她企盼借此与夫君重新聚合。但出乎意料，被她称作“大先生”的丈夫周树人，在家乡找到一份教职后，很少回家，就是在家，也很少和朱安说话。后来鲁迅又远赴北平谋了职位，于是在漫长年月中，他们都是分居。这个以婚姻为人生归宿的旧式女子，对“大先生”唯命是从，全心全意侍候好大先生和婆母。她揽起全部家务担子并任劳任怨，所以，朱安很得鲁迅母亲鲁瑞的喜爱。

1912年初，周树人应蔡元培之邀，来到北平在教育部任职，后来他购置了西直门八道湾11号，于是，朱安随着婆婆鲁瑞来到北平。在这里，尽管生活在同一屋檐下，“大先生”待她仍然形同路人，与她分室而居。在北方城市连语言也难听懂的她，自然显得更孤寂无助。

1923年夏，只因两兄弟反目，鲁迅迁出八道湾，同时他给朱安两个选择，一是留在八道湾，一是回绍兴娘家。对于朱安来说，这两个选择都把自己逼上绝路。兄弟互不相容，她又怎能继续住在小叔子家中；而回到绍兴，就成了丈夫不容的弃妇，这无疑更是条绝路。

于是，朱安提出来，鲁迅总要有人照应生活，她愿意承担这份责任。鲁迅同意了她的请求。这让一颗心一直悬着的朱安十分欣慰，她一直在想着改善与丈夫的关系，她曾对家人说过："过去大先生和我不好，我想好好地照顾他，一切顺着他，将来总会好的。"

也算天遂朱安所愿，他们搬迁到砖塔胡同不久，鲁迅肺病发作，并且病情十分严重，朱安竭尽所能地照顾丈夫。经过了 17 年的婚姻，这是她拥有的最长久的与丈夫单独相处的机会。

鲁迅过世后，尚有八十余岁的老母鲁瑞，朱安要面对家用不足的事实，家里的生活愈来愈困难了，日常开支唯有周作人、许广平汇款接济。在这困顿又悲哀的时刻，一生从未迁怨过别人的朱安对于许广平也一直心存感激，朱安说过："许先生待我极好，她懂得我的想法，她肯维持我，她的确是个好人。"自鲁迅 1926 年离开北京后，朱安一直陪伴在鲁迅的母亲身旁。鲁迅母亲 1943 年去世，这个没有得到爱情的旧式女子独自守护故居，直到 1947 年 6 月去世，像影子一样消失在这个寂寞的世间。

朱安，只是个平凡的女人，悲苦一生，据说并不漂亮，也没有一点活力，但是她终其一生，恪守心底的那份执着，命运弄人，是从容之心支撑她看淡自己的尴尬身份，安然走完一生。

一个苦命的女人说过这样的话："我好比是一只蜗牛，从墙底一点一点往上爬，爬得虽慢，总有一天会爬到墙顶的。"这个命运悲苦的女人就是朱安，但是她却正如她的名字一般，人生苦乐旅程，一直以一份雅致的心境安然以对，从容处之。

人的精力总是有限的，快乐的事情想得多了，不快乐的事情肯定想得少；相反，不快乐的事情想得多了，快乐的事情肯定想得少。正因为这样，有些人虽然也有许多痛苦，但因为他们的专注点和兴奋点都在寻找快乐上，用快乐之水冲淡了苦味儿，所以他们的心是快乐的。

人生就像一艘在大海上航行的船，不可能永远是一帆风顺的，会遇到风暴，会遇到冰山，也会失去方向。所以，我们要以积极乐观的心态去缓解痛苦，释放负面情绪。让我们努力做一个淡定的女人，学会笑对苦难，突破困境，战胜痛苦，从而活出自己的风采。

处变不惊，笑对人生中的逆境

在现实生活中，我们常看到这样的女人，她们会因自己角色的卑微而否定自己的能力，因自己一时身处逆境而放弃为梦想而努力。如此一来，原本可以走出困境、取得成就的她们，就这样被流于世俗，成为社会底层的平庸者。其实，她们完全可以处变不惊，笑对人生中的逆境。

霍兰德说："在最黑的土地上生长着最娇艳的花朵，那些最伟岸挺拔的树林总是在最陡峭的岩石中扎根昂首向天。"坚强的女性不会被磨难吓倒，反而把它们当作是将逆境变成成功路的前奏。

正如孟子所说：天将降大任于斯人也。历览世间成大事者，皆是经历了一番寒霜苦的结果，没有人能够绕过。苦难可以培养浩然正气，孕育卓越英才，成就辉煌人生。

在20世纪60年代，香草出生在一个贫穷的山村家庭。她也曾渴望着与同龄人一起背着书包坐在课堂里聆听老师的教诲。然而，窘迫的经济条件，还是让她失去了上学读书的机会。尽管如此，大山里那灵性的凝聚让她拥有了智慧；山间那陡峭的小路，磨炼了她的意志，让她懂得了坚强；纯朴民风的熏陶，让她有了博大的胸怀。长大成人后的香草凭借自己的勤奋努力，成了村里同龄女孩子中的佼佼者。经人介绍，她与本乡的一位技艺精湛的年轻石匠走到了一起。

婚后不久，丈夫为了尽快改变贫困的生活条件，惜别新婚的爱妻，走出大山，凭借手艺独闯江湖。而香草则留守家中，耕作田地，照顾父母，抚育孩子。当改革的春风吹遍大江南北，商海的大潮汹涌澎湃的时候，善于观察事物、捕捉信息的她，精明地看到了大山蕴含的商机。于是她筹措资金，一边料理家务，一边早出晚归，从林户手中收购木材，做起了长途木材贩运的生意。

机遇总是垂青那些有准备的人，而抓住机遇的人总是在辛苦中第一个尝到甜头。财富在两点一线的运输中聚集，心中埋藏已久的建造一幢当地少有的“洋房”的最高目标也在夫妻俩的埋头苦干中慢慢实现。一个美满幸福的家庭在一对儿女的欢笑声中回荡着，在村民的羡慕中他们感到欣慰，勤劳致富带来的甜蜜使这对夫妇憧憬着美好的未来。

然而，月有阴晴圆缺，人有旦夕福祸。灾难总是在人们毫无思想准备的情况下突然降临。一天，当香草为孩子做好饭后，又去押运木材外出销售。由于陡峭的简易机耕路崎岖不平，路基在雨水的浸泡下变得松软，驾驶员遇到紧急情况又处置不当，运输车不慎翻入近30米深的山涧中。坐在驾驶室里随车押运的香草在车子的翻滚中不幸被摔出，腰部和左腿被车上滚落的木头砸伤，左脚的胫骨和腓骨两节粉碎性骨折，鲜血直流，一度昏迷。

因伤势过重，香草被送往市医院，随又转往上海市人民医院住院治疗，先后花去医疗费用几十万元。尽管如此，她还是落下了终身残疾。两腿长短不一，最后不得不再做手术安装假肢，成了肢体残疾人中的一员。就在香草与厄运抗争的过程中，老天爷又似乎在捉弄她、考验她、摧毁她。

在香草进行治疗恢复期间，丈夫骑摩托车外出办事，被汽车撞倒，受伤昏迷路边，幸好被路过的好心人救起，送往县医院治疗，腿部也受伤致残。原本健康的两个人，而今双双成了残疾人。更令人心酸的是，夫妻俩呕心沥血建造的“洋房”，由于地质灾害造成的山体滑坡，顷刻间被掩埋和摧毁。接二连三的飞来横祸，使陈香草原本富裕的家庭变成了“一穷二白”。

人是要有点精神的。面对残疾，她最终没有低头，用自强不息的精神激励自己；面对病痛，她最终没有退却，以热爱生活的态度锐意进取；面对残酷的命运，她最终没有倒下，以惊人的毅力，克服困难，继续弹奏催人奋进的乐章。她依靠县残联和当地党委政府及村委会的无微不至的关怀与支持，以多付出于常人一倍甚至是几倍的辛苦，从家庭作坊开始一步一步地走上了规模经营和自强致富之路。

一个绝不向命运屈服的女强人，如今已是一个木制品公司的老总。香草短发披肩，笑容可掬。她没有叹息岁月的年轮在她脸上刻下的深深印痕；没有嗟叹岁月的风霜染白了双鬓，在她不屈的灵魂、生命的乐章里，每一个音符都凝结着深沉和豪放，每一个音符里都阐述着坦诚和希望，每一个音符里都升华着绚丽和辉煌。

生命的美在于拼搏和创造。英国科学家贝弗里说过：“人最出色的成绩通常是在逆境下做出的，思想上的压力，甚至肉体上的痛苦，都可能成为精神上的兴奋剂。”理想的花，要靠汗水浇灌，汗水是滋润灵魂的甘露，双手是理想飞翔的翅膀。

很多女人在生活中遇到变故时，总会不停地埋怨：“为什么是我？上天对我太不公平了。”即使流尽眼泪、哭瞎眼睛，依然无济于事，对事情没有任何帮助。与其如此，不如选择坚强积极面对。试想：如果钟爱东下岗后自甘堕落，如果当洪水淹没她的鱼塘时，她终日哀叹，那么我们现在看到的绝不是一个成功的女企业家，只能是一个可怜的失败者。

前事不忘，后事之师，能够笑对逆境的女人，永远都是生活的强者。因为她们明白，每一次不幸并非都是灾难，逆境通常是一种幸运。与困难做斗争为日后面对更大的人生挫折积累了丰富的经验。

巴尔扎克曾说："苦难对于天才是一块垫脚石。对于能干的人是一笔财富，对弱者是一个万丈深渊。"逆境是一个人的练金石，有人在逆境中站得更直，也有人在逆境中倒下，这其中的差别，在于个人是消极逃避还是坦然面对。站起来便能成就更好的自己；倒下的自怨自怜、悲叹不已的人，注定只能继续哭泣。

处变不惊，方能笑对人生中的逆境。面对幸运的美德是节制，面对逆境所需要的美德是坚韧。一些在风雨中、苦难中挣扎的女性，走进她们的内心世界，才体验到生活的路原来坑坑洼洼、坎坷崎岖，但她们的生命却有着更美丽的色彩。

困难是磨炼英雄的炉锤。如果不是它的敲打，又怎么会有锋利的宝剑？当困难来临时，女人应该多一些淡然，多一些冷静和沉着，成功的脚步也就走得更快、更稳。

伏久者飞必高，开先者谢独早

生活中，有些女人一遇困难，就变得手足无措，总是企求别人的帮助，而不是自己想办法克服困难。其实，很多女人并不是不能克服困难，她们只是害怕忍受痛苦的经历，畏惧挑战和挫折。殊不知，忍耐是一剂良药，使自己镇静，酝酿成功。

常言说：大忍大益，小忍小益，不忍不益。忍耐的过程是辛酸的，忍耐的结果是美好的，学会忍耐，受益一生。忍耐可以伴随着痛苦、失意和挫折，但因为如此，女人的毅力才会因痛苦的磨炼而坚强，思想才会因承受挫折而成长，内心才会因经历了失意而变得成熟。

女人，会因学会忍耐而变得温柔。伏久者飞必高，开先者谢独早。女人，为了使自己更加长久地绽放，学会积淀与忍耐吧！

著名词人李清照，身为一个士大夫阶层的大家闺秀，出身富贵，可以跟着家人到街头观赏奇巧的花灯和繁华的街景，这不仅陶冶了她的性情，也丰富了她的精神生活。少年时代快乐的生活，在她的词中表现出明快清新的风格。

18岁结婚后，她与丈夫赵明诚情投意合，如胶似漆，过着幸福美好的生活。因而这一时期写的诗词多是描述少妇的闲适之情、慵懒之态和离愁别绪。然而好景不长，朝中新旧党争愈演愈烈，一对鸳鸯被活活拆散，赵李隔河相望，饱尝相思之苦。

目睹了国破家亡和感情失意的李清照，在这一时期她表现了别样的豪迈，写下“生当作人杰，死亦为鬼雄。至今思项羽，不肯过江东”，诸如此类令人传诵的经典名句。如果不是承受了生命中的苦难，李清照也许一生都不会有那样的心情，更不可能写下这些经久不衰的诗句。

一个女人，只有不断地经历，勇于尝试，才能不断地成长和完善。单一意味着平庸和浅薄，多一份经历就会多一次磨炼，多一次积累经验的机会，一次挫折就是一份财富，能够让女人受益终生。

成功的光彩和绚丽需要付出辛酸和痛苦的代价，我们只有经历了才能真正体会。面对挫折时，淡定的女人会做到不争不躁、不温不怒和不气不馁，学会用忍耐来砥砺品行、磨炼意志和锻炼作风。柏拉图说：“如果你无法逃避，那么你要做的就是忍受。假如命运安排你注定要忍受这一切，如果你不能忍受就是犯傻。忍耐是成功的基础。”

生活的磨难可以磨炼我们的意志，使我们更坚强。所以，成功者总是将挫折当成人生最好的教材，不断地学习来充实自己。而对女人本身而言，忍耐也是保养身心的绝佳方式。懂得承受和忍耐痛苦的女人不生气、不悲观，不与人争论不休。

欠欠是一名会计，和老公结婚后过着甜蜜的二人世界。有一天，欠欠的婆婆出门买菜时不小心滑倒，摔伤了小腿。欠欠的老公工作时间比较长，根本抽不出时间去照顾婆婆，而公公是饭来张口衣来伸手的那种人，平时连自己都照顾不了，更不可能去照顾摔伤的老伴了。而欠欠的工作时间朝九晚五，非常合适抽出时间来照顾老人。于是，重担就落在了欠欠的肩上。她是个懒散惯了的人，心中很想推辞，却又不好意思说出口。

欠欠本以为，每天过去做做饭、收拾下屋子就算完事了。没想到拼命干活的同时，还要听婆婆的唠叨：地扫得不干净啦，被子叠得不整齐啦，做的饭菜不可口啦等。欠欠心想，自己算什么，你们家请的保姆吗？就算是保姆你还得给发工资吧！每天大老远跑过来干活，累死累活不说，却还换来一大堆抱怨。

欠欠在公公婆婆面前受了委屈，回到家就会把气撒在老公身上。丈夫知道欠欠很累，刚开始对她好言相劝，但是欠欠总是发脾气，丈夫听久了，实在忍不住时，便和欠欠大吵一顿。吵了几次以后，欠欠就拒绝去照看婆婆。如果丈夫硬要她去的话，她就跑去和公婆又吵又闹。

夫妻之间的吵架永远只是两个人的事，但是让一方或者双方的父母加入了战争，就成了天大的事。其实欠欠本来可以忍一忍的，只要再忍一段时间婆婆的病痊愈了，她就可以解放了。但是，尽管欠欠并没有做错什么，甚至还很辛苦，而不忍耐让欠欠毁掉了自己的婚姻。当老公要和欠欠离婚时，公公婆婆也不肯帮欠欠说好话。

对于女人来说，忍耐是一种意志、一种智慧、一种修养、一种境界，更是一种成熟人性的自我完善。忍耐不是一味地逆来顺受，不是茫然失措的结果，而是一种主动收缩和战略调整，是为了韬光养晦，积蓄能量，等待时机再成正果。善忍耐者必然有大智慧、大视野和大心胸。

在人生的漫漫旅途中，女人的一生不可能一帆风顺，难免会遭遇一些磕磕碰碰，会经历一些苦难彷徨，甚至会身陷一些艰难险境，这都是自然的，关键是面对这些坎坷和困境的时候，人要时刻保持一种平和的心态，坦然面对现实。

痛苦不过是成长路上的营养

每个女人都希望有着漂亮的外貌、丰富的内涵，希望拥有一份体面而赚钱的工作，希望嫁一个英俊潇洒的男人过着幸福而甜蜜的生活……没有人不想幸福快乐地生活，然而现实生活却不尽如人意，我们经常不能左右生活，因为痛苦烦恼总是不期而至，尽管我们无法逃避，但我们可以把痛苦看作是成长路上给予的营养。

玛丽亚原本有幸福的家庭、爱她的父母。快乐长大后的玛丽亚，万万没有想到有一天，她的生命中会遭受如此的痛苦。

正在上大学的玛丽亚和一个男人相爱了。天真的她以为爱情就是一切，死心塌地地爱着那个男人，当那个男人发现她怀孕后，却无情地抛弃了她，并不负责任地一走了之。学校知道玛丽亚未婚先孕的事情后，通知了她的父母。

一时间，同学们都在对她指指点点，好像在说这是一个坏女孩。而父母更是无法接受女儿的这种不知羞耻的行为，而拒绝让女儿进入家门。玛丽亚无法在学校待下来，又遭受了爱情和亲情的抛弃，绝望之下想到离开这个世界。

她站在300米高的大桥上，俯瞰脚下碧波万顷，她没有恐惧，心凉如水。抚着微隆的肚皮，那里隐隐传来的一息脉动给她最后的温暖，细密的雨打湿了她的头发，顺颊而下的水珠、泪珠又冻结了这一点微温。

这一天，似乎是玛丽亚生命中最灰暗的一天，但是她却在最痛苦的时候重新看到了生活的希望。在玛丽亚自怜自伤的时刻，她能感到不远处有一双眼睛望着她。她转身看到一个清秀的年轻男子。这样的天气爬上这样高的大桥，除了他俩，再没第三个人。他们彼此心照不宣，来到这里的人，绝不会是为了悠闲看风景。

四目交汇的瞬间，玛丽亚看到那双眼睛里盛满了浓得化不开的哀伤，还有一丝疑惑关切，她仿佛看到另外一双自己的眼睛。于是，身处同样境地的两人似乎有了惺惺相惜之情，开始了交流。

经过交谈，玛丽亚了解到他也是一个万念俱灰的可怜人，他青梅竹马的未婚妻在婚礼前几天突遇车祸身亡。

“玛丽亚，你比我幸运，你失去的只是一个不爱你也不值得你爱的人；而我失去的是一个真心相爱的人，而且永远没有挽回的余地了。”

“拥有一份真爱，就没有遗憾，是你比我幸运！我的生活里只有背叛和抛弃。为了你的未婚妻，为了她在天堂能安息，你也应该勇敢地活下去，不该这样颓废。”

“是的，时间也许可以帮助我，也一定会帮助你，没有什么问题是解决不了的，你还这么年轻，还会有美好的感情在前方等着你……”

他们是一对准备抛弃余生的人，所以他们都把彼此当作最后一个聊天对象，聊了很久。谈话中发现一个比自己更痛苦不堪的人，同时，他们也意识到自己的痛苦在别人眼里不过是一粒尘埃。于是，他们彼此鼓励，决定勇敢面对自己的不幸，然后他们手牵手从危险的桥上慢慢下来……

人生只有经历不幸才会体会幸福，才会懂得珍惜生活。在每个女人的一生中，总会有一个人让你笑得最甜，也总会有一个人让你痛得最深。忘记一切，就是善待自己。人生的过程不过就是失与得，看淡了也就轻松了，一切不过是过眼云烟，如果真的忘不了，就默默地珍藏在心底的最深处，藏到岁月的烟尘触及不到的地方……

有谚语说：生活是一枚硬币，一面是欢乐，一面是痛苦，通常你只能看到一面，但是别忘了，马上就轮到下一面了。绝望放弃的时刻，不论对于生命还是信念，再等一等，再坚持一下吧，下一秒，也许你的硬币就会翻面。

快乐从来不是永恒的，痛苦也只是个过程，没有谁能拒绝春天来临，没有谁能永远都做好梦。漫漫旅途中，或许感到疲惫，也许有些沉重，总是逃不开痛苦的羁绊，但只要有一份美丽的心情，就会觉得欣慰，就会充满自信。

在淡定的女人眼中，痛苦只是一粒微不足道的尘埃，它可以给予成长的营养，让我们走得更顺畅。让我们保持一份雅致的心境，好好地珍惜人生，尽情地拥抱生活，虽然辛苦，也会咀嚼出甘甜与芬芳的神韵！

人生自有沉浮，淡定地面对人生低谷

人生难免有起伏，没有经历过失败的人生不是完整的人生。低谷自有低谷的风景，低谷是一种奇妙的人生历程，它教会我们等待、忍耐和奋斗。淡定的女人总是以百折不挠的意志去面对困难，不管风吹浪打，胜似闲庭信步，以一种平常心去面对挫折，迎接你的必将是山巅的无限风光。

面对低谷，每个人都应该学会忍受生活中属于自己的一份悲伤，只有这样，你才能体会到什么叫作成功，什么叫作真正的幸福。在时间的长河里，经历了人生的繁花似锦后，女人如果不再浮躁，能用从容的心态包容一切，总是微笑着面对困难、面对环境。相信人生自有浮沉，能够淡定地面对人生低谷。

中国著名女演员李冰冰，自 1994 年出道至今，已拍摄数十部影视作品，收获了一系列的奖项和荣誉。除了影视以外，李冰冰多年来也将工作投入到环保低碳及公益慈善事业领域。

这些年一直被称“劳模”，就算是生病也不耽误工作，李冰冰说："很多人问我这么辛苦是为了什么。其实，你既然站在了这个赛场上，你就得遵守比赛的规则。人生就是一场竞赛，每个人都想赢，每个人都渴望当冠军，所以面对机会，你永远要主动出击。但是，主动出击是一种态度，这绝不代表要攻击你的对手。"

作为"中英文化交流大使"，李冰冰的伦敦行动已经进行了两季。在第一季"足球"主题里，她是欧足联历史上首位受官方邀请来宣传推广欧冠赛的女性大使。而第二季"奥运"主题，则让李冰冰对伦敦有了更充分的了解。在回答"你如何看待你的对手？"这个问题时，她的回答出人意表——"我不看待对手。别人做什么，演什么，如何发展，你根本管不了。你只能做自己，认清自己，加快脚步，就算不加快，原地停留也可以，但不要乱了阵脚。自己和自己是一生的博弈，要了解这点可能得花上一生的时间。"

李冰冰也曾被负面新闻缠身，"和舒淇抢代言""结婚生子""暗讽范冰冰"……对此，李冰冰表示，就在她刚刚离开戛纳之时，网络上便有新闻说李冰冰讽刺范冰冰的红毯造型太过夸张。加上之前说她争一姐抢代言、被结婚、被生子，李冰冰首次开腔在微博上写道："黎明前是最黑暗的时候，小范曾说过：'万箭穿心，习惯就好。'"人只有耐得住诋毁和寂寞，才能守得住繁华！这是对李冰冰最好的写照。你看她写满一脸的微笑，一脸的从容，一身的爽净，一身的甜意，她美得并不炫目，但很传统。在她身上透露出一种亲和，以及朴素、温馨的气质。

智慧的女人从容面对低谷，她们相信：苦难的果实，可能是屈辱，也可能是财富。当苦难战胜了你时，它就是你的屈辱；当你战胜了苦难时，它就是你的财富。试想一下：或许，低谷只是上天安排的让你休息的机会。放慢脚步，每天留一点时间，从从容容看看湛蓝的天空，看看飘舞的秋叶，看看冬雪晶莹……你发现，低谷中原本也有值得珍惜的事物。“世纪老人”冰心是一位温暖豁达的老人。她的名言是：“有了爱就有了一切。”她的一生言行，她的全部几百万的文字，都在说明她对祖国、对人民无比的爱心和对人类未来的充沛信心。她喜爱中华民族和全人类经过历史积淀下来的一切优秀文化成果。她热爱生活，热爱美好的事物，喜爱玫瑰花的神采和风骨。

她的纯真、善良、刚毅、勇敢和正直，使她在海内外读者中享有崇高的威望。让人感动的更是冰心面对人生低谷时的坦然。在她的身上，总会感到一种身心的净化，会受到一种圣洁的感染。在她的身上，永远看到的是一个人生命力的旺盛，看到的是一颗跳动了近百年的在思考、在奋斗的年轻从容的心。

从容的女人总是善待人们、善待生命的。从容的女人即使老去，她的心也是不老的。她总是会不断地运用智慧寻求生活的乐趣。智慧、文雅、内秀成了她们心灵不老的秘方……如果能从容优雅地老去，对于一个女人来说该是怎样的一种造化？

人生光阴易逝，世间繁华总会褪去，人生看淡了不过是无常，事业看透了不过是取舍，爱情看穿了不过是聚散，生死看懂了不过是来去，何须杞人忧天、庸人自扰？

淡定的女人不会苦求着毫无意义的名利，不会奢求华墅豪车、山珍海味。衣食无忧、家庭和美、身体健康才是最大的幸福，幸福的人生，就是对那一份平淡生活的执着坚守！

起落皆安然，笑对得与失

人的一生会面对许多的岔路口，被困惑不已的琐事所纠缠，也许你会难以取舍，向左还是向右？向前还是向后？其实，得失是同时存在的。因为失去了绿色，却得到了丰硕的金秋；失去了太阳，却换来了繁星满天。淡定的女人总会豁达地面对悲喜，微笑着对待得失，失意时不退缩，得意时不浮躁。

2006年10月11日，胡润富豪榜发榜当天，49岁的张茵身在美国。几乎在一夜之间，张茵这个名字红遍了大江南北。而“女首富”张茵的出现也打破了一直以来富豪榜的翘楚之位皆为男士的格局。

富豪榜制造者胡润说，张茵是全世界最富有的独立创业女性，中国商业女性的角色已发生了“戏剧性的变化”。这个曾经拒绝登上榜单的造纸业女强人行事低调，为人谦恭。事实上，在这之前，人们对张茵几乎一无所知。

张茵祖籍黑龙江省鸡西市，1957年出生于广东韶关，在东莞读书长大，父母都是“南下”军队干部。1982年，张茵终于有机会攻读她喜爱的财会专业，为她日后的成功奠定了良好的基础。

1985年，27岁的张茵放弃了内地优厚的工薪和住房，仅带了3万元人民币来到香港闯荡。短短几年内，张茵的生意在香港得到迅速发展，并建立了自己的纸行和打包厂。

1990年2月，张茵来到了造纸业全世界最发达的国家之一——美国，开始了新的创业。10年里，张茵建立的美国中南有限公司先后在美建起了七家打包厂和运输企业。

10年前，张茵想做全美废纸回收出口大王，这一愿望很快实现了。10年后，她又有了新的梦想，那就是在中国实现年产包装纸100万吨，成为中国牛卡纸大王。张茵1996年在广东东莞投资1.1亿美元生产牛卡纸。

在胡润富豪榜发布前7个月，玖龙纸业在香港上市，这成为张茵事业上的转折点，也是她一跃登上胡润财富榜榜魁的主因。自从张茵成为女首富后，关于玖龙纸业的关注度被提高，负面新闻越来越多。

2007年12月，东莞麻涌玖龙纸业几百名工人情绪激动地聚集在厂门口的公路上。导火索是一份新劳动合同，根据此合同，清洁、卫生等辅助型、非技术工人将整体外包给专业服务管理公司管理，工人过往工龄一笔勾销，另外，新劳动合同也将与劳务公司签署。玖龙在麻涌共有工人7 000多名，受新管理制度波及的有2 000多名，抗议者多来自原料部，那是一个在循环造纸工业中相对劳动条件最差的部门。

12月14日，玖龙纸业股票受罢工事件拖累下挫5%～6%。张茵解释，“这是场误会”，而降低薪水、解雇临时工则“纯属谣言”。之后，玖龙又表明，仍会以公司名义，直接与员工签订合同。

春节过后，张茵赴美国去看望儿子，直到“两会”前才回来，着手准备作为全国政协委员的提案。也许是3个月前的罢工事件令她记忆犹新，她在提案中建议完善《劳动合同法》，取消无固定期限的劳动合同，以3～5年的有限劳动合同取而代之等一系列建议。

这份提案，击中了中国劳资界最敏感的神经，一经披露，犹如火上浇油。因玖龙亚洲最大包装纸生产商的地位和围绕张茵“女首富”的耀眼光环，影响迅速发散，批评接踵而至。

不久后，《2008年首季香港上市企业内地血汗工厂报告》出炉，还有一个颇具杀伤力的副标题：“‘女首富’张茵的玖龙纸业如何剥削中国工人！”报告中说，玖龙纸业工伤事故严重，“月月有工伤，季季有死人”；劳动条件恶劣，不提供劳保用品，如手套、帽子、鞋子、防护眼镜等；经常巨额罚款，《员工手册》共有87条罚款规则等，直指玖龙为“港企之耻”，认为张茵应辞去政协委员之职。

“冤，太冤了！应该去和同类型的企业做横向比较嘛，‘血汗工厂’，怎么能这么定位我？！”东莞麻涌每天都有数十个记者在工厂附近徘徊，还有人换上了玖龙的工装去工厂内部拍照。玖龙人心惶惶，张茵和律师商量后决定：暂不对外界做出任何反应。“这个时候，我发现不能去请人来澄清，你找的人，说话谁信呀？”

几日后，省工会致电张茵，要来跟玖龙核对一些调查数据，这些数据证明玖龙并非所谓的“血汗工厂”。接到这个电话，张茵说她终于“哇”的一声哭出来。

“这么大一个企业发展这么快，你总得给我时间，除了吃饭睡觉的时间再多给一点，有问题提出来，你让我去整改，我早有计划去整改的，但像SACOM这样拿炮轰我，我心里很难过。”张茵激动地敲着桌面。

面对公司这一系列危机及其造成的负面影响，张茵说：“我们永远欢迎善意的关注，作为一家负责任的企业，我们有勇气面对并致力于改善企业管理中的一些不够周全的地方。大家可以随时参观考察我们的企业，看看玖龙到底是个什么样子。”危机过去了，玖龙还在继续。张茵从一个平凡的女人到一个中国女首富。她可谓经历了人生的起起落落，真正做到了以安然的心去面对这些年的曲折经历，她说自己很享受这种具有挑战性的人生。

人的一生总有高潮和低谷，睿智的女人已看开人生中的起起落落，该得到的不要错过，该失去的，洒脱地放弃，不必太在意，拥有时珍惜，失去后不说遗憾；过多的在乎将使人生的乐趣减半，看淡了一切也就多了生命的释然。

任世间沉沉浮浮，我心依然淡定如初

每个人都在终日为了明天的生活忙碌追寻，或跌倒，或一路狂奔。我们都是世间平凡的女子，不管是坐拥亿万资产的顶级富豪，还是为了生存下去在都市漂泊的蚁族们。我们该做的事似乎只有一个，为了明天而开始浮浮沉沉的无止境奔波。

睿智的女人会任世间沉浮，在内心依然淡定如初。没有什么事情是办不到的，因为昨天的梦想，可以是今天的希望，还可以是明天的现实。有人认为只有完全脱离了现代生活的凡尘俗世，才能真正做到我心悠然，其实不然。只要心中无杂念，身处闹世又何妨？

无相禅师行脚时，因口渴而四处寻找水源，这时看到有一个青年在池塘里打水车，无相禅师就向青年要了一杯水喝。

青年以一种羡慕的口吻说道："禅师！如果有一天我看破红尘，肯定会跟您一样出家。不过，我出家后不会像您那样到处行脚、居无定所，我会找一个隐居的地方，好好参禅打坐，不再抛头露面。"

无相禅师含笑问道："那你什么时候会看破红尘呢？"

青年答道："我们这一带就数我最了解水车的性质了，全村的人都以此为主要水源，如果有人能接替我照顾水车，让我无牵无挂，就可以出家，走自己的路了。"

无相禅师问道："最了解水车的人，我问你，水车全部浸在水里或完全离开水面会怎样呢？"

青年答道："车是靠下半部置于水中，上半部逆流而转的原理来工作的，如果把水车全部浸在水里，水车不但无法转动，甚至会被急流冲走；同样的，水车若完全离开水面也不能车上水来。"

无相禅师说道："车与水流的关系不正说明了淡定与浮华的关系？一个人即便身处幽静的山谷，如果心系世间繁华，也难保不会被物欲红尘的潮流冲走；倘若一个人从内心做到淡定从容，与世无争，则人生必然宁静、诗意。"

倘若一个人过于看重得失，久而久之，必将陷于生活的烦琐和苦恼之中，在现实生活中的恩怨、情欲、得失、利害、关系、成败、对错里纠缠辗转，难以超脱出来；反之，若是能够做到冷眼旁观世间的变幻，而从不被欲望所迷惑，才能做到真正的淡定。

在纷纷扰扰的世界中，虽然环境一直在改变，经历的事情也在跟着变化，但是我们不需要用各种精巧的装饰去改变自己的心灵，不要让更多的生活负累扭曲了内心最初的航向，我们需要的只是让内在原有的美无瑕地表现出来。

有一本书叫作《我希望能看见》，它的作者彼纪儿·戴尔是一个几乎失明了50年之久的女人，她写道："我只有一只眼睛，而眼睛上还满是疤痕，只能透过眼睛左边的一个小洞去看。看书的时候必须把书本拿得很贴近脸，而且不得不把我那一只眼睛尽量往左边斜过去。"

可是她从不羡慕别人的生活，也不自卑，像正常人那样要求自己。她拒绝接受别人的怜悯，不愿意别人认为她"异于常人"。但她从小的愿望就是做一名传道授业解惑的教师，她坚信自己将是一个与众不同的人，必定有一个不平凡的人生。

当别人的小孩子在一起玩耍的时候，她从不为看不到而难过，而是在家里看书，她把印着大字的书靠近她的脸，近到眼睫毛都碰到书本上了。后来，她得到两个学位：先在明尼苏达州立大学得到学士学位，再在哥伦比亚大学得到硕士学位。终于，她可以做一名教师了。

她开始教书的时候，是在明尼苏达州双谷的一个小村庄里，那是一个偏僻的小山村，从来留不住优秀的教师，而她却不抱怨恶劣的环境和落后的教学条件，每天都充满热情地上课，高兴地与孩子们在一起玩耍。

当很多教师都在为晋升职位或获得更高的职称想方设法找路子时，她从不心动，不争名，不夺利，只是认真而努力地干好自己的工作。由于出色的表现，她后来逐渐升到南达科他州奥格塔那学院，成为新闻学和文学教授。

在南达科他州奥格塔那学院教了13年书，虽然她从不觉得自己有多么优秀，但还是有很多人来拜访她，要求她到妇女俱乐部发表演说，并被力邀到电台主持节目。她说："在我的内心深处，从不为名利所困扰，但我常常怀着一种淡定的心态生活，不管世间沉浮，否则我将没有更多的时间和精力去完成自己的梦想。于是，我对生活采取了一种很快活而近乎戏谑的态度。"

在她52岁的时候，一个奇迹发生了。她在著名的梅育诊所施行了一次手术，使她的视力提高了40倍。这时，尽管她眼前展现的是一个全新的、令人兴奋的、可爱的世界，可她却说："视力的提高虽然可以方便我生活，但对我内心而言并无多大意义，因为无论我能否看到光明，我的心中从来没有黑暗。"

当我们去审视和叩问自己的心灵，能否像彼纪儿·戴尔那样在浮世中保持自我？生活中的阴云和不测不知会使多少人活在自怨自艾、患得患失之间，许多人早已习惯了用抱怨和悲伤去迎接生命的各种遭遇，由于自身内心世界的阴晦，使得原本明朗的生活变得灰暗而毫无希望。

淡定的女人能清醒地认识到理想和现实的差距。不好高骛远、缘木求鱼，也不盲目攀比、爱慕虚荣。她们脚踏实地地追求自己所认定的幸福，与世无争地生活着，简单而又快乐；不会太过兴奋而忘乎所以，也不会太过悲伤而痛不欲生；不在乎太多的身外之物，而是执着于自己脚下的路。

看透了人生的本质，便不会一叶障目，被浮华遮蔽了眼睛。人生如水，用淡定如初的心处世做人，便能充分品味水的甘甜。淡定的女人会将自己的心像水一样沉静下来，扫除心中的纷繁芜杂，使心灵更加纯净。

女人，不要等到老之将至，才发现世上的纷纷扰扰与你无关，世上的浮浮沉沉原有宿命，在你意识到你的生命是属于自己的那一刻，请控制好自己的心，任世间沉沉浮浮，我心依然淡定如初。

成功的标准不只有名和利

经济的高速发展，让人们的价值观发生了很大的变化。越来越多的女人把金钱、权势当作衡量成功的唯一标准。诚然，名利双收并没有什么不好，但拥有内在心灵的平静比财产更为重要，比如充实你的内心，净化你的心灵。

一个女人只有把寻求内在的安宁摆在第一位，她才能把外在的事物安排得更有条理，等到有所成就时，才能真正享受她的成果，得到满足和喜悦。在人们的观念中，女人最重要的还是把家稳定下来。

某证券公司职员宋娜是个“80后”，现在年薪近百万。她大学毕业不久就结婚了，当时宋娜还是个职场新人，她不想因为婚姻失去自我。于是，她在工作上不敢有丝毫懈怠，把大部分精力放在了工作上。在她的努力下，职位做得越来越高，薪水也越来越多，出差在外的时间也多了。

丈夫多次表露出想要孩子的想法，但总被宋娜以工作正在上升期为由而拒绝。看着同龄人的孩子都上了幼儿园，宋娜的婆婆也多次给儿子施加压力。如此一来，婆媳关系自然不好相处，丈夫夹在中间很是为难。

时间一长，丈夫对宋娜只顾工作、忽视家庭的行为也产生了反感。有一次，婆婆生病，丈夫希望她能请假照料，由于宋娜的工作很忙，她便将自己的工作带到了医院，在照顾婆婆之余，忙着应付业务。

几天之后，由于工作调度，宋娜选择了出差青海，将婆婆托付给保姆。可由于保姆的疏忽，婆婆差点出了意外。丈

夫很是生气，当宋娜出差回来后，丈夫向她提出了离婚。

宋娜简直是一个工作狂，由于对名利的过度追逐，忽视了爱情与亲情，最终导致丈夫对她的失望，而结束了婚姻。“女性最大的成功并不一定是闯出一番事业，而是有一个温馨幸福的家。”毕马威会计师事务所某部门主管，因为工作经常出差，但每次回家看到妻子灿烂的笑容和整洁的家，他的疲惫顿时没有了。

中国青年报社曾对全国 2 845 名公众进行了一份问卷调查（其中“80 后”和“90 后”占受访者的 73.7%），结果显示：80.4% 的人认为家庭和睦的女性最成功，此外，公众认可的成功女性要素依次为：找到真爱 (56.1%)、培养一个好孩子 (49.8%)、有很多好朋友 (32.8%)、成为职场精英 (29.0%)、能赚很多钱 (11.6%)、嫁个有钱人 (5.6%)。可见，在大多数女人的心中，名利并非是成功的首要标准。

真正的成功有很多种：它可能是创造出了新的产品或技术，可能是因自己的行为而给他人带来了幸福，可能是在工作岗位上得到了别人的信任，也可能是找到了最能使自己满足和快乐的生活方式。同样，靠自己的努力取得令人羡慕的名望和财富也是一种应当被尊重和认可的成功。

如果从不同的角度理解，衡量成功的标准有很多种——可以是一个人的地位和财富，也可以是一个人的创造力和影响力，可以是一个人对他人的帮助或贡献，也可以是一个人在自身基础上的提高和超越……该行为是否对社会、对他人或对自己有益，是否能让一个人在自主选择的过程中不断超越自己，并由此获得最大的快乐。特蕾莎修女是诺贝尔和平奖获得者。她一生致力于帮助那些每时每刻都在与贫穷和饥饿做斗争的人们。也许她无法从自己所从事的事业中获得更多的财富，但她的无私奉献却为自己和他人带来了最大的快乐。凡·高的一生，是在艰难的生活、世人的冷漠以及与严重的精神疾病做斗争的过程中度过的，他始终也没有放弃对艺术的追求——即便后人一度没有给予凡·高公正的评价，这种追求本身也已经是最大的成功了。比尔·盖茨是微软公司的创始人，是全球软件产业的领军人物。应当说，比尔·盖茨在获取名利和实现人生价值这两方面都取得了成功。在他看来，衡量成功的方式有很多种，其中最容易衡量成功的方法就是，看能不能给自己的家人、朋友和自己所尊重的人带来帮助以及通过什么能改善他们的生活。每一个人都有自己的特长和潜质，在多元化成功的模型中，只要主动选择，每个人都有成功的机会。成才没有公式可以套用。试图用一个成功个案来总结教育规律，或寻找某些成才“捷径”，这些做法都有失偏颇。

智慧的女人不会把名利当作衡量成功的唯一标准，而会主动选择最适合自己的成功之道。她们知道，成功就是不断超越自己，就是“做最好的自己”。

哪里有鲜花盛开，哪里就有希望

俗话说：“行道要如水，立志要如山。不如水，不能曲达，不如山，不能坚定。”对生活怀有积极态度的女人，也往往是胸中有志的人。她们的理想可以大如一座山峰，迎向风雨、傲视霜雪而巍峨不倒，希望也会小到如一株野草，嫩叶匍匐在尘埃，根脉却伸向大地。

美好的希望能够产生奇迹。在生活中，怀积极心，怀发愿力，有助于心态的改变。这也就是为什么有时候当你想象你会成功时，你的信心就会迅速增大，并在实践中想方设法去做。人生之路，即使处于绝望的悬崖，也要寻找希望的救命绳。千万不要把事情想象得多么糟糕，因为也许等你一觉醒来，你就发现了事情的转机。

很多人不看好的事情，不代表它没有可行性。其实有时候，人生是一件很怪异的事情，我们没有办法猜透明天会发生什么，也无预知未来的自己会是什么样子。所以，在面对选择的时候，要多给自己一点希望，朝着阳光去努力。

莎士比亚说过，斧头虽小，但经过多次劈砍，终究能将一棵最坚硬的橡树砍倒。只要不放弃，只要肯努力，再糟糕的生活都能改变。命运就是随机抓到手中的麻将，好坏全凭运气。然而，高明的玩家，即使手中抓了一副烂牌，也不会轻易放弃，会坚持拼下去。因为，赌局只要没有结束，每个人都有赢的机会。

生活就是因为有了希望，生命的激情才能不断喷发，生命的青春才能持续燃烧，生活才会变得如此灿烂和充满阳光，生命才会有延续的渴望。希望是每个女人生命中不可或缺的部分，没有希望的女人，她的世界是黑暗的。怀揣希望，女人即可轻舞飞扬。

被誉为“护花使者”的美国前“第一夫人”伯德就是一个心怀希望的女人。约翰逊夫人是得克萨斯一个农场主的女儿，因其从小温良漂亮，她的保姆叫她“Lady Bird”，说她就像“淑女鸟”一样漂亮，从此，这个名字就在亲戚朋友中叫开，后来她当了美国第一夫人，因其美丽端庄且一生致力于热爱自然的行动中，美国人民一直叫她“伯德·约翰逊”以示爱戴。

在丈夫当政期间，她支持推动了当时的重要项目之一——“美丽工程”。在1965年的“高速公路美化工程”中，她致力于美化高速公路沿途风景、拆除一些告示板、遮掩一些有碍观瞻的废物堆积场等。如今，华盛顿的许多地方鲜花怒放、绿树成荫，也许就得益于她的倡导。

为了使这一美化议案得到通过，约翰逊夫人曾游说国会议员。她说：“植物的生命力是很顽强的，只需要给它一点土壤、一点水，它就能活得好好的。种下一粒希望的种子，开出一簇希望的红花，结出一树希望的果实，酝酿一份成功的喜悦，构建一个自己的天堂，幸福在一瞬间收藏，希望永远绽放着耀眼的光芒！所以我们种养花草，并不是为了施舍爱心，而是在给自己种下希望，希望它们为我们带来舒心的感觉。”

因此，“高速公路美化工程”又被称为“伯德夫人法案”。对此，美国第三十八任总统福特的遗孀贝蒂·福特曾赞叹：“她的‘美丽工程’让整个国家受益，她将自己的一生都奉献给了这片她所热爱的土地。”

约翰逊夫人一生致力于环境保护和美化，她常说这样一句话：“哪里有鲜花盛开，哪里就有希望。”也许这就是她何以终生与鲜花结下不解之缘的原因。前总统克林顿在约翰夫人逝世时发表演说：今天每一位美国人都应该感谢这位第一夫人，是她带给我们今天如画的美景。今天，看着每一朵盛开的鲜花，人们都会想起这位护花使者。

美好的理想便是希望，是力量和快乐的源泉。所以，一个女人的理想可以不远大，但却不可缺少，否则就会变得鼠目寸光，以至于一生碌碌无为。

鲁迅曾经说过：“希望是附着于存在的，有存在，便有希望，有希望，便是光明。”的确，人生不能没有希望，否则就会像失去控制的小船，随波浮沉，看不到停靠的港湾，也分不清前进的方向。

淡定的女人总是对生活充满了美好的希望，因为她们是懂得拼搏，更懂得享受生活的人。她们会留住心中“希望种子”，相信自己会有一个无可限量的未来，心存希望，淡定生活，任何艰难都不会成为我们的阻碍。只要怀抱希望，生命自然会充满激情与活力。

自处超然，失意泰然

淡定的女人喜欢享受独处的时光，在昼闲人寂时，听鸟语悠扬，自觉耳根清净，平添一种“宁静致远”的心境，从而扫事境之尘氛，忘心境之芥蒂；淡定的女人不会计较得失多少，遇到失意之事，不自暴自弃，悲观绝望，而是泰然自若，她们会常思不如我之人，则怨尤自消，心境通明。

弘一法师有云：“事当快意处，须转。言到快意时，须住。殃咎之来，未有不始于快心者。故君子得意而忧，逢喜而惧。”人在得意时需要打住，静静地内省，不能忘形，以免因此而使自己不慎犯错。同样，人在失意时耐得住痛苦，承受得住变故，从而坦荡对待挫折，无得失之烦心，有自乐之恬愉，何其泰然也。

一只风筝在微风中飘然升起，越过了屋顶，飘过了树梢。这时，站在树上的花喜鹊对它说：“风筝大哥，你飞得真好！”

“不。”风筝谦虚地说，“要不是有风，要不是有线牵着我，我是飞不好的！”

风越来越大了，线越放越长了，风筝也越飞越高了。等它飞过山顶的时候，心里就有些飘飘然了：“啊！当我躺在屋里的桌子上的时候，怎么也不知道我原来也是一个飞翔的天才！”

风筝随着风在不停地上升、上升，一直飞到了白云之上。当它俯视地面的时候，地上的房屋、树木、河流，甚至大山都显得那么渺小，就连平时高飞的雄鹰，现在也在它的脚下。它心里有一种说不出的滋味，仿佛自己的身体也在膨胀，变得高大起来。

“喂！”它毫不客气地对在它脚下盘旋的雄鹰说，“抬起头来看看我！过去人们总是赞扬你飞得高，现在怎么样？我比你飞得还要高！”

雄鹰抬头看看它，并没有与它争辩，只是意味深长地瞅了瞅它身下那根长长的线，微微一笑。

这样一来，风筝更沉不住气了，涨红了脸说：“你这是什么意思？好像我离了线就不能飞似的！其实，我还可以飞得更高些，都怪这根可恶的线！”为了显示自己的才能，风筝拼命挣扎，只听得“嘭”的一声，拴在它身上的线断了。

风筝很得意，心里想：这下可好了！我可以自由飞翔了，想飞多高就飞多高！果然，在断线的瞬间，它迅猛地向上冲了好大一截。谁知它很快便失去了重心，在风中身不由己地向下翻滚，最后一头栽进了臭水沟。

它只顾悲伤地在水沟边哭泣，却没有发现自己的衣服正在污水中一点一点浸湿着，当主人找到它时，本来就已经受伤的风筝，已经体无完肤了，主人只好放弃把它带回家的想法，独自离开了。

风筝在刚上天空时表现得还算淡定，可随着它越飞越高，便开始得意忘形了，以至于最后连失意时也只顾悲观，直到臭水完全浸湿了衣服，落下被主人抛弃的下场。风筝离开了线便会跌跤，人过于忘形而脱离底线，就容易遭遇挫折，从而造成失意又失志的结果。

生活中有的女人本来有着令人羡慕的生活，富贵得意，对任何事情都处理得很好，然而一旦遇到事业的挫折和婚姻的失败，却连门也不愿出，谁都不想见，自卑、烦恼接踵而至，完全像变了一个人一样。

一些女人在拥有了地位和权势，或者嫁了多金的男人时，就得意忘形了，这些女人可能在拥有功名富贵时还能表现出较好的修养，一旦失去了功名利禄，就会陷入绝望中无法自拔，觉得一切都完了。得意忘形与失意又失志的女人，同样都是修养不够。

女人不仅要做到得意淡然、失意泰然，还要学会在独处时超然。人在自处时要耐得住寂寞，把孤独当作一种享受，才能活得超然自在。超然当然不可能太理想主义，对自己要求太高。就拿人与人之间的关系来说，台湾作家罗兰认为“待人贵超然”。

晓睿是一个精明的女人，待人接物非常周到，用“八面玲珑”来形容也丝毫不为过。平日里，她看到领导就会奉迎、恭维；看到同事更是圆滑世故，处处不得罪人，见什么人说什么话，应付得面面俱到。

一到节假日，也是晓睿最忙碌的时候。她总是抢先去应酬、去送礼、去道贺；甚至于每一个同事过生日，以至于他们孩子的生日、毕业、得奖、考取学校等大小事项，没有一样忘记；但是，晓睿却发现自己的好心并没有换来相应的回报，她甚至还听到有人说她，是通过不正当的关系进入这个公司的。

当然，晓睿自己也活得很苦很累，因为她的生活全部被这些杂七杂八的事占据了，自己疲于奔命，却没有时间去做自己想做的事、该做的事。再说，她太想和每一个人都搞好关系了，往往偶尔一次有人说她不好，她就感到很难过很紧张，怕以后的工作不好开展，怕别人在背后议论她。

很多女人凡事都想做得面面俱到，追求完美，但你越是这样就越有人喜欢挑你的毛病、找岔子，如果偶尔发现有一次疏漏，反而越会不予原谅。这大概是多数过分投入的人的悲剧。所以，人生超然一点是必需的。超然也是保护我们自己不受伤害的一种心理方式。

人们常说，希望越大失望也就越大，深陷泥潭最后不能自拔，大概就是不超然的结果。超然的女人不会对人冷漠，也不会对生活毫不关心。其实，超然是一种独立的气度，不斤斤计较个人得失和别人对自己的评价，不加入人事纠纷的小圈子，不在背后评论别人的是非功过，不热衷于传送和打听小道消息，都是超然人生的表现。

其实，人的生命又有多长呢？整天把自己纠缠在复杂的人际关系和蝇头小利之中，如何能活得潇洒？睿智的女人会在失意时及时走出阴影，让自己沐浴在明媚的阳光中。不管过去的一切多么痛苦，都抛到脑后，不让担忧、恐惧、焦虑和遗憾消耗自己的精力。一句话，一个坚持自我的女人才能活得超然，一个内心强大的女人才能做到失意时泰然。

纵有百般诱惑，心亦如遇波澜而不惊

女人要有面对百般诱惑不动心的淡定，无论遇到多大挫折也不失色的意志。的确，生活里，总是存在着这样那样的诱惑，这些诱惑扰乱着很多女人的思维，进而影响着她们的判断力。一个女人如果没有自制力，任由冲动和激情支配，那么她可能会放弃道德，随波逐流，最终成为追逐欲望的奴隶。

张静是一家广告公司的部门经理，在这个公司，她从一个小小的职员开始做起，到如今的职位，已经工作5年了。最近半年来，她带领着整个设计部完成了一个又一个优秀的创意，为公司开拓了几个大客户。

她觉得自己付出了很多，公司给予的报酬与她的期待有较大的距离，心里多少觉得有些不平衡。恰巧这时，有一个客户要求张静给她做设计，暗示可以给她一笔可观的费用。就这样，张静就利用公司的材料，自己偷偷做私活赚外快。

果然，设计完成后，客户给了她比自己工资高出两倍的费用。张静尝到了甜头，开始私自接活，她忙忙碌碌，公司的工作却交给了手下人去做，自己一心干私活挣外快。一心不能二用，张静放在公司方面的心思越来越少。

设计部的工作效率越来越低，与公司合作的客户也越来越不满意。总经理虽然不知道原因却还是批评了身为经理的她，张静心里颇不舒服，只得把心思转移到公司方面。

这时，与张静私下合作的一个客户着急要一个设计方案，张静分身乏术，但又不想失去这笔可观的收入，于是，就顺手把同事设计的一个创意给了这个客户。

不久后，在一次广告创意招标中，对方客户和张静所在的公司均以同一个设计方案进行竞标。公司一怒之下，开始彻查。事实调查清楚后，张静以剽窃他人创意和私自接活为由，被公安机关拘留了半年，并做出公开道歉。

一边是唾手可得的私利，一边是损失集体利益，这诱惑让张静怦然心动！因一时的贪念，经不住诱惑，最终落下悲惨的下场。

生活中，我们总是面对各种各样的诱惑，只有学会拒绝诱惑，真正做到面对诱惑内心波澜不惊，我们才能堂堂正正地行走在人世间。

在美国纽约有一家芭蕾舞团，一位国内女记者曾去采访该剧团的首席女芭蕾舞星。当时，这位女记者看到这位舞蹈家有着曼妙动人的身材，于是就问她：“您最喜欢吃的食物是什么？”

这位舞蹈家兴奋地回答：“冰淇淋啊！”

冰淇淋可是一种热量很高的甜食，特别不利于对身材的保持，吃多了将会刺激体重的增加，这对舞蹈演员来说可是最致命的打击啊！一个爱吃甜食的舞蹈演员又是如何保持自己完美的身材呢？

女记者充满了好奇，于是，她又追问道：“那你隔多久会让自己放纵一次呢？”

“我至少有18年没有尝过那种美妙的滋味了！”女舞蹈家微笑着说。

舞蹈家为了工作必须保持完美的身材，她竟然18年都不吃冰淇淋这种甜食了。但凡那些做出伟大成就的人，往往在面对诱惑时如遇波澜而不惊，他们清醒地知道什么对于自己来说是最重要的，什么是自己要舍弃的，就像冰淇淋一样，再美味，也必须拒绝！当然，拒绝这种诱惑和贪念是绝对需要勇气的。

著名作家刘墉说过："年轻人要过一段'潜水艇'似的生活，先短暂隐形，找寻目标，耐得住寂寞，经得起诱惑，积蓄能量；日后方能毫无所惧，成功地浮出水面。"所以，如果我们要想做好一件事情，那么持之以恒，拒绝其他因素的诱惑、干扰，则至关重要。

1830年，法国作家雨果与一个出版商签订合约，约定半年内必须交出一部作品，否则将按约定赔钱。雨果为了确保能把全部精力放在写作上，把除了身上所穿毛衣以外的其他衣物全部锁在柜子里，甚至把柜子上的钥匙都丢掉了。

这样一来，雨果由于根本拿不到外出要穿的衣服，彻底断了外出会友和游玩的念头，一头钻进小说里，除了吃饭与睡觉，从不离开书桌，全力以赴进行写作。

结果，作品在距离约定时间的前两周完成。而这部仅用五个多月就完成的作品，就是后来闻名于世的文学巨著《巴黎圣母院》。

古希腊著名演说家戴摩西尼年轻时为了提高自己的演说能力，躲在一个地下室练习口才。由于耐不住寂寞，他时不时就想出去溜达溜达，心总也静不下来，练习的效果很差。无奈之下，他横下心，挥动剪刀把自己的头发剪去一半，变成了一个怪模怪样的"阴阳头"。

如此一来，因为头发羞于见人，他只得彻底打消了出去玩的念头，一心一意地练口才，演讲水平突飞猛进。正是凭着这种专心执着的精神，戴摩西尼最终成为世界闻名的大演说家。

古往今来的智者、贤者，之所以能够成就大事，莫不是因为他们耐得住寂寞，经得起诱惑，安于平静，追求内心的纯净。因此，淡定的女人明白，要使自己的人生有所获得，就不能让诱惑自己的东西太杂太多。女人要学会用定力抵制诱惑，让自己有暇思索人生、规划人生，让自己获得一份心灵的宁静！

尊重本性，只做自己

现代社会中，人们往往喜欢追随潮流，看大家都在做什么，自己也做什么。看到满大街都是紧身裤，自己也不假思索地穿到身上，哪怕自己那肥胖的身材与裤子根本不协调。别人穿着漂亮未必就适合自己。

人生在世，短短几十年，如果我们一味在追逐别人的路上奔跑，而失去了自我的个性，那岂不是白活一场。要想活出自我，我们就要尊重自己的内心，而不能盲目跟从，随波逐流。

杨二车娜姆作为一个泸沽湖畔走出来的摩梭女人，有足够的智慧和勇气教女人怎样做最真实的自己。杨二车娜姆出生在四川省凉山州盐源县泸沽湖畔。7岁时，有人来她所在的村庄收集民歌，发现了这个会唱歌的“小百灵”。于是带上她走出村庄，参加当时正在筹办的全国少数民族歌手大赛。杨二车娜姆凭借出色的水平得了第一名。不久，她来到成都，又顺利地进了成都市歌舞团，成为一名歌唱演员。几个月后，杨二车娜姆放弃了这份优越的工作，考入上海音乐学院。

杨二车娜姆从上海音乐学院毕业后，被中央民族歌舞团录用，成为该团最年轻的民族独唱演员。1989年8月的一天，正准备随团去湖南演出的她接到美国《国家地理杂志》的采访邀请。并认识了一个美国小伙子叫Adrian，后与之结婚，随后移居美国。

共同生活了一年后，她婚姻破裂，很快离婚。随后，杨二车娜姆先后到日本、新加坡、中国台湾等地讲学和演出，她还从事时装生意，做模特，参加好莱坞电影演出并为其配唱歌曲。

1996 年，杨二车娜姆在北京三里屯遇到挪威帅哥石丹梧——挪威王国驻华使馆的外交官。他们的爱情终究没能逃过“七年之痒”。1997 年，杨二车娜姆开始写作，著有《走出女儿国》、《中国红遇见挪威蓝》、《你也可以》等 13 本书。

2003 年，她的自传体小说《离开母亲湖》轰动美国，登上《纽约时报》畅销书排行榜。她用自己的歌喉，用自己独特的美丽和天生的聪明征服了泸沽湖以外的世界，让世界对那片神奇美丽的土地惊奇地睁大了眼睛。

有人说杨二车娜姆是摩梭人的女杰，有人说她是女儿国的一道亮丽风景，也有人说她是东方最具魅力的女性。不管怎样评说，“她传奇般的人生经历，奇异的心路历程，给人以无限的思索”。

杨二车娜姆在欧洲上流社会游走了那么多年，做了很多年全职的外交官夫人。她觉得自己也收获过大把的乐趣，但是时间一长，就厌倦了。后来，当她看到别人手上带着巨大的钻戒，面对那些“公式化”的豪华派对，一味争着做派对“女皇”的时候，她则会悄悄地逃离那么一小会儿，探索一下周围的环境或者陌生人，给自己找一点私密的乐趣。

事实上，杨二车娜姆不只是派对上如此，她在自己的生活中，也经常“逃离”，然后继续走自己的路，但不一样的是，她的心里多了一片自己的花园，用来存放一个人的快乐。

别看她在各种各样的派对上表现得那么自如，事实上她也有失礼的时候。一次吃法餐，因为不懂，她中途要了一杯黑咖啡，结果是和小羊排一起吃下去的，把当时的男生和侍者都吓坏了，结果第二天有人送了她一本书，内容就是讲怎么吃法餐。对此，她认为人生遇到尴尬是必然的，不可能事事明晰，不要为这点事在自己心里打结。只要表现得很无辜很坦然，人家也就不会计较什么了。

回到国内后，杨二车娜姆的突出表现立即引起了网友的兴趣，网友中刮起一股小小的“娜姆旋风”，她曾经在2007年获得年度最佳红人大奖。在2007年的快男比赛中，有人说杨二车娜姆的话“太毒辣”。

对此，她否认自己是麻辣评委，她说：“我的点评并不麻辣，我只是把我看到的事实真实地说出来了而已，不像其他两个评委总是把话说得很圆。选手大老远地跑来，如果我们还不把问题说清楚，那样对他们并不是好事。”

也正是在这次快男比赛中，杨二车娜姆口无遮拦地曝光了谢娜和张杰的恋情。由于之前两人的感情一直遮遮掩掩，所以此番话一出，网上立刻引发波澜。对于自己一语道破天机，她依然显得很平静：“我想到这里就这么说了，说了就说了呗！”面对再三追问，杨二车娜姆显得有些不耐烦：“有些事我说了，没什么为什么。”

很多人把关注点放在了她头上的那朵大红花上，因此她被封为“红花教主”。做过模特的她在衣着上有自己独到的见解。她认为穿衣服一定要自己觉得舒服自在，最性感的衣服穿在身上不自信，不如不穿。穿晚装的人没经历过大场面，气势出不来，衣服就浪费了。她把穿衣看得和做人一样，她认为如果穿不好，真正的你没有表现出来，就失去很多机会。

她还告诫女孩子千万别做“硬照女人”，就是穿衣打扮，甚至口红颜色都一切照搬模特的女人，别人一看，就是一个“二手模特”，女孩子穿衣服，要有自己的风格，不要让衣服穿你。她书里就说过“身体是用来穿适合自己的衣服的，头脑是用来独立思考的，心灵是用来感悟自己独特的生命的，对时尚的感觉自然就好”。

当然如果心里不干净，用名牌护肤品也没有用，要先把心里打扫干净。关键是要搞清楚自己是谁，要扮演什么角色，找到今天什么样的角色让自己舒服，就像吃东西、穿鞋子一样，先要自己舒服。

一个人衣服穿着要融入周围的环境，上班，家居，随时随地看看穿的衣服和这个地方配不配。不能盲目跟潮流，时装不能硬照模特儿的，因为模特儿要适合舞台效果，跟现实有距离。

有记者问她："你总是奔波在路上，今天还在纽约，明天却回了泸沽湖；今天穿着盛装出席豪华晚宴，一转眼，你居然和民工在泸沽湖边运木头，身份转换得这么快，你是怎么适应的？"

她淡淡一笑说："我能这样，最重要的是我有一颗平常心。人与人之间，什么是第一位呢？不是利益，是真诚。还有就是要自信，要做最真实的自己，你不自信，就会表现得极端，会让人觉得不舒服，你交不到朋友，也就不能怨谁了。我的经验就是——做自己最真实，别人爱你也最真实。"杨二车娜姆就是这样一个身处名利场之中，却不随波逐流，坚持尊重本性，活得有滋有味的女子。

当别人都辛苦奔波换来金钱而大肆挥霍时，我们完全可以不为所动，做一个花小钱也能过精致生活的人，喝一杯咖啡，到花市去买一枝花，插在瓶子里，一样很美。

人生短暂几十年，赤条条来，又赤条条去，何必追随他人？我们要只做自己最想做的，不要模仿他人。女人只有关照内心，才能活出自己的精彩来。谁能做到这一点，谁就会遇事想得开、放得下，活得轻松、过得自在。

化繁为简，回归纯粹人生

很多爱美的女人在出门前总是要进行一番细致的打扮，这个过程也许包含着很多复杂的程序，她们却乐在其中，完全不顾等待的人有多么的焦急和无奈。事实上，这些所谓的繁文缛节很多时候是不必要的。

人生如果充满了这些细枝末节的琐碎，怎么可能有精力做重要的事情呢？因此，我们的生活和人生都需要化繁为简。化繁为简是节省时间人力的最佳方法，要训练自我成为能担当的通才，做事自然会简单化。在五光十色的现代世界中，应该记住这样古老的真理：活得简单才能活得自由。

住在田边的蚂蚱对住在路边的蚂蚱说：“你这里太危险，搬来跟我住吧！”

路边的蚂蚱说：“我已经习惯了，懒得搬了。”

几天后，田边的蚂蚱去探望路边的蚂蚱，却发现对方已被车子轧死了。原来掌握命运的方法很简单，远离懒惰就可以了。

一只小鸡破壳而出的时候，刚好有只乌龟经过，从此以后，小鸡就打算背着蛋壳过一生。它受了很多苦，直到有一天，它遇到了一只大公鸡。原来摆脱沉重的负荷很简单，寻求名师指点就可以了。

一个孩子对母亲说：“妈妈你今天好漂亮。”

母亲问：“为什么？”

孩子说：“因为妈妈今天一天都没有生气。”原来要拥有漂亮很简单，只要不生气就可以了。

一位农夫叫他的孩子每天在田地里辛勤劳作，朋友对他说：“你不需要让孩子如此辛苦，农作物一样会长得很好的。”

农夫回答说：“我不是在培养农作物，而是在培养我的孩子。”原来培养孩子很简单，让他吃点苦就可以了。

有一家商店经常灯火通明，有人问：“你们店里到底是用什么牌子的灯管？那么耐用。”

店家回答说：“我们的灯管也常常坏，只是我们坏了就换而已。”原来保持明亮的方法很简单，只要常常换掉坏的灯管就可以了。

有一支淘金队伍在沙漠中行走，大家都步伐沉重，痛苦不堪，只有一人快乐地走着，别人问：“你为何如此惬意？”

他笑着说：“因为我带的东西最少。”原来快乐很简单，只要放弃多余的包袱就可以了。

生活看似烦琐，其实很简单，因为人们不肯主动去发问，去寻求帮助，去体会合作与和谐之美，就使整个生命变得复杂。一句简单的提问，一个简单的思考，都可能令我们的生活大有改观，变得大为不同。

有人这样说过，“简单不一定最美，但最美的一定简单”。最美的幸福生活也应当是简单的生活。幸福的真谛就在于过简简单单、内心纯净的生活。

纵观世上的人，凡是过得幸福美满的，大多是随遇而安，没有太多欲望的人。可能他们钱不多、没有大房子、不能享受豪奢的生活，但他们照样有自己过日子的一套，不用花太多钱，却能获得同样的快乐，儿孙满堂、家庭和睦就是他们最大的幸福。所以人要懂得知足，知足者常乐。

赵薇是国内知名度较高及较具影响力的著名影视女演员、流行音乐歌手。最难得的是她身处纷繁的娱乐圈，却坚持着最简单的生活哲学。赵薇是一个水样女人。她快乐就开怀，悲伤就皱眉，不掩饰内心的感受，亦不控制情绪的奔流。热闹时，她喜欢和朋友喝茶聊天；安静时，她会一个人读卡森·麦卡勒斯的《伤心咖啡馆之歌》。而身在娱乐圈的众人选择往自己身上加量、加价、加砝码的时候，她却掸落身上的风尘，化繁为简，重归校园。

当一夜成名的原点已经渐渐远去，赵薇也在经历了成长的烦恼后，笑对是非。出道十几年，赵薇已经练就了一套和这个世界打交道的办法——“面对复杂的情况，我会换上最简单的表情，做自己的事，不解释。”

说到爱情，赵薇喜欢《情人结》《夜上海》的爱情，“简简单单，相濡以沫，非常温馨”。生活中，她更像《赤壁》里的孙尚香，有点豪情、有点性情，更有很多柔情。

赵薇说:“有些人认为简单是不过脑子。我觉得恰恰相反，能简单地处理问题肯定是一种生活智慧。别想太多，好多东西都和你没什么关系，比如我拍戏，我不会想票房、不想得奖，因为那样拍戏的压力就会大，就不能专注。专注地做一件事情，就会简单。”这就是赵薇最“简单”的生活哲学，就像水总会奔流到海，而简单处事，亦是所有问题的原点和终点。

化繁为简是一种生活的大智慧，如果有一种东西，舍弃烦琐华丽的包装和复杂艰涩的方式，仍能够带给人优质体验和愉悦心情，那一定是真正的好东西。

做人也是同样，简单质朴的外表之下，未必是平淡无趣的心境。有时候不是不可为，而是不为。随时随地能够从繁华中跳脱出来，让自己变得简单，你的生活就会变得很快乐。

女人，请不要沉浸在生活的细枝末节中，不要徘徊在无聊的琐碎事务中，请卸掉不必要的包袱，轻松上路，只有这样，才能走得更远，飞得更高。

乐观的女人最幸福

对于女人来说，每当遇到突如其来的挫折往往陷入恐慌与不知所措中，很难做到冷静面对困境，以乐观的心态看待所发生的一切。这样一来，往往会更加慌乱，不仅解决不了任何问题，反而使事情更加难以解决。所以，身处当局的我们也要有旁观者的乐观心态，只有如此，才能找出解决问题的出路。

乐观是一种积极向上的性格和心境，它可以激发女人的活力和潜力，解决矛盾，逾越困难。身为视美丽为生命的女人们，不仅要保持身体健康，还要对生活保持乐观的心态，那样才会让自己的魅力更加持久。

所罗门说：人有疾病，心能忍耐，也可承担；精神若已崩溃，一切都会成空。不幸来临，有的女人表现出心灰意冷，自暴自弃，让美丽在嗟叹中枯萎；另一种女人则是直面生活，心在梦在，让精神的美丽永远摇曳在不屈的抗争里。

有一个富有的企业家，总想拯救贫穷的人们，立志要做一个慈善家。

一次，他得知一个下岗女人的不幸遭遇：丈夫几年前得了不治之症病逝，由于治病的高昂费用，她东凑西借为丈夫看病。丈夫走了，还留下了好多的外债和两个幼小的孩子。

其中一个孩子是先天性残疾，生活不能自理。这个女工原本有一份微薄的薪水，虽然无力偿还债务，但至少可以养活两个孩子。后来，因工厂倒闭，她又成了没有收入的下岗工人。

慈善家想：真是难以想象，这个女人的家庭是什么样子？一定糟糕极了，女人和孩子蓬头垢面，一脸悲苦，居住在又黑又潮的小屋里，屋里屋外没有一点儿鲜活的生活色彩。看到慈善家的到来，母子们哭啼啼地诉说自己的不幸，期待慈善家拯救她们母子的困苦生活。慈善家想到这里，决定亲自去看她们的生活情况。

第二天，这位慈善家怀着深深的同情，按地址找到了那个地方。但他看见：女主人脸上的笑容就像她的房间的窗户那样明朗，漂亮的门帘是用纸做的，灶间的厨具虽然简陋，但是所有的瓶瓶罐罐都擦得干干净净。

慈善家惊呆了，他怀疑自己是不是找错了地方，于是，他又向女主人核实了一遍。女主人微笑着告诉他，她就是自己要找的人，并让他进到屋子里说话。

房间不大，却干净整洁，样样都收拾得井井有条。慈善家说出了自己想象中的场景，女工说："生活给了我伤痛，但我的心却不能永远沉浸在苦痛中，毕竟人生的路总要走下去。我努力让自己乐观起来，尽可能地给孩子一个快乐的童年，我自己也可以早些忘掉伤痛。"

说完这些，女工又指着家里的破旧家具说："冰箱、洗衣机都是邻居淘汰下来送给我的，用得蛮好；孩子很懂事，做完功课还帮我干活……我相信，只要自己不放弃，生活总有一天会变得好起来的。"乐观的女人总是美丽的，这个女工积极的生活态度感染了富有的慈善家。

人的一生会有数不尽的坎坷泥泞，但也有看不完的春花秋月。如果我们的心总是被灰暗的风尘所覆盖，干涸了心泉、黯淡了目光、失去了生机、丧失了斗志，我们的人生轨迹岂能美好？

乐观的女人才容易获得幸福。如果我们能保持一种健康向上的心态，即使我们身处逆境、四面楚歌，也一定会有"山重水复疑无路，柳暗花明又一村"的那一天。

安娜10岁时母亲因病去世，父亲是一个长途汽车司机，经常不在家，难以照顾安娜日常的生活。因此，安娜自从母亲过世以后，就必须自己洗衣做饭，照顾自己。

然而，生活并没有特别关照她。17岁那年，父亲在工作中不幸因车祸丧生。从此安娜再也没有亲人能够倚靠了。

尽管如此，安娜的人生噩梦还没有结束，当她坚强地走出悲伤，开始独立养活自己之时，却在一次工程事故中失去了左手。

这一连串意外与不幸养成了安娜坚强的性格。她学会了独立面对生活。为了不再东奔西跑地找工作，到处遭白眼，她索性拿出自己所有的积蓄，开了一个果园。

上帝似乎存心与她过不去，一场突如其来的飓风将她的最后一丝希望都夺走了！安娜气愤极了，她来到神殿前，怒气冲冲地责问上帝：“你为什么对我这么不公平？”

上帝听到责骂，现身后满脸平静地反问：“哪里不公平呢？”

安娜将她的不幸，一五一十地仔细说给上帝听。

上帝听完了安娜的遭遇后，又问：“既然你的生活如此凄惨，你为什么还要活下去呢？”

安娜听到上帝这么嘲讽她，气得颤抖地说：“我不会死的！我经历了这么多不幸的事，已经没有什么能让我感到害怕。总有一天我会靠着自己的力量，创造自己的幸福！”

于是，她重新清理了果园，把那些完好的果树重新培育、施肥，这一年，虽然收入很少，但安娜始终相信自己可以努力赚取财富。第二年，有个小伙子被安娜的乐观所感动，主动帮她管理果园。安娜用一颗乐观的心战胜了人生中的不幸，从而获得了自己的幸福生活。

生活中的我们为什么总是失败，感受不到成功的阳光？你想过没有，是谁挡住了你的阳光？那就是悲观。悲观是一种消极颓废的性格和心境，它使女人悲伤、烦恼、痛苦，在困难面前一筹莫展，影响身心健康。

虽然每个人的人生际遇不尽相同，但命运对每一个人都是公平的。因为窗外有泥也有星，就看我们能不能磨砺一颗乐观的心，一双智慧的眼，透过岁月的风尘寻觅到辉煌灿烂的星星。先不要说生活怎样对待自己，而是应该问一问，我们怎样对待生活。

为欲望选择方向

有人说："生死根本，欲为第一。"欲望，是人性的组成部分，是人类本能。从人的角度讲是心理到身体的一种渴望、满足，是一切物质存在必不可少的需求。但是欲望可以使人成功，也可以使人失败。

欲望是幸福的敌人，所以知足者常乐。调查表明，不与别人比高低所带来的幸福是高收入所带来的幸福的5倍。聪明的女人不会任欲望膨胀迷失自己，而是为自己的欲望选择一个正确的方向。

有一个女孩儿，从小妈妈就教给了她一条黄金法则："人可以有欲望，但一定要有正确的方向。"女孩的妈妈每周都给农场主的小旅店代洗衣服，报酬仅5美元。一个周六的晚上，女孩儿像往常一样替妈妈去小旅店领取工钱。

农场主手里拿着打开的钱包，里头装满了钞票。女孩直直地看着那叠钞票，农场主没有像往常一样训斥她，而是立即从里面抽出一张给了她。

她急忙从他那儿走出来，到了路上，她停下来用别针把钱小心地别在围巾的皱缝里。这时，她发现一件令她无比喜悦的事情，农场主给她的钞票不是一张，而是两张。

"这是我的，全是我的。"她的第一反应是为得到这笔意外之财而感到高兴。她心里想："我要给妈妈买一件新的斗篷，妈妈可以把她那件旧的给姐姐，这样姐姐明年冬天就可以和我一起开开心心地去学校了。也许还能给弟弟买双鞋子呢！"

她笑着，跳着，往家里赶。她的耳边响起妈妈的话："人可以有欲望，但一定要有正确的方向。"

她的心里开始挣扎，这无疑是一个极大的诱惑。她在这条路上来回地跑，试图让自己平静下来。

她用尽全力，抵制住心底那个诱惑的声音，把多出来的钱交了回去。

就这样，女孩一直坚持着这条法则，面对诱惑，保持淡定，为自己的欲望设定正确的方向，女孩获得了多少人可望而不可即的巨大成功。

她，就是美国亿贝公司前首席执行官梅格·惠特曼。

车尔尼雪夫斯基说：“生活只有在平淡无味的人看来才是空虚而平淡无味的。”当所有尘埃落定，所有的激情都会化为平静，生活、爱情和人生终归演绎为平平淡淡，如一朵平实淡定的菊开在如水般纯净透明的生命里，每一个花瓣都散发着清淡的芬芳。

不畏浮云遮望眼，以一颗清醒淡雅的心面对诱惑，耐得住寂寞，守得住清贫。控制欲望才能形成超然的人生态度，引领我们穿越人生的丛林去看那清明如镜的小溪水，心底无私天地宽，一切都能云淡风轻。快乐，皆源自于自己的心。

如果你能为你的欲望选择正确合适的方向，你将发现，人生不再彷徨。

通常，女人最看重的是爱情和家庭，可以想象，在爱情上，女人想要的或许永远比男人多。牛郎织女的爱情，之所以美好得令人感动，是因为这一段爱情干净而纯粹，没有夹杂任何的欲望。可是，一段都市中的爱情，女人有太多的欲望，并不是因为不懂得节制，而是因为缺乏安全感，或者是男人没有给她足够的安全感。女人，在爱情中，一定要擦亮自己的眼睛，给自己的欲望找到正确的方向。

Coco 和男友从大学到现在已经在一起 5 年多了，他们非常相爱，可是她最近打算和自己的男友分手了。分手的原因很简单，为了房。

Coco 的男友家境比较差，可她的父母开出条件说，最低限度要买了房才能同意女儿结婚。男友工作很努力，也很节省，估计再有三年就能凑齐首付，但是Coco已经26岁了，3年之后将近30岁，她不知道自己还能不能等下去，也不知道自己等到最后，会不会是面临房价飞涨、货币贬值，或者她的男友变心，找了更加年轻漂亮的女孩。

Coco的男友很优秀，现在事业正处于起步阶段，前景很好。但是再优秀的男人成功也需要时间，Coco的父母显然已经没有耐心继续等下去了，年初的时候下了最后通牒，半年之内买房，否则两个人就要面临分手。

转眼到了夏天，房子的首付根本凑不齐，她为了应付爸妈也去相亲过几次，甚至有两三个相亲的对象开出的结婚条件让她几乎要动摇自己的爱情了。Coco越来越迷茫，为什么和男友感情如此深厚，不想失去彼此，仍然免不了受到诱惑，是不是她变坏了？

大概是被房子逼的，每次男友对她说，他给自己的父母买了补品或者有其他花费，Coco就从心底里觉得不乐意。她总觉得，不能为孩子准备婚房的父母已经够糟糕了，还总是没节制地要求儿子给他们花钱。所以她过年过节从来都不去男友家，不免从心里就排斥他的父母。Coco也知道这样是不对的，所以她从来没告诉过男友自己对他的爸妈有这样的负面情绪，也觉得自己连“孝”都无法做到，不是一个好女孩的表现，但是这些观念她就是无法改变。

总之，由“房”衍生出来的一切生活问题都让她如此烦躁和迷茫。

虽然说很多女人都坚信自己的爱情是干净而纯粹，没有夹杂任何物质欲望的，但是很明显的是，那些用钱堆砌起来的法式大餐、昂贵礼物、浪漫旅行确确实实能帮助男人打动女人的心。

欲望无止境，女人，鱼和熊掌不能兼得，为自己的欲望找个正确的方向，指引自己在虚荣的苦海中到达洒脱的彼岸吧！

面对金钱的诱惑，你要保持淡定

生活中，我们每个人似乎都在为了赚钱而奔波，人们也总是认为努力工作挣钱是为了更好地生活。而对于那些不愿承受生活的艰辛和压力的女人来说，在面对金钱的诱惑时，往往表现出失去理智，做出冲动的事情。

试想，如果一个女人活着只把追逐金钱作为人生唯一的目标和宗旨的话，那么她将是一个可怜的人，她将会被自己所制造出来的这种工具捆绑起来，被人瞧不起，被生活所遗弃。

事实上，金钱并不是能够满足人心灵的东西，虽然它能为心灵的满足提供多种手段和工具，我们要冷静面对它们的诱惑，以免自己被无情地缠绕。一个唯利是图、急功近利的人，费尽心思投机钻营，到头来等待他们的往往是难以下咽的苦果。

有一个商人，他的经商手段非常高明，赚了很多钱。同时，他又是一个唯利是图的人，无论是什么事，都要首先问一下自己能从中得到多少金钱的回报，每做一笔生意，只要能赢利，无论赢利多少，都要不择手段地达成；而无利可图的生意是绝对不做的。长此以往，大家对他的行事方式都很反感，但他依然我行我素。

一天，商人听说附近村庄发生了火灾，许多村民的存粮被烧，他立刻到发生火灾的村里去高价兜售粮食，路上要经过一条河，粮食太多，仆人担心船承受不了，商人却说做生意要趁时机，否则错过就没钱可赚了。

他让人把粮食全部装到船上，结果刚到河中央，船就沉了，商人掉进了水里。这时，商人看到一条渔船驶过来，连忙喊道："快救我，我会报答你的。"船家本来就是赶来救人的，一看是商人，却停了下来。他想："不如我也趁机挣他一笔钱。"

于是，船家故意不救，想让商人出价。果然，商人一见船家无动于衷，连忙出价道："我给你半吊钱！"船家还是不动，商人赶紧加价："一两银子！""二两！""五两！"……

船家心想："看到底是你的命重要还是钱重要。"如果再等等，说不准商人出价更高。他对商人说："你一条命只值五两银子，我还是救别人去吧！"眼看船就要沉了，商人这回是真急了，在水里掏出算盘噼里啪啦算了一通，最后，艰难地说："二十两，再也不能……"还没说完，就已经沉到水里去了。

结果，商人淹死了，船家一分钱也没挣到。

商人的唯利是图虽然为自己积累了万贯家财，船家面对金钱的诱惑，表现也不淡定了。船家没挣到一分钱，商人也栽在"利"的手里。

人活着需要钱，但不能只为钱而活着，钱是生活的条件，但不是生活的唯一，在人类社会上有很多比钱更重要的东西。

张萌原来有一份做教师的工作，但她总是嫌这份工作不挣钱，甚至可能一辈子都不会得到较高的权势。况且，在张萌的心中有一种错误的观念——这个社会没有钱办不到的事情，只要有了钱，一切想要的东西都可以买来。因此，张萌准备找一个挣钱的快速方式，来满足自己的虚荣心。

张萌先是辞去教师这份工作，跑去卖服装。幸运的是，她的生意很好，渐渐阔绰起来，她认为自己的"价值"与钱一样与日俱增。于是，她更崇拜金钱，除了钱，便目空一切。无休止的金钱欲望，成了她加速堕落的催化剂。

张萌一想到自己身着名牌服装，优雅地进出上流场合，高高在上的样子，她心里就开始兴奋。于是，为了加速积累更多的钱，张萌通过各种关系，认识了形形色色的生意人，其中有一个所谓的大老板。那个大老板说自己只是看张萌一个弱女人太辛苦、不容易，决定帮她赢得一笔大买卖，张萌一听心动了，就把自己所有的积蓄都投了进去。

但是，那个大老板说要做就做大的，张萌的这些投资还远远不够。于是，张萌为了赚取更大的利益，向自己的亲朋好友借了一些钱，又通过银行贷了一部分款。可是，当她把所有的钱都投进去时，却发现所谓的大老板不见了。

原来这个大老板是一个诈骗犯。张萌被他骗走了几十万元，亲朋好友听到此事后，一致要求张萌归还借去的钱，而银行也要求她以房子来抵销贷款。老公和孩子不堪忍受打击，也离开了她。

一时间，张萌陷入无边的痛苦之中。她这才意识到，自己为了金钱而丧失了理智。害了自己，又害了他人。

张萌盲目追求金钱，不仅毁掉了她的幸福生活，同时给亲人朋友都带来了伤害。在这个物欲横流的世界上，金钱扮演着举足轻重的角色，它带来利益的同时，夹杂多少诱惑呢？在生活中，又有多少人为了金钱而彻底沦陷了呢？

当有些人经不起金钱的诱惑时，用金钱来满足自己的欲望，欲望往往是无法真正满足的。就算得到了想要的一切之后，他们却失去了一些真正宝贵的东西，良心的忘却，丧失的亲情，弃之不顾的尊严。

人生的追求是丰富多彩的，物质生活的满足固然重要，而崇高的理想、事业的成功、家庭的幸福、知识和健康等，这也是人生的追求，尽管其中不少内容和金钱有关，但却是金钱买不到的，并非与金钱等值的。

穷人可能没有很多钱，但拥有健康的体魄、明确的志向，就能争取充实而美好的生活；穷人可能没有漂亮的妻子，但凭着一颗宁静、淡定的心，就能收获单纯而美好的爱情；穷人可能没有足以炫耀的事业，但拥有不畏挫折的斗志和自信乐观的心态，就能赚取自己的一席之地。

金钱，生不带来，死不带去。生命是短暂的，眼前的名利和金钱终有一天会烟消云散。面对金钱的诱惑，淡定的女人能够始终保持清醒的头脑，不为欲望所扰，只有这样我们才不会后悔莫及；金钱固然重要，但是与人们的道德相比，它会变得一文不值。面对金钱的诱惑，女人要多份淡定，才不会坠入欲望的陷阱之中。

永远没有完美的现实

世界上没有完美的现实，面对生活，人们总是有太多的期待。

从前，有一个渔夫，捡到一颗光滑圆润的大珍珠，无论从任何角度来看，都是不可多得的极品，只是在珍珠的表面有个小小的黑点。

珍珠些微的瑕疵，让渔夫心里总像有个疙瘩，觉得这个黑点会损坏珍珠原本的价值，卖不出应有的好价钱。于是，他找来工具，开始在黑点的位置用力打磨。他想，把黑点磨掉，珍珠就真正完美了。他磨了一层，黑点还在，又磨了一层，那个黑点仍没有消失。

就这样，他把珍珠打磨掉了一层又一层，珍珠渐渐变小，终于，他弄掉了黑点，但曾经圆润的珍珠，也不复存在了。

任何事物，都与自己的内心感受息息相关。在这个世界上，有些女人总会和故事里的渔夫一样一味追求完美无缺，对周围的人和事都十分苛求，一旦达不到她们的要求，她们就会陷入痛苦的深渊难以自拔。

其实，女人们应该庆幸人生有或多或少的缺憾，正是因为有了缺憾，才拥有感知美好的能力。只有看到自己的不足，才能让自己不断进步。

莎拉·班哈特曾经是全世界观众最喜爱的一位女演员，她在71岁那一年破产了——所有的钱都损失了，而她的医生——巴黎的波基教授告诉她必须把腿锯断。她因摔伤染上了静脉炎，腿痉挛，医生觉得她的腿一定要锯掉，又怕把这个消息告诉那个脾气很坏的莎拉。然而，当他告诉她的时候，他简直不敢相信，莎拉看了他一阵子，然后很平静地说："如果非这样不可的话，那只好这样了。这就是命运。"

当她被推进手术室的时候，她的儿子站在一边哭，她朝他挥了下手，高高兴兴地说："不要走开，我马上就回来。"

在去手术室的路上，她一直背着她演过的一出戏里的一幕。有人问她这么做是不是为了提起她自己的精神，她说："不是的，是要让医生和护士们高兴，他们承受的压力可大得很呢！"

手术后，莎拉·班哈特还继续环游世界，使她的观众又为她疯狂了7年。

能够拥有一个健全的身体固然重要，但一旦出现了无法避免的残缺，莎拉·班哈特并没有悲观失意。失去了腿却依然坚持环游世界，这并不影响她实现自己的理想。因此，我们若想要持续得到发挥潜能的机会，就必须学会不完美又何妨的生活态度。这并不是退而求其次，恰恰相反，当我们有勇气面对自己的不完美，才正是转机的开始。

正因为不完美的缺陷，才让我们有动力成就非凡。通常坐在第一位的人，往往为了维持现有的成绩而失去了突破的勇气，因为他们有着恐惧犯错的心理。而没有这种心理压力的人，如果能用做对事情的心态，努力找到自己的不完美所在，加以改善之后，反而会让自己更加趋于完美。有一个有趣的实验，就是两人的履历完全一样，其中之一的内容附注：此人有的时候难相处，结果，这个人反而得到比较多的面谈机会。履历表是留下第一印象的途径，如果缺点曝光，就会成为得到面谈机会的绊脚石，但这个实验结果却恰恰相反。至少原因之一，在于完美不够真实，不完美才是人之常情。说实在的，如果没有比较，借着完美的履历，比较容易得到面谈的机会。但是，当两份几乎一样的内容放在主试者的眼前，他很可能对真实的人比较有兴趣。面对现实，常常能为我们创造意想不到的突破现状的机会。虽然我们要对自己的优点有信心，但也要知道自己的弱点所在，截长补短之后，也必因此获益。正是因为有不完美存在，我们才拥有不竭的向上的动力。

今年美国某省的高中毕业生当中，一位有严重口吃的华裔学生 DANIEL DING 在毕业典礼上发表了他的感言。《圣荷西水星报》的标题上写着："流畅的信息超越了语言的表达，而流畅来自于演讲者一颗勇敢的心。DANIEL 在演讲最后说道："上帝给了我声音，虽然与完美差了一大截，但我仍坚持继续说话，因为我知道，有很重要的事情，必须从我的口中说出来。"

据估计大约有百分之一的人为口吃所苦，而这个孩子最令人羡慕也佩服的，除了获哈佛大学录取之外，在于他勇敢接受自己并不完美的事实，也一点不害怕被别人知道。

然而，很多时候，我们看到自己的不完美之处，就以此作为放弃的理由，可是勇敢的 DANIEL DING 提醒我们，不完美并不应该成为人生的阻力，反倒在克服的过程中，可以磨炼坚毅的品格。

麻省理工学院的学院招生负责人玛丽莉·琼斯女士，被检举学历造假，因此黯然离职。原来在28年前，她申请并不需要任何学历的行政助理工作时，谎称自己有三个学位，结果发现全都是伪造的。从她过去傲人的成就以及在高等教育界受到肯定的事实看来，她也许是个近乎完美的女人。然而，看似完美的她却没有勇气面对学历不足的不完美，以至于走上了欺骗之路，被揭发之后颜面尽失。她的完美是虚构的，人生也因此残缺了。

生活中没有完美。女人，不要总是追求海市蜃楼般完美的现实，一切，努力了，看开了，就好。

带着一颗从容的心上路

女人们常因生活不富裕、工作不体面而活得自卑和不安；也常常为情所困，事业处于困境而凄哀终日。抑郁、困顿成为生活的主题，导致生活在她周围的人也常常郁郁寡欢。其实，不论面临什么样的境况，女人们都要清清爽爽地昂起头、挺起胸，带着从容面对生活。

从容的女人，她们永远乐观开朗，为人做事不急不慢、不躁不乱、不慌不忙、井然有序，面对变化不愠不怒、不惊不惧、不暴不弃，即使遭遇挫折也绝不气馁、坦然面对，身上焕发着蓬勃的生机，散发着向上的力量、饱满的激情。

杨慧丽出生在一个小县城，生下来8个月时，她便被病魔夺去了健康的躯体，下肢全瘫，右手肌肉严重萎缩，仅左手能稍做活动，注定只能在轮椅上生活一辈子。可她从18岁时就开始独闯世界，她靠着摆五分钱一本的小人书地摊起家，历经艰辛，终于拥有了一家大书店。

经营了十余年，有了一些积蓄，30岁时她办起了家乡的第一家私人幼儿园——友谊艺术幼儿园，如今幼儿园已形成一园两部、400多人的规模。接着，她创办了市里第一家特殊教育学校——湘阴县特殊教育学校，多年下来，使近百名残疾、弱智少儿入学，如今仍有53名在校学生。随后，她又创办了集小学、初中、高中于一体的以她名字命名的实验学校，这也是她们县城里第一家民办学校，学校如今已达到了25个教学班、900余名学生的规模，很多人慕名而来。她漂亮吗？一点也不，她被无情的病痛折磨得柔弱瘦小，可是谁见到她都会被她浑身透出的从容随意所震撼！这就是一个女人用从容书写的生命奇迹。

在这个处处充满竞争的社会，那种自怨自艾、柔弱无助的女人已日渐失去市场。女人充满自信，学会自我拯救和自我完善永远是最重要的！女人，根本不需要自怨自艾或者妄自菲薄，倘若你不够美丽，你可以聪颖；倘若你没有完美的修饰，可是你可以拥有好的性情和可爱的禀赋。把握能够把握的幸福，尝试可以尝试的快乐，这样，你的内心才会有一份美丽静静地绽放。

男人离开这座城市已经有段时间了，他为了自己的梦想回到自己的家乡。女人记得很清楚，整整25天了。女人清楚地记得男人离开的第一天、第一周、第十天、第二十天……

女人给男人发过短信，可是男人却未回，女人知道男人看得到。女人知道不要去打扰他，因为时间和精力对于男人来讲，都是很重要的。女人把所有的关心和牵挂都锁进了自己的心门。每当撕下一张日历，女人的心里都充满了欢喜，心爱的男人快回来了。

25天过去了，男人也做完了该做的事情。女人给男人发了短信，问他有没有回来？男人没有回信息。第二个晚上，女人又问了同样的问题，可是手机还是沉默着。女人只想知道男人是否已经回来了，却没有得到答案。

女人还想知道男人这段时间过得好不好，男人的梦想是否已经实现。于是女人拨通了男人的电话。

男人的话不重，似乎也没有什么杀伤力。

“我不想回你的短信。”仅此而已。

女人义无反顾地挂了电话，在男人说了那句话后。可是女人的心没有平静下来，男人的话足以捅碎女人的那颗心。他的那句话像一把刀子，似乎是从耳膜里直接进入了心脏，她立即看到了一股鲜血汩汩地流出来。

也许男人说的是实话，还是那么漫不经心地说出的，可是，女人却无法相信，更无法接受。

手机的铃声没有响起过，男人是不会安慰女人的。女人也没有奢望过。

许久，女人出奇的平静。女人知道了不该牵挂根本不在乎自己的男人，否则就叫自讨苦吃。

她微笑着，开始释放自己，释放了自己被男人的伤害。

女人开始感谢男人赐予她的伤心。她极其从容，在凉如水的夜晚。从此，她懂得了从容，女人总是微笑着面对困难、面对环境。经历一段错误的恋情，她不再为日常琐事而计较，不为生活的压力而焦虑，不为现代人儿女情长的善变而烦恼忧郁。她要做一个从容的女人，以一颗轻松悠闲的心走完人生路。

从容是人生的一种坦然，是对生命的一种珍惜。从容可以放飞心灵，可以还原人的本性。从容可以使人真正享受人生，在努力中体验快乐，即使遭受挫折，也能保持乐观。从容可以使人远离名利和喧嚣，在别人都忙于追名逐利时仍坚守宁静，在淡泊中充实自己，超越自我。有这样一个女人，她总是善待人们、善待生命。寒冷的冬日，她将安慰的话语送给沮丧的同事；落日的黄昏，她把省吃俭用的工资凑给不幸的邻居。她忙家务、跑业务、学电脑、考外语。别人眼里，她大大咧咧又有条有理；亲人眼里，她是老人天伦之乐的轴心，是后代茁壮成长的动力。不在意别人的评价，不活在别人的言论里，不太在意结果，生活就是一个过程。从容是历经沧桑，阅尽浮华，洗尽躁动后的返璞归真，是一种源自内心深处的豁达与乐观。从容是平凡者的坦然。涉步人生，既不戚戚于贫贱，又不汲汲于富贵，自会有一份随心所欲的舒坦。北宋著名的词人柳永曾把从政作为人生的第一目标。然而两次科考都不顺的他忍不住发发牢骚：“才子词人，自是白衣卿相。忍把浮名，换了浅斟低唱。”这牢骚歌不胫而走传到了宫里，宋仁宗一听大为恼火。待第三次科考时柳永好不容易通过了，放榜时宋仁宗却说：“且去浅斟低唱，何要浮名？”这封建统治者操控的戈壁实在不容他，于是柳永更深地扎到市民堆里去写词，且不无从容地解嘲说：“我是奉旨填词。”成就了中国历史上第一个专业的市井词人。市井这块沃土滋润着他、托举着他，他像田禾见了水肥一样拼命地疯长，酣畅淋漓地发挥着自己的才华，灿烂地存活。官场失意的柳永，并未因此而消沉，而是选择了带着从容前行，在词坛上的叱咤风云，一样成就了柳永的辉煌。

女人们，在这让人眼花缭乱的世界里，让我们带着一颗从容的心前行，快乐地享受生活中的一切。

心绪柔和，做情绪的主人

由于女性在社会中承担着多重社会角色，无论是工作事业，还是家庭生活，都要花相当的精力去经营。过多的压力常常会使女人的情绪如同一枚炸药，随时可能将自己炸得粉身碎骨。所以保持一种良好的心态，学会控制自己的情绪显得尤为重要。

"空姐"吴尔愉是个控制情绪的高手。她的优雅美丽来自一份健康的心态。她认为，遇到心里不畅快，一定要与人沟通、释放不快。如果一个人习惯用自己的缺点和别人的优点比，对什么都不满意，却对谁都不说，日积月累，不但她的心情很糟糕，就是她的皮肤也会粗糙，美貌当然会减半。

所以，每当有不开心、不顺心的事情时，吴尔愉一定找一个倾诉的伙伴。不但自己能一吐为快，朋友也能从旁观者的角度给她建议，让她豁然开朗。在工作中，她更善于控制情绪，让工作成为好心情的一部分。飞机上常常遇见刁钻、挑剔的客人，吴尔愉总是能够让他们满意而归。她的秘诀就是自己要控制好情绪，不要被急躁、忧愁、紧张等消极情绪所左右，换位思考，乐于沟通。

有一位患上皮肤病的客人在飞机上十分暴躁，一些空姐都被他惹得生起气来。此时吴尔愉却亲切地为他服务，并且让空姐们想想如果自己也得了皮肤病，是否会比他还暴躁。在她的劝导下，大家都细心照顾起这位乘客。做自己情绪的主人，是吴尔愉生活的准则，也是她事业成功的秘诀。以她名字命名的"吴尔愉服务法"已成为中国民航首部人性化空中服务规范。

能适度地表达和控制自己的情绪，才能像吴尔愉一样，成为情绪的主人。

人有喜怒哀乐不同的情绪体验，不愉快的情绪必须释放，以求得心理上的平衡。但不能过分发泄，否则，既影响自己的生活，又加剧了人际矛盾，于身心健康无益。

11世纪，人们做了一个实验：将同窝出生的两只小羊放在同一条件下喂养，所不同的是，其中一只小羊旁边拴着一只狼。结果这只小羊在极度恐惧与过度焦虑的消极情绪下逐渐瘦弱，不久就死了。另一只没有看到狼的小羊却健壮地成长。还有一个类似的故事：

一天早晨，有一位智者看到死神向一座城市走去，于是上前问道：“你要去做什么？”

死神回答说：“我要到前方那个城市里去带走100个人。”

那个智者说：“这太可怕了！”

死神说：“但这就是我的工作，我必须这么做。”

这个智者告别死神，并抢在它前面跑到那座城市里，提醒所遇到的每一个人：请大家小心，死神即将来带走100个人。

第二天早上，他在城外又遇到了死神，带着不满的口气问道：“昨天你告诉我你要从这儿带走100个人，可是为什么有1,000个人死了？”

死神看了看智者，平静地回答说：“我从来不超量工作，而且也确实准备按昨天告诉你的那样做，只带走100个人，可是恐惧和焦虑带走了其他那些人。”

恐惧和焦虑可以起到和死神一样的作用。实际上，情绪与个人的态度是紧密相连的，在生活中，女性朋友可以通过改变自己的态度来控制自己的情绪，同一件事，会因所持的态度不同而有不同的感受。焦虑的时候，理智地分析原因，冷静地恢复自信心，摆脱主观臆断；抑郁的时候，可以郊游、运动、与人交谈、读书写字、听音乐、看图画等转移“视线”，使自己得以解脱。让自己拥有一颗宽容的心，试着去欣赏别人的成功与优秀，勿把时间、生命、精力浪费在议论别人身上。

面临困境，不要让消极情绪占据你的头脑。保持乐观，将挫折视为鞭策前进的动力，遇事多往好处想，多聆听自己的心声，给自己留一点时间，平心静气地想一想，努力在消极情绪中加入一些积极的思考。

29 岁的弗兰西丝是一名广告公司职员，她一向心平气和，可有一阵子却像换了一个人似的，对同事和丈夫都没好脸色，后来她发现扰乱她心境的是担心自己会在一次最重要的公司人事安排中失去至高的职位。“尽管我已被告知不会受到影响，”她说，“但我心里仍对此隐隐不安。”一旦弗兰西丝了解到自己真正害怕的是什么，她似乎就觉得轻松了许多。她说：“我将这些内心的焦虑用语言明确表达出来，便发现事情并没有那么糟糕。”找出问题症结后，弗兰西丝便集中精力对付它。“我开始充实自己，工作上也更加卖力。”结果，弗兰西丝不仅消除了内心的焦虑，还由于工作出色而被委以更重要的职务。

把心放柔和，不倒向名，也不趋向利，专心做事，结果随缘，反而会在一种平和的心境中客观地观察境遇，做出判断，并有更大的机会获得成功。

生活中许多事情都不能左右，但是我们可以左右我们的心情，聪明的女人选择做一个心绪柔和的女人，简单地活着，善良、率真、坦荡，能适时把控自己的情绪。在世事的牵累和忙碌中，偷出半点空闲，享受生活，走进自然。用淡然的心境去呵护生命，呈现出阳光般的笑容、端庄的气度、深厚的内涵。

只手写“真心”

女人们常常会因为没有得到所期望的便郁郁寡欢，即使是努力、努力、再努力地争取、付出，仍然觉得得不偿失。事实上，在面对这种结果时，除了抱怨诸多不公平，可曾想过在你付出和努力的过程中，你真心地参与其中了吗？

在人生的行走过程中，很多女人总是很轻易地丢掉自己的梦想，放弃了对自己的责任，为了生活而生活，为了工作而工作，常常会因此身心俱疲。但是，如果你带着真心真正地融入其中，心甘情愿付出，不要回报，没有半点怨恨和私利，生活或工作往往会回馈你比期望更多的回报。

洛克菲勒石油公司有位普通的推销员，他的名字叫阿基勃特。那时他就职于洛克菲勒创办的美国标准石油公司。当时，标准石油公司每桶石油的售价是4美元，公司的宣传口号就是：每桶4美元的标准石油。

阿基勃特在出差住旅馆或购物买单时，总在自己签名的下方工工整整地写上“每桶4美元的标准石油”。连平时给朋友写信也不例外，甚至有时候他不写自己的名字，而只写这句话以代替签名。

阿基勃特这样做了整整4年。有一天，洛克菲勒无意间听说了此事，惊讶地说：“竟有员工如此费力宣扬公司的声誉，我要见见他。”于是，洛克菲勒特意邀请阿基勃特共进晚餐。

再后来，洛克菲勒因病卸职，但他没有让自己的儿子继任总裁，而是将这一职位交给了阿基勃特，将整个公司都托付给了他。

阿基勃特成功的事实告诉我们：命运本来没有轨道，生命的版图从来都是靠自己用真心与努力去绘制而成的。阿基勃特所做的，是每个人都能做到的事情。可在现实生活中，又有几个人能真正去做呢！

世界最伟大的推销员乔·吉拉德是蝉联12年“世界汽车推销冠军”的“吉尼斯世界纪录”保持者。他成功的秘诀就在于用真心对待每一个客户。一天，乔·吉拉德看见一位中年妇女从对面的福特汽车推销商行走进了自己的汽车展销室。

乔·吉拉德微笑着对刚刚走进来的这位中年妇女说：“夫

人，欢迎你来看我的车。”妇女兴奋地告诉他：“今天是我55岁的生日。”对于这位夫人而言，今天的确不同寻常。乔·吉拉德热情而由衷地祝贺道：“夫人，祝你生日快乐！”随后，他轻声地向身边的助手交代了几句。

那位夫人说自己想买一辆白色的福特车作为自己的生日礼物，开起来就像一只白色的鸟儿在飞，漂亮极了。谁知说着，她突然停下来，神情由兴奋转向了平静。乔·吉拉德注意到了这些变化，更加认真地听了起来。她接着说：“对面福特车行的经销商让我过一个小时之后再去，等待的时间很无聊，所以先到这边来瞧一瞧。”

乔·吉拉德并未因她是随便来看一看就怠慢了她，领着她从一辆辆新车面前慢慢走过，边看边介绍。当他们到一辆车前时，他说：“夫人，你对白色情有独钟，瞧这辆双门式轿车，也是白色。”就在这时候助手走了进来，把一束玫瑰花交给了乔·吉拉德。乔·吉拉德把这束花送给了夫人，再次对她表示生日的祝贺：“生日快乐！夫人。”这位夫人热泪盈眶，非常激动地说：“先生，太感谢您了，我过了这么多生日，已经很久没有人给我送过礼物了。”说着，她就将那束花抱在怀里用力地闻了起来。

过了一会儿，她对乔·吉拉德说：“刚才那位福特经销商看见我开着一辆旧车，一定以为我买不起新车，所以在我提出要看一看车时，他就推辞说需要出去收一笔钱，现在想一想，也不一定非要买福特车不可。”最终，这位夫人就在乔·吉拉德这里买了一辆白色的雪佛兰轿车。乔·吉拉德把这位妇女当作亲人、朋友一样，给予真心的关怀和祝福，他同时也得到了真心付出后的意外收获。

以真诚的心去对待工作，才会体会到工作的真正意义；以真诚的心对待人生，才能领悟到生命的真谛。快乐和收获只会眷顾真心之人。

有一个年轻的居士，前去拜访一位法师。他们从早上一直谈到中午，法师觉得这个居士十分博学。到了吃饭的时间，小和尚看两人谈得投机，便为两人准备了一大一小两碗面。

法师看了一下面条，将大碗推到年轻居士的面前，说道：“你吃大碗的吧！”

按照常理，居士应该将大碗再推回到法师面前，以示恭敬，可是居士一点都没有推让，张口就吃。法师见他这样，不由皱起了眉头，心里想：“本以为他慧根不浅，可是居然一点都不懂得礼仪！”

居士吃完后，看见法师根本就没有动筷子，而且面有愠色，便笑着问法师：“师父为何不吃？”

法师一言不发。居士笑着说：“我确实是饿了，只顾自己狼吞虎咽，忘记让师父了。如果我将您推给我的大碗再推到您面前，那不是我的本愿。既然不是我的本愿，我为什么要那样做呢？我要问师父，你推我让的目的是什么？”

法师答：“吃饭。”

居士严肃地说：“既然目的是吃饭，您吃是吃，我吃也是吃，何必你推我让！难道您把大碗让给我不是真心的吗？如果不是真心的，那您为什么要那样做呢？”

法师听完居士的话顿有所悟。

做人一定要真诚才不会烦恼，不管是自己谦虚还是赞赏别人，都要发自内心。虚情假意的奉承和谦恭，非但不能使别人欣喜、满足，自己也会因为背叛了本意而心生不快。坦率真诚才是做人本色，真心做事，真诚做人，才会得到别人的认可，自己也将收获快乐。

让我们做一个只手写“真心”的女人，对人真诚，做事认真，最终才能以真心换真心，给自己和他人带来更多的温暖和爱。

10 年后你会变成什么样

岁月如箭，10 年后，你会成为怎样的女子呢？现实、际遇，或许能改变一些东西，然而，命运中的大多数还要女人自己来掌握。多问一下自己，“10 年后你会变成什么样”，你就会离梦想越来越近。

女孩 18 岁之前是个不知道自己想要什么的人，天天就在艺校里随着同学唱唱歌，跳跳舞，偶然有导演来找她拍戏，她就会很高兴地去拍，不管角色多么小。直到 1993 年的一天，教她专业课的赵老师突然找她谈话，老师问：“你能告诉我，你未来的打算吗？”女孩一下子停住了。她不明白老师怎么突然问她如此严峻的问题，更不知该怎样回答。

老师又接着问她：“现在的生活你满足吗？”她摇摇头。老师笑了：“不满足的话证明你还有救。你现在想想，10 年以后你会怎样？”

老师的话很轻，但是落在她心里却变得很沉重。她脑海里顿时开始风起云涌，沉默许久后她说：“我希望 10 年以后自己能成为最好的女演员，同时可以发行一张属于自己的音乐专辑。”

老师问她：“你确定了吗？”她慢慢咬紧嘴唇：“是。”而且拉了良久的音。“好，既然你确定了，我们就把这个目标倒着算回来。10 年以后你 28 岁，那时你是一个红透半边天的大明星，同时出了一张专辑。那么你 27 岁的时候，除了接拍各种名导演的戏以外，一定还要有一个完整的音乐作品，可以拿给很多很多的唱片公司听。25 岁的时候，在演艺事业上你要不断进行学习和思索。另外，你还要有很棒的音乐作品开始录制。23 岁必须接受各种各样的培训和练习，包括音乐上和肢体上的。20 岁的时候开始作曲作词，并在演戏方面要接拍大一点的角色……”

老师的话说得很轻松，但是她却感到一种惊恐。按照老师的话这样推下来，她应该马上着手为自己的理想做准备了，而不是每天在这里任光阴一点一点蹉跎。可是她现在什么都不会，什么都没想过，仍旧为小丫鬟、小舞女之类的角色沾沾自喜。她觉得一种强大的压力突然向自己袭来。老师平静地笑着说："要知道，你是一棵好苗子，但是你对人生缺少规划。假如你确定了目标，但愿你从现在就开始做。"

想想10年后的自己——当她意识到这是一个题目的时候，她发现自己整个人都觉醒了。从那时起，她就始终记得10年后自己要做最成功的明星。所以，毕业后，对角色她开始很认真地筛选。慢慢地，她被大家接受了，她慢慢地尝到了成功的欢乐。

2003年4月，刚好是老师和女孩谈话的10周年，她不知道是无意、偶然还是必定，她居然真的拥有了属于自己的第一张专辑——《夏天》。

这个女孩就是如今红遍全国、驰誉国内外的影视歌三栖明星周迅。从1991年到2008年初的17年，周迅已拍摄各类题材的影视剧37部，成为32种著名品牌的形象代言人。她已获得过45个影视歌奖项。毫无疑问，所有这些成就的取得，恰是周迅牢记老师的话，孜孜以求、奋斗不止的结果。

人生能有几个10年？只有及时地拷问自己："10年后我会怎样？"及早规划，并坚定不移地朝着目标前行。

青春时我们需要规划自己的人生，当一个人，尤其是一个女人处于人生的最顶点时，同样需要考虑未来的计划。因为，生活是流动的，这个世界，女人不能把握的事情太多太多，所以有些时候，需要提早为自己做好打算，没有必要因为爱情的伤害或是男人的负心亏待了自己。

妮可·基德曼的大名无人不知、无人不晓，这个被澳大利亚封为“国宝”的女人，高贵而典雅。初识她的时候，她站在巨星汤姆·克鲁斯的身边，只是一个小鸟依人的女人。

我非常清楚地记得，曾经看过一幅照片，她穿着一袭长裙，依偎着汤姆·克鲁斯，妖娆妩媚。长裙的一侧开衩到大腿，她的一双美腿展露无遗。当时感觉10分惊艳，看图片下面的介绍，这样写着，汤姆·克鲁斯和新婚妻子妮可·基德曼。

他们是公认的金童玉女，时时刻刻展现着他们的幸福，可她只是花瓶。这样的身份，她也曾无怨地接受。虽然1995年在《不惜一切》中，她扮演教唆小情人为她杀夫的女主播，为她带来了一项金球奖，但她依然只是阿汤哥身边的女人，并且心甘情愿地做阿汤哥背后的女人，她热爱家庭、以家为重，所以一直把主要精力放在家庭和抚养孩子上面。

有的时候她也会想，如果自己能演一个很棒的角色该有多好呀！但妮可必须考虑汤姆·克鲁斯的生活。她和汤姆·克鲁斯之间有个约定，他们俩分开的时间不能超过两星期，所以她错过了很多很棒的角色。她想，和他合作的都是世界顶尖级的导演，能看着他表演就已经很幸福了。

然而结婚10年的时候，阿汤哥又爱上别的女人，昔日的金童玉女分道扬镳。对于一直以爱情、以家庭为重的妮可·基德曼绝对是一个重大的打击，当大家议论纷纷，以为将看到一个萎靡不振的失婚女人时，她却擦干眼泪，又容光焕发地出现在公众面前。她的绝世才华也是她从汤姆·克鲁斯的背后走出来才得以展现的，而且迎来了属于自己的事业春天。在《小岛惊魂》《红磨坊》《此时此刻》《狗镇》《翻译风波》等一系列影片中她均有杰出表现，如愿以偿拿到了奥斯卡小金人。

接受记者的采访时，妮可·基德曼早已摆脱了离婚的阴影，她自然地这样说：“终于可以随心所欲地穿想要穿的礼服。以前每次参加奥斯卡颁奖礼，我都必须考虑汤姆的身高而不能穿高跟鞋，当然也不能穿他不喜欢的样式的礼服，以前汤姆最讨厌我穿红色的礼服，今年我倒是想穿一套闪亮的红色礼服，让喜欢我的影迷瞧瞧我艳丽的模样。”在她身上，经历了10年的蜕变，经历了爱情的幸福与背叛，明白了女人拥有了自己，才拥有这个世界。如今，妮可·基德曼已过不惑之年，不过这并不妨碍她继续成为众多男人心中的女神。同时，她也是年轻女孩子学习的榜样。她美丽又优雅，坚强又有头脑，独立又有勇气。

10年，对于一个女人来说，是多么的弥足珍贵啊！10年后，你想让自己成为怎样的女人，规划，请从现在起。